"十二五"职业教育国家规划教材修订版

icve 智慧职教　高等职业教育电类课程　新形态一体化教材

电子产品制造工艺

（第4版）

主编　肖文平　王卫平

U0331945

DIANZI CHANPIN ZHIZAO GONGYI

高等教育出版社·北京

内容提要

本书是"十二五"职业教育国家级规划教材修订版。

本书是为适应高等职业教育的发展需要而编写的,以培养对先进制造技术具有真知灼见的技能型人才为宗旨。它适应目前电子制造业迅速从劳动力密集型向设备、技术、资金密集型转变的趋势,针对电子产品制造企业的技术发展及岗位需求,注重描写电子产品制造流程中的几个主要环节:装配、焊接、调试和质量控制,详细介绍电子制造业技能型人才应该掌握的基本知识——自动插件(AI)、SMT 工艺中的印刷、贴片、焊接(包括无铅焊接)、检测技术及相关工具设备(如检测工装、ICT、AOI 等)的调试与使用;生产过程的防静电问题;作为检验人员应该熟悉的知识与方法;作为工艺人员应会的编写工艺文件、管理技术档案;为企业出口产品而参加接受各种认证的工作等。全书共 6 章,每章后均附有本章技能训练和思考与习题。

本书是国家级精品资源共享课程"电子产品制造工艺(https://www.icourses.cn/sCourse/course_3498. html)"的配套教材,配套教学资源包括电子元器件、电路板的装配与焊接、印制板的制造技术和现代电子产品的制造过程等内容。教学视频中选择学生们熟悉的产品作为生产对象——笔记本电脑、台式计算机、彩色电视机、手机、多媒体音箱、家用空调,把这些产品的制造过程以及国内最先进的 PCB 制造、SMT 组装、数码产品生产等工艺技术成果现场拍摄下来,配合高质量的动画、解说与背景音乐解析技术细节,逼真地播放给学生观看,使教学变得生动、直观,能够极大地提高学生的专业兴趣和学习积极性。教学视频解决了制造设备投资巨大和正规企业难以接受参观、实习的问题,对实训环境下可能遇到的操作问题,提出解决方案,对国内高校传统的电子工艺实训具有普遍推广的意义。

本教材可作为开设电子工艺技术课程或实训的高职高专院校电子类专业及相关专业的教材,也可以用于电子制造企业的培训教材。

图书在版编目(CIP)数据

电子产品制造工艺 / 肖文平,王卫平主编. -- 4 版. -- 北京:高等教育出版社,2021.11
    ISBN 978-7-04-055583-7

Ⅰ.①电… Ⅱ.①肖… ②王… Ⅲ.①电子产品-生产工艺-高等职业教育-教材 Ⅳ.①TN05

中国版本图书馆 CIP 数据核字(2021)第 023994 号

策划编辑	孙 薇	责任编辑	孙 薇	封面设计	张 楠	版式设计	童 丹
插图绘制	邓 超	责任校对	胡美萍	责任印制	朱 琦		

出版发行	高等教育出版社	网 址	http://www.hep.edu.cn	
社 址	北京市西城区德外大街 4 号		http://www.hep.com.cn	
邮政编码	100120	网上订购	http://www.hepmall.com.cn	
印 刷	三河市华骏印务包装有限公司		http://www.hepmall.com	
开 本	787mm×1092mm 1/16		http://www.hepmall.cn	
印 张	14.25	版 次	2005 年 9 月第 1 版	
字 数	370 千字		2021 年 11 月第 4 版	
购书热线	010-58581118	印 次	2021 年 11 月第 1 次印刷	
咨询电话	400-810-0598	定 价	37.50 元	

本书如有缺页、倒页、脱页等质量问题,请到所购图书销售部门联系调换
版权所有 侵权必究
物 料 号 55583-00

前　言

　　当前，高等职业技术教育已经在我国的高等教育中占据了"半壁江山"，为我国高等教育的大众化、普及化作出了贡献。十几年来，我国的经济，特别是电子制造业取得了巨大发展，我国已经成为世界性的加工厂，电子制造业是中国经济总量跃升到世界第二的重要支撑。现今我国电子产品制造业的规模已经足够宏大，但科技水平仍然较低，自主知识产权还远不够多，有一部分企业还停留在零件组装的水平，只能生产低端电子产品。究其原因，这与我国劳动者的平均文化素质、职业素质和技能水平相对较低不无关系。改变这种局面，是我国高等职业技术教育的历史责任。

　　《电子产品制造工艺》（第 4 版）是为适应职业技术教育发展的需要而修订编写的。这是一门实践性极强的电子类专业的技术课程，希望这本立足于我们对电子产品制造业的熟知与热忱、凝结了我们在教学实践中的思考、探索、尝试与甘苦的教材，能够得到广大学生和教师的欢迎。顺德职业技术学院"电子产品制造工艺"课程曾在 2005 年被评为国家级精品课程，现为国家精品资源共享课程。参加本书编写的教师大多从事一线电子工艺生产教学工作，经过不断的经验积累，有下面一些感悟：

　　使学生懂得在做事中学会做人，在做人中学会做事。培养高素质的技术技能型人才，其实质是培养具有良好的社会道德、文化修养并掌握先进制造技术理念与技能的劳动者，必须把职业道德、职业规范和职业技能的培养有机地结合起来。

　　学生参加电子产品制造工艺的实训，不仅作为学习者，在一定程度上也担当着工作者的角色，要在工作中培养他们脚踏实地、一丝不苟、团结协作的工作作风和敬业爱岗的精神。在 IT 领域内，无论计算机、通信和家用电器（消费类电子产品）专业，其最终产品的制造过程都大同小异，电子工艺人才可以说是通用型人才，又是人才市场上稀缺的专业型人才。在我们开展的电子工艺实训教学活动中，特别注意从技术上跟踪电子工艺发展的水平，慎重地选择产品对象，保证一定的技术难度和操作工作量。

　　我们认为，既能胜任理论教学又有相当实际电子工程工艺经历、能指导实习操作的"双师型"教师队伍是职业技术教育的基本保证。由于各种原因，有的青年教师对电子产品制造技术的发展及应用还不够了解，我们的专业基础教学容易"等符化"，面对"为什么要学习这些理论"的提问，常常使年轻的教师们窘迫。因此，应该切实建立校企结合的机制，使教师每隔两三年有到电子企业去工作一段时间的机会，参与产品的研发与制造，积累相关理论的应用经验。这对于改变理论脱离实际的状态、把"货真价实"的知识教授给学生是非常重要的。

　　电子产品制造工艺与生产现场密切关联，在教学过程中，需要营造企业文化氛围。我们把这门课程搬到实训车间里，模拟真实的生产现场教授电子工艺知识，使每一堂课都能分析、示范、训练同步进行，增强了现场感受；使学生能够用理论指导实践、在实践中消化理论，从而对产品感受亲切，对设备感觉熟悉；让学生穿工作服在实训车间上课，对他们按时考勤，按行业规范、企业要求进行管理。严格的纪律约束和质量管理制度，不仅保证了实训产品的制造水平和成功率，更从心理上对学生的职业素质产生潜移默化的影响。

　　《电子产品制造工艺》（第 4 版）是一本目的明确的教材：我们希望学生在阅读本书的时候，能够把电子类理论教学的目的展现出来，学习理论完全是为了使用知识，为了制造电子产品；我们希望学习本书的学生通过电子工艺实训，拉近抽象的理论符号与真实元器件、材料和产品之间的距离，从手的操作掌握真正的技能，用脑的思考获得对制造工艺的感受与理解。理论教学内容与实训教学内容一体化。我们在编写本书的时候，以培养对先进制造技术具有真知灼见的高级技术技能型人才为宗旨，以"实用"作为选择内容的依据，以"够用"作为深度的标准。针对电子产品制造企业的技术发展及岗位需求，本书注重描写电子产品制造流程中的几个主要环节：装配、焊接（包括无铅焊接）、检测技术及相关工具设备（如 ICT、AOI、BGA 组装等）的调试与使用；大生产下的防静电问题；作为检验人员应该熟悉的知识与方法；作为工艺人员编写工艺文件、管理技术档案等。

　　本书为"十二五"职业教育国家级规划教材修订版，由肖文平副教授、王卫平教授担任主编，全书分为六章，第 1、2、3 章由肖文平编写，第 4 章由操建华编写，第 5、6 章由王卫平编写，全书由肖文平统稿，王卫平教授进行总审。编者在写作的时候是慎重、仔细的。在本书的编写及教学视频制作过程中，得到了许多专家的大力支持和帮助，也参阅了许多资料，在此一并致以诚挚的感谢。电子工艺技术还在高速发展，限于编者的水平有限，本书难免疏漏和错误，欢迎批评指正。

编　者

2021 年 4 月

目 录

第1章 认识电子产品制造工艺 ……… 1

1.1 电子工艺技术入门 …………… 1

1.1.1 现代制造工艺的形成 ……… 1

1.1.2 电子产品制造工艺范畴 …… 1

1.1.3 规模生产制造业的工艺原则 … 2

1.2 电子产品制造岗位分析 ……… 3

1.2.1 电子企业组织架构 ………… 3

1.2.2 工艺技术人员的角色定位与
工作职责 ……………… 4

1.3 精益生产与工业工程 ……… 4

1.3.1 精益生产介绍 …………… 5

1.3.2 6S管理 ………………… 5

1.4 电子工艺操作安全知识 ……… 6

1.4.1 电子工艺安全综述 ………… 6

1.4.2 安全用电常识 …………… 7

1.4.3 电子工艺实训操作安全 …… 8

1.5 现场感知与视野拓展 ……… 10

1.5.1 电子企业的场地布局 ……… 10

1.5.2 现代电子制造技术体系 …… 10

1.5.3 电子企业实地参观学习 …… 11

思考与习题 ……………………… 11

第2章 从工艺角度选择和检测电子
元器件 ……………… 12

2.1 电子元器件的命名与标注 …… 12

2.1.1 电子元器件的命名方法 …… 12

2.1.2 型号及参数在电子元器件上的
标注 ……………………… 12

2.2 电子元器件的主要参数 ……… 14

2.2.1 电子元器件的电气性能
参数 ……………………… 14

2.2.2 电子元器件的使用环境
参数 ……………………… 14

2.2.3 电子元器件的机械结构
参数 ……………………… 14

2.2.4 电子元器件的焊接性能 …… 14

2.2.5 电子元器件的寿命 ……… 15

2.3 电子产品中元器件的识别、
检测与选择 …………… 15

2.3.1 电阻与电位器 …………… 15

2.3.2 电容 ………………… 19

2.3.3 电感与变压器 …………… 23

2.3.4 半导体分立器件 ………… 27

2.3.5 光电器件 ……………… 28

2.3.6 电声元件 ……………… 32

2.3.7 开关、接插件与继电器 …… 33

2.3.8 集成电路 ……………… 36

2.3.9 表面安装元器件的包装方式
与使用要求 …………… 40

2.3.10 导线与绝缘材料 ……… 42

2.4 电子元器件的检验和筛选 …… 45

2.4.1 电子元器件进货检验流程
与抽样标准 …………… 45

2.4.2 电子元器件筛选与老化 …… 46

2.5 技能训练 ……………… 47

2.5.1 电阻、电容、电感内电子
元器件的识别与检测 ……… 47

2.5.2 晶体管、场效应管、晶闸管
的对比、引脚识别与检测 …… 48

2.5.3 实操考核 ……………… 49

思考与习题 ……………………… 50

第3章 焊接工艺与材料 ……… 52

3.1 电子焊接原理 …………… 52

3.1.1 锡焊原理及其特征 ……… 52

3.1.2 焊接原理与特点 ………… 52

3.2 焊接材料 ……………… 53

3.2.1　焊料 ……………………… 53

3.2.2　助焊剂 …………………… 55

3.2.3　膏状焊料 ………………… 56

3.2.4　无铅焊料 ………………… 58

3.2.5　SMT 所用的黏合剂（红胶）…… 59

3.3　印制电路板——PCB …………… 60

3.3.1　印制电路板基础知识 ……… 60

3.3.2　覆铜板材料 ……………… 64

3.3.3　覆铜板的技术指标 ………… 66

3.3.4　印制电路板的制造工艺
　　　 流程 …………………… 67

3.3.5　印制电路板外加工的文件
　　　 要求 …………………… 68

3.4　焊接工具 ………………………… 69

3.4.1　电烙铁分类及结构 ………… 69

3.4.2　烙铁头的形状 ……………… 71

3.4.3　维修 SMT 电路板的焊接工具
　　　 和半自动设备 …………… 72

3.5　手工烙铁焊接的基本技能 ……… 73

3.5.1　焊接操作准备知识 ………… 73

3.5.2　手工焊接操作 ……………… 75

3.5.3　手工焊接技巧 ……………… 79

3.5.4　手工焊接 SMT 元器件 …… 81

3.5.5　手工拆焊技巧 ……………… 82

3.6　焊点质量检验及焊接缺陷
　　 分析 …………………………… 86

3.6.1　虚焊产生的原因及其危害 … 86

3.6.2　焊点的质量要求 …………… 87

3.6.3　典型焊点的形成及其外观 … 88

3.6.4　通电检查焊接质量 ………… 89

3.6.5　常见焊点缺陷及其分析 …… 89

3.7　技能训练 ………………………… 93

3.7.1　手工焊接作业指导书填写
　　　 实训 …………………… 93

3.7.2　THT 元器件手工焊接与拆焊
　　　 实训 …………………… 95

3.7.3　SMT 元器件手工焊接与拆焊
　　　 实训 …………………… 96

思考与习题 ……………………… 96

第 4 章　电子产品自动化生产与
　　　　 工艺 ……………………… 98

4.1　表面组装工艺 …………………… 98

4.1.1　表面组装的技术特点 ……… 98

4.1.2　SMT 印制电路板结构及装焊
　　　 工艺流程 ………………… 99

4.2　锡膏印刷工艺与印刷机 ………… 104

4.2.1　印刷工艺及其要求 ………… 104

4.2.2　锡膏印刷机及其结构 ……… 104

4.2.3　锡膏印刷机工作过程 ……… 105

4.2.4　印刷质量分析与对策 ……… 106

4.2.5　SMT 涂敷贴片胶工艺和
　　　 点胶机 …………………… 107

4.3　贴片工艺与自动贴片机 ………… 110

4.3.1　贴片机的工作方式和类型 … 110

4.3.2　自动贴片机的主要结构 …… 110

4.3.3　贴片机的主要指标 ………… 112

4.3.4　贴片工序对贴装元器件的
　　　 要求 …………………… 114

4.3.5　元器件贴装偏差与高度 …… 114

4.3.6　SMT 工艺品质分析 ……… 115

4.4　自动插装工艺与自动插件机 …… 116

4.4.1　插件机的主要类型 ………… 116

4.4.2　自动插件机功能结构与技术
　　　 参数 …………………… 118

4.4.3　插件作业对印制电路板与
　　　 元器件的要求 …………… 120

4.5　波峰焊工艺波峰焊机 …………… 121

4.5.1　波峰焊机结构及其工作
　　　 原理 …………………… 121

4.5.2　调整波峰焊工艺因素 ……… 122

4.5.3　几种波峰焊机 ……………… 123

4.5.4　选择焊与选择性波峰焊
　　　 设备 …………………… 125

4.5.5　波峰焊的温度曲线及工艺
　　　 参数控制 ………………… 125

4.5.6　波峰焊质量分析及对策 …… 127

4.6 再流焊工艺和再流焊机 ········ 128

4.6.1 再流焊工艺概述 ········ 128

4.6.2 再流焊工艺的特点与要求 ··· 128

4.6.3 再流焊炉的主要结构和工作

方式 ········ 130

4.6.4 再流焊设备的种类与加热

方法 ········ 131

4.6.5 再流焊常见的质量缺陷及

解决方法 ········ 133

4.7 芯片的邦定工艺 ········ 135

4.7.1 邦定(COB)的概念与特征 ··· 135

4.7.2 COB技术及流程简介 ········ 136

4.8 计算机集成制造系统 CIMS ··· 137

4.8.1 CIMS功能 ········ 137

4.8.2 CIMS软件 ········ 137

4.9 技能训练 ········ 139

4.9.1 了解SMT生产线 ········ 139

4.9.2 贴片机作业 ········ 140

4.9.3 自动插件机作业 ········ 141

4.9.4 波峰焊作业 ········ 141

4.9.5 再流焊设备作业 ········ 142

思考与习题 ········ 143

第5章 质量控制与产品认证 ········ 145

5.1 电子企业质量控制方法 ········ 145

5.1.1 电子企业质量控制工作岗位

与职责 ········ 145

5.1.2 静电对电子产品的危害与

防护 ········ 147

5.1.3 现场质量管理 ········ 150

5.1.4 精益生产总结的七大浪费 ··· 152

5.1.5 全面质量管理 ········ 153

5.2 电路板组件 PCBA 的检测 ····· 154

5.2.1 AOI光学检测仪工作原理 ··· 154

5.2.2 X射线检测设备(AXI) ········ 155

5.2.3 在线检测 ········ 156

5.2.4 功能检测(FCT) ········ 160

5.3 电子产品检验与试验 ········ 165

5.3.1 检验的意义与作用 ········ 165

5.3.2 检验的依据和标准 ········ 166

5.3.3 检验的类别与形式 ········ 166

5.3.4 电子产品的可靠性试验 ····· 174

5.4 电子产品的认证 ········ 185

5.4.1 产品认证 ········ 185

5.4.2 产品的国内强制认证(3C) ··· 188

5.4.3 国外产品认证 ········ 191

5.5 技能训练 ········ 195

5.5.1 感性认知电子企业质量控制

与管理部门的职责与运作 ··· 195

5.5.2 感性认知电子企业 PCBA 测试

工装的设计与制作过程 ····· 196

思考与习题 ········ 196

第6章 工艺文件与新产品导入 ········ 197

6.1 电子产品的工艺文件 ········ 197

6.1.1 工艺文件的作用与分类 ····· 197

6.1.2 工艺文件的内容与编制 ····· 198

6.1.3 工艺文件范例 ········ 201

6.2 新产品工艺导入 ········ 209

6.2.1 新产品导入概述 ········ 209

6.2.2 新产品导入流程 ········ 210

6.2.3 新产品导入常见问题 ········ 212

6.2.4 新产品试产流程与详细

说明 ········ 213

6.3 产品工艺与作业流程分析与

改善 ········ 216

6.4 技能训练 ········ 217

6.4.1 电源逆变器流水组装综合

实训 ········ 217

思考与习题 ········ 218

参考文献 ········ 219

1.1　电子工艺技术入门

1.1.1　现代制造工艺的形成

工艺是生产者利用生产工具和**设备**，对各种原材料、半成品进行加工或处理，改变它们的几何形状、外形尺寸、表面状态、内部组织、物理和化学性能以及相互关系，使之成为符合技术标准参数要求的产品的艺术、程序、方法、技术等，它是人们在生产劳动中不断积累、总结出来的操作经验和技术能力。

和氏璧、唐三彩、景泰蓝等是传统工艺水平的代表，反映了古人的智慧和工匠精神。现代工艺学是现代化大生产的产物，除了精艺化的需求，科学的经营管理、优质的器件材料、先进的仪器设备、高效的工艺手段、严格的质量检验和低廉的生产成本是赢得竞争的关键；一切与商品生产有关的因素，都变成研究和管理的主要

对象，这就是现代的制造工艺学。工艺学已经成为一门涉及众多领域的专业学科。电子制造技术的发展历程，经历了"手工→机械化→单机自动化→刚性流水自动化→柔性自动化"的过程，目前正朝着智能自动化的方向发展。

1.1.2　电子产品制造工艺范畴

本书主要讨论电子整机（包括配件）产品的制造工艺，包括产品的设计、新产品试验、装配、焊接、调整、检验、维修和服务过程中的工艺技能。电子产品制造是复杂系统，综合了现代设计技术、工艺机理及模拟技术、数控加工技术、机器人技术、传感器与监控技术、绿色制造、极限制造以及质量可靠和企业管理技术，是高科

技产业。先进电子制造技术包括三大模块：设计制造主体技术、支撑技术和管理技术。材料、设备、方法、人力和管理这几个要素是电子工艺技术的基本重点，通常用"4M+M"来简化电子产品制造过程的基本要素。

1. 材料（material）

材料包括电子元器件、导线类、金属或非金属的材料以及用它们制作的零部件和结构件。

电子整机产品和技术的水平，主要取决于元器件制造工业和材料科学的发展水平。选择性价比最佳的电子元器件和材料，把它们用于新产品的开发与制造，是评价、衡量一个电子工程技术人员业务水平的主要标准。

2. 设备（machine）

设备包括各种工具、工装、仪器、仪表、机器、设备，熟练掌握并正确使用它们，是对电子产品制造过程中每一个岗位操作者的基本要求；先进的、效率更高的仪器和设备，扩大了产能，也挤掉了很多的工作岗位，例如一台自动插件机，可以代替25个熟练插件工人的劳动，而且插件的质量更好。另外，激光技术、计算机控制技术、精密机械制造技术、机电一体化技术等，使生产设备更加智能化、人性化、高速度和高精度。生产设备的购置、运行、管理、维护以及折旧费用，在产品的生产成本中占有很大的比重。电子产品工艺技术的提高，产品质量和生产效率的提高，主要依赖于生产设备技术水平和生产手段的提高。

3. 方法（method）

生产制造有关的活动中，"方法"是至关重要的。现代电子产品的制造早已不是个人行为，而是团队合作的产物。从原理设计到工艺设计、从材料采购到仓储物流、从生产节拍控制到质量检验，新的设计手段、新的加工设备、新的材料和工具，都要求操作者有更好的智力因素，个性化的操作手法被淹没在规范化的训练中。在现代电子产品制造过程中，新的方法和工艺技术层出不穷，要求工程技术人员和生产操作者不断学习、不断提高，适应高新技术方法的要求。

4. 人力（manpower）

电子工业是劳动力密集型的产业，它所吸纳的劳动力人数，在全世界的工业劳动力中占有很大的比重。我国是电子工业大国，但是，要从"中国制造"全面转变为"中国智造"，劳动者素质成为发展的瓶颈。我国制造业主要缺少三类人才，其一是高级管理人员，其二是高级工程技术人员，其三是高级技术工人。现代工业需要大批懂得现代工艺技术的高级蓝领。因此，要提高"中国制造"的竞争力，必须着力培育高素质的技术工人队伍。

5. 管理（management）

现代化电子工业的精髓是科学的生产过程管理。统计学、运筹学是现代管理科学的理论基础；统一的、标准化的、完备的经济管理、技术管理和文件管理是现代化企业运作的基本模式。

与以上制造过程的四个要素相比较，管理可以算是"软件"，但它又是连接这四个要素的纽带。企业对生产材料、仪器设备、制造流程和人力资源的控制，都需要通过管理体系和管理制度来实现。ISO 9000质量管理体系认证、3C安全认证以及产品出口必须经受国际认证的审查，大量的工作是制定管理的标准与制度，撰写准确的、有效的管理文件。企业资源管理（ERP）系统逐渐成为现代企业的运行模式，帮助企业用信息化手段合理调配资源、优化生产过程。

1.1.3　规模生产制造业的工艺原则

现代电子产品制造工艺有几个基本原则：效益优先、追求完美、以人为本。

（1）效益优先原则

效益优先原则，即提高劳动生产率，生产优质产品以及增加生产利润，是对时间、速度、能源、方法、程序、生产手段、工作环境、组织机构、劳动管理、质量控制等诸多因素的科学研究。

（2）追求完美原则

工艺学追求的是"尽善尽美"的产品，是优良的产品质量。工艺工程师们要不断地设计、完善产品的制作流程和方法，调试和改进机器的工作状态，使生产效率和产品质量达到完美的境界。另外，在追求完美的过程中，还可能受到成本等条件限制，适度"妥协"也往往是必要的。

（3）以人为本原则

工艺学的创立，是为了实现同等或更轻的劳动负荷下，生产出数量更多、质量更好的产品。工艺的设计、分析与改进必须考虑企业员工的利益，必须考虑工人劳动的强度与承受能力，建立在科学的人体生理学、人机工程学的基础上，而不能一味地加大劳动强度，使之成为压榨、强迫工人高强度劳作的工具。和谐的企业文化和生产劳动环境，也是工艺学研究的主要内容之一。

1.2 电子产品制造岗位分析

1.2.1 电子企业组织架构

了解企业架构，有助于我们认识企业环境与企业文化，理解企业管理更深层次的问题；也有助于学生和企业人员确立合适的人生职业生涯规划，把自己提升为懂多个部门业务的跨部门、多元化、复合型人才，同样也有助于部分企业从业人员成功自主创业。电子产品制造部门是重要的生产部门，一般从属于一个企业或者一个企业集团。典型的生产单一类型产品的企业职能结构如图1.1所示。

这种企业职能结构一般常见于中小型企业，当企业发展壮大以后，企业经常会采用事业部制的形式，每一分部负责一个产品系列(一个业务领域)。例如，飞利浦公司有照明、家电、工业电子、医疗系统分部，每一分部都建立一个独立的、高度自治的实体。经营决策权下放到各个产品分部，分部对自己的绩效负责。总部负责企业总体战略和对各个分部的财务控制。图1.2是某知名企业职能结构图。

图 1.1　典型的生产单一类型产品的企业职能结构

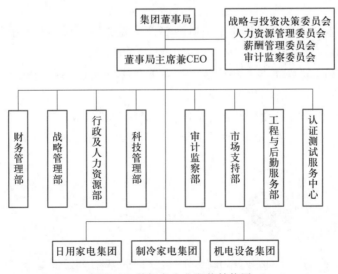

图 1.2　某知名企业职能结构图

因企业文化与企业实际产品的特点等因素的不同，各企业的组织架构稍有差异。但无论如何，企业组织职能结构是为企业管理服务的，合理的企业架构需要服从于以下几大原则：

① 精干高效原则：机构简练，人员精干，管理效率高。

② 权责利对等原则：公司每一管理层次、部门、岗位的责任、权利和激励都要对应。

③ 有效管理幅度原则：管理人员直接管理的下属人数应在合理的范围内。

④ 管理明确原则：避免多头指挥和无人负责的现象。

⑤ 专业分工与协作原则：兼顾专业管理的效率和集团目标、任务的统一性。

⑥ 执行和监督分设原则：保证监督机构起到应有的作用。

⑦ 客户导向原则：组织设计应保证公司以统一的形象面对客户，并满足客户需要。

⑧ 灵活性原则：保证对外部环境的变化能够做出及时、充分的反应。

以上几项原则都是对企业的结构设计和企业的发展非常重要的原则。好的制度孕育好的企业文化，好的企业文化促进企业的快速发展，否则将起到反作用。

1.2.2　工艺技术人员的角色定位与工作职责

工艺技术部门担负着将产品从开发设计阶段向生产制造阶段的技术转换，以及在生产制造过程中的技术管理工作。电子工艺技术工作的根本目的是保证产品质量，提高生产效率，降低生产成本，提高企业的经济效益。其主要工作范围是：

① 根据产品设计文件要求，编制生产工艺流程、工时定额和工位作业指导书；指导现场生产人员完成工艺操作和产品质量控制。

② 编制和调试 AOI、ICT 等先进测试设备的运行程序和 SMT 工艺涉及的锡膏印刷机、自动贴片机、再流焊机、波峰焊机等生产设备的操作方法及规程，设计、制作、加工或检验工装。

③ 负责新产品研发中的工艺评审，主要对新产品元器件的选用、PCB 设计和产品生产的工艺性能进行评定，提出改进意见。

④ 对新产品的试制、试生产，负责技术上的准备和协调，现场组织解决有关技术和工艺问题，提出改进意见。

⑤ 实施生产现场工艺规范和工艺纪律管理，培训和指导工人的生产操作，解决生产现场出现的技术问题。

⑥ 控制和改进生产过程的工作质量，协同研发、检验、采购等相关部门进行生产过程质量分析，改进并提高产品质量。

⑦ 研讨、分析和引进新工艺、新设备，参与重大工艺问题和质量问题的处理，不断提高企业的工艺技术水平、生产效率和产品质量。

工艺技术是技术性和实践性都很强的工作。它牵涉众多学科，知识面极广；它又是一项紧密结合生产实际的、非常复杂而又细致的工作。离开生产实际、离开现场，就不可能做好工艺技术工作。

1.3　精益生产与工业工程

工业工程（industrial engineering，IE）是从科学管理的基础上发展起来的一门应用性工程专业技术。传统 IE 是通过时间研究与动作研究、工厂布置、物料搬运、生产计划和日程安排等提高劳动生产率。现代 IE 以运筹学和系统工程作为理论基础，以计算机信息学作为先进手段，兼容并蕴涵了诸多新学科和高新技术，其目标包括可获利性(profitability)、有效性(effectiveness)、高效性(efficiency)、适应性(adaptability)、响应性(responsiveness)、高质量(high quality)、持续改进(continuous improvement)、经济可承受性(economic affordability)等。

1.3.1 精益生产介绍

20 世纪初，自泰勒发表《工厂管理》和《科学管理原理》以来，企业生产的科学管理经历了多个时期的发展，精益生产为典型代表。

精益生产(lean production)，简称"精益"，是衍生自丰田生产方式的一种管理哲学。它是通过系统结构、人员组织、运行方式和市场供求等方面的变革，使生产系统能很快适应用户需求不断变化，并能使生产过程中一切无用、多余的东西被精简，最终达到包括市场供销在内的生产的各方面最好结果的一种生产管理方式。

精益生产的精髓在于"在需要的时候，按需要的量，生产所需的产品"。因此，有些管理专家也称精益生产方式为 JIT 生产方式、准时制生产方式、适时生产方式或看板生产方式。其核心表现在以下几个方面。

(1) 追求零库存

精益生产是一种追求无库存生产，或使库存达到极小的生产系统，为此而开发了包括"看板"在内的一系列具体方式，并逐渐形成了一套独具特色的生产经营体系。

(2) 追求快速反应

追求快速反应，即快速应对市场的变化。为了快速应对市场的变化，精益生产者开发出了细胞生产、固定变动生产等布局及生产编程方法。

(3) 企业内外环境的和谐统一

精益生产方式成功的关键是把企业的内部活动和外部的市场(顾客)需求和谐地统一于企业的发展目标。

(4) 人本主义

精益生产强调人力资源的重要性，把员工的智慧和创造力视为企业的宝贵财富和未来发展的原动力，具体表现在：充分尊重员工、重视培训、共同协作。

(5) 库存是"祸根"

高库存是大量生产方式的特征之一。由于设备运行的不稳定、工序安排的不合理、较高的废品率和生产的不均衡等原因，常常出现供货不及时的现象，库存被看作必不可少的"缓冲剂"。但精益生产则认为库存是企业的"祸害"，一是提高了经营的成本；二是掩盖了企业的问题。

精益生产是对工业生产过程的全方位监控与改善，包括 5S 与目视控制、准时化生产(JIT)、看板管理、零库存管理、全面生产维护(TPM)、运用价值流图识别浪费、生产线平衡设计、拉系统与补充拉系统、降低设置/换线时间(setup reduction)、单件流(缩小生产面积、减少物流搬运、生产效率提高)、持续改善等。

1.3.2 6S 管理

6S 起源于日本。所谓 6S 是指对实验、实训、办公、生产现场各运用要素(主要是物的要素）所处状态不断进行整理、整顿、清扫、清洁、提高素养及安全的活动。其所包含的 6 个词的第一个字母是 "S"，所以简称 6S，它们是整理（seiri）、整顿（seiton）、清扫（seiso）、清洁（seiketsu）、素养（shitsuke）、安全（security）。

　　6S 是将生产现场中的人员、机器、材料、方法等生产要素进行有效的管理，针对企业每位员工的日常工作行为提出要求，倡导从小事做起，力求使每位员工都养成事事 "讲究" 的习惯，从而达到提高整体工作效率和质量的目的。6S 最主要是针对生产现场，面对全体人员，尤其是领导要带头，落实到每天的工作，逐渐养成良好的习惯。

　　典型的 6S 宣传画如图 1.3 所示。

整理
将工作场所的任何物品区分为有必要和没有必要的，除了有必要的留下来，其他的都消除掉

整顿
把留下来的必要物品依规定位置摆放，并放置整齐加以标识

素养
每位成员养成良好的习惯，并遵守规则做事，培养积极主动的精神

清扫
将工作场所内看得见与看不见的地方清扫干净，保持工作场所干净、亮丽

清洁
将整理、整顿、清扫进行到底，并且制度化，经常保持环境处在美观的状态

安全
重视成员安全教育，每时每刻都有安全第一观念，防患于未然

图 1.3　6S 宣传画

1.4　电子工艺操作安全知识

1.4.1　电子工艺安全综述

　　安全是一切劳动过程的基本要求，也是劳动者从事各种生产活动的基本保障。就一般生产劳动而言，安全知识和相关的技术内容所涉及的领域极其广泛。限于篇幅，本书只能针对一般电子产品制造环境的操作安全问题进行讲述。

视频
生产车间安全知识

视频
企业安全事故防范

　　生产操作中的不安全因素是多方面的。这些不安全因素可能造成设备或产品损坏，带来经济损失，但最主要的危险是可能危害人身安全，对操作者造成电的、机械的或热的损伤。在进行装配、焊接、调试和修理操作的时候，不仅要使用各种工具和设备，还可能接触到危险的高电压。为了保证生产安全，防止发生事故，操作者必须了解生产操作中可能存在的不安全因素，学会安全防护，掌握安全用电知识和触电急救的正确方法。

　　触电对操作者来说，是最常见的电损伤，是从事电类工作时刻不忘的危险。尽管电子工艺操作通常被称为 "弱电" 的工作，但实际上不可避免要接触 "强电"。常用电动工具，例如电烙铁、电动改锥、手电钻、热风台等，以及仪器设备和生产制造的产品，大部分需要接通交流电源才能工作。所以，安全用电是电子工艺操作首要关注的重点。

使用工具必须遵守操作规程，避免机械损伤的危险。违章使用电动机械，例如戴纱线手套操作电钻，披散长发而不佩戴工作帽是不安全的，容易造成手指和头发被高速旋转的钻具卷入，发生严重事故。开动剪切设备、冲压设备等机床时，要注意刀具对手的伤害。即使是手工工具使用不当也很危险：改锥、镊子等小工具的尖端滑出把手扎伤；剪断印制电路板上元器件的引线时，小段导线崩伤眼睛的后果也非常严重，有些操作应该佩戴好护目镜。

烫伤也是电子工艺操作中可能发生的安全事故。灼热的电烙铁和热风枪，温度可能达到400～500 ℃，无论是皮肤触碰到烙铁头还是被热风吹到，肯定会被烫伤。熔化的焊锡、加热的助焊剂、腐蚀剂和清洗剂会使人烫伤。在操作大电流电气开关时，瞬间电弧也可能烧伤操作者。

电气火灾的危害也很严重。线路超载、电器老化、电弧放电以及不正确的电气操作，都可能导致温度升高，引燃绝缘材料和易燃液体、气体。挥发性很强的助焊剂和清洗剂（如无水乙醇或其他有机溶剂）极易引起火灾。

发现电子装置、电气设备、电缆等冒烟起火，要尽快切断电源（拉开总电闸或失火电路的开关）。应该使用二氧化碳或四氯化碳等不导电灭火介质，绝对不得使用泡沫或水来灭火，注意身体或灭火工具不要触及导线和电气设备。

因此，任何操作者都应该从一开始就培养良好的工作习惯。对于任何工业企业和加工过程的管理者来说，制定安全操作规程和生产管理制度，并使之有效地贯彻执行，是生产运行的头等大事。企业新员工入职的第一课，就是安全教育。企业必须为生产者提供安全保障和劳动保险。工科院校在组织学生参加基础工业训练或电子工艺实训的时候，必须首先对学生进行安全操作知识教育，把安全放在第一位并且贯彻始终。

1.4.2　安全用电常识

电气事故是现代社会不可忽视的灾害之一，安全用电则是最重要的基本常识。不安全的电流经过人体，这就是人们所说的触电。我们应该掌握必要的安全用电知识，学会保护人身安全，记取安全事故教训，防患于未然。

1. 触电

（1）触电的危险

触电也叫作电击。触电事故并无先兆，一旦发生，就会产生严重后果而且难以自救。人体是可以导电的，当有电流通过时，就会产生生理反应。通常不足 1 mA 的电流就能引起人体的肌肉收缩、神经麻木。较大的电流通过人体，将产生剧烈的刺激，对人身造成伤害。

（2）触电的形式与原因

单极触电：人站在大地上，如果没有穿绝缘胶鞋，人体就与大地等电位。这时，身体的任何部位接触到带电体，例如手不慎碰到交流市电的相线，就会有电流通过人体从带电体流向大地，这就是单极触电。

双极触电：人体的两个部位同时分别接触到不同电位的带电体时，它们之间有电流通过，例如两手同时分别接触电网的两根相线发生电击，这就是双极触电。这种接触电压，大都是在带电工作时发生的，而且一般保护措施都不起作用，因而危险极大。

跨步触电：高压线断落在地上，以垂落点为中心，在地面上形成电位逐渐降低的电场，当人误入这一区域时，跨步电压也会使人触电。

2. 生产操作中常见的电击危险

在电子生产操作中发生的电击通常与 220 V 交流电源有关，其中有些是生产设备存在不安全因素，有些则是操作者缺乏安全知识引起的。

（1）直接触及电源

由于各种容易产生的疏忽，使人触碰了 220 V 电源插座或裸露的电线而产生电击。

（2）错误使用设备

在调试电子产品或进行电路实验的时候，必须充分了解各种设备的电路接线情况。否则，就可能在误认为安全的地方，发生触电的危险。这里是一个曾经发生事故的实例。

如图 1.4 所示，操作者试图用调压器（自耦变压器）来改变输入电压，试验稳压电路在输入交流电压变化时的电路特性。接通电源，用万用表测得调压器的输出电压十几伏，并没有发现异常现象，但在工作中触及电路元件时，却发生了电击。分析事故的原因，才发现是两芯的调压器电源插头很容易将端点 2 接到电源的相线上。这样，虽然电压表指示 3、4 两端之间的电压为十几伏，但 4 端的对地电压却高达 220 V。一旦无意碰到 4 端连通的元器件或导线，自然会遭受电击。假如电源插头把电源的零线接到调压器 2 端，则不会触电，这当然是侥幸。

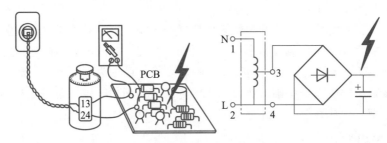

图 1.4   错误使用调压器导致触电

因此，绝不能从自耦变压器的输出端取得"安全"的低电压，绝不能仅仅相信电压表的指示值。

（3）设备金属外壳带电

如果电气设备的金属外壳带电，操作者就很容易触电。这种情况下，在电击事故中占有很大比例。电源线脱落、绝缘材料不良、绝缘层被破坏、接线错误等原因，都会导致设备金属外壳带电。

（4）电容器放电

充了电的电容器，断开电源以后，如果没有设计好泄放电路，电容器中的电能会存储很长时间，同样可以使人遭受电击。特别是高压大容量的电容器可能造成严重的甚至致命的电击。一般，电压超过千伏或容量大于千微法以上的电容器，都应该作为慎重对待的危险对象。

3. 安全用电操作及触电急救知识

安全制度和保护措施是重要的，但没有哪种保护措施或触电保安器是万无一失的，更重要的是操作者要建立安全意识，时刻保持触电警惕性，养成安全操作的习惯。科学手段的使用是关键，特别要注意空气漏电开关与隔离变压器的使用。

具体措施参见相关的安全教育视频。

1.4.3   电子工艺实训操作安全

工厂企业、科研院所、实验室，无一例外都规定了安全制度，这些制度是在科学基础上制定的，有些条文是从实践中总结出来的经验，有些条文甚至是用惨痛的教训换来的。

1. 环境安全管理规程

本规程的责任者是电子工艺实训环境的管理者。

① 必须熟悉实训环境（实训车间或实验室），了解电闸和水阀的位置。

② 熟悉并严格执行安全用电规程，防止触电，实训结束后应将全部用电器的电源切断。

③ 要特别注意防止火灾，车间内必须配备灭火装置和不导电灭火介质，不得处于全封闭状态，应该对安全防火及火灾逃生做出切实可行的预案。助焊剂和化学溶剂等易燃品，必须保存在指定的安全位置，不得随意堆放。

④ 经常对实验环境的安全进行检查，发现隐患及时清除，防止各种事故发生。

2. 用电安全规程

本规程的责任者是车间管理者和供电技术人员（执证上岗的电工）。

① 电源系统必须符合电气安全标准，并在总电源上装有漏电保护开关。车间内使用符合安全要求的低压电器（包括电线、电源插座、开关、电动工具、仪器仪表等）。

② 设备带电的部分如电闸、配电盘、输电线、电源板等一定要有绝缘保护，并且应将其置于不会无意中碰到的地方，所有用电设备的金属外壳及配电装置都应该装设保护接零。

③ 所有工作台都安装便于控制的电源开关、电源插座、漏电保护开关和过电流保护装置。

④ 随时检查所有用电设备及工具的电源线和插头，发现破损老化应及时更换。

⑤ 尽量选用工作电压是安全电压的手持电动工具。

⑥ 假如需要学生在工作台上带电调试电子产品，台上应该设置隔离变压器。学生应该在指导教师的监督下进行操作。

3. 操作安全规程

参加电子工艺实训的全体学生应该熟悉并严格遵守本规程。

① 遵守操作环境的工艺管理纪律，不得在车间内饮食，严禁在车间内打闹说笑，不得惊吓正在操作的人员。

② 讲究文明操作，各种工具、设备应该安排合理，摆放整齐。

③ 服装要求：在进入实训环境前应按要求更换工作服，不允许穿拖鞋、凉鞋，男员工不得穿短裤，女员工不得穿裙子，且必须把长发编在脑后束好，一般应该佩戴好工作帽。

④ 在进行焊接练习时，掌握正确的操作姿势，可以保证身心健康，减轻劳动伤害。为减少助焊剂加热时挥发出的化学物质对人的危害，减少有害气体的吸入量，一般情况下，烙铁头到鼻子的距离应不少于 20 cm，通常以 30 cm 为宜。没有确信电烙铁已经脱离电源时，不能用手触摸烙铁头。烙铁头上有多余的焊锡，应该用烙铁架上潮湿的纤维海绵擦除，绝对禁止手持电烙铁向身后甩。拆焊有弹性的元器件时，要防止熔化的焊锡向外弹出。

⑤ 插拔设备的电源插头时，应该手持插头，不得抓住电源线向外拉。不要用湿手去扳动电源开关、插拔电器。遇到不明情况的电线，先假定它是带电的，不要随意触动。

⑥ 用螺钉旋具（俗称改锥、螺丝刀）拧紧螺钉时，另一只手不要放在改锥尖端的前方。

⑦ 用剪线钳剪断短小的导线（例如装配焊接后剪短元器件的引线）时，应该让钳口（即导线头飞出去的方向）朝着工作台或地面，绝对不能朝向他人或设备；或者用另一只手覆盖在钳口的上方，防止导线的金属屑飞出。

⑧ 凡使用化学腐蚀剂的操作训练（例如练习腐蚀电路板或用强活化剂作助焊剂），要特别

注意化学试剂的排放，避免对皮肤的损伤和对环境的污染。

⑨ 在实训过程中发现设备的异常现象，如设备外壳或手持部位有麻电感觉、开机或使用中熔丝烧断、出现异常声音和异味(塑料或绝缘漆烧焦的气味)、机内打火、出现烟雾和仪表指示严重超范围时，要立即报告管理人员，不得擅自处理。

1.5　现场感知与视野拓展

1.5.1　电子企业的场地布局

电子产品生产一般采用流水作业生产线的组织形式。生产线的设计、订购、制造水平，将直接影响产品的质量及企业的经济效益，直接影响企业的生产组织、场地的利用效率、物流的通畅、生产的效率和效益。提高生产场地布局的设计水平，已经成为有关专家和工程技术人员必须面对的问题。

工艺布局所考虑的不仅有硬件，也有软件。硬件有插件线、SMT 线、调试线、总装线等生产线系统，水、电、气等动力系统，计算机网络系统，通信系统等，软件有生产管理和物流控制的顺畅，对环境的影响等。场地布局的设计，必须由工艺技术部门、生产部门、物流管理部门、品质检验部门和市场部门共同研究、反复论证，提出最优化的方案，报企业决策部门审批。在设计场地工艺布局时，应该考虑的主要因素有以下几点。

① 企业的产品结构、设备类型和投资规模。

② 产品生产工艺流程的优化和企业的水、电、气、网络等系统的配备，要尽量简化工艺流程，尽量缩短上述系统的线路，节省投资。

③ 要尽量保证物流的顺畅、管理的方便，从物料进厂、检验、仓储、生产线的流向、工序之间的周转以及成品的存储和发货，要尽量简短、不重复、不交叉。

④ 要考虑生产环境的整洁、有序、噪声和污染的防治。

1.5.2　现代电子制造技术体系

现代电子制造技术综合了多学科的发展成果，包含材料、基体、装配、测试与相关辅助过程，正在朝着智能化、自动化、网络化的方向发展，是一个系统化的体系。下面看看核心的几个模块，如表 1.1 所示，其中涉及很多概念，接受这些知识和理念，需要一个过程。

表 1.1　现代电子制造技术体系架构

	功能与定义	内容
设计	产品设计及生产前准备	① 现代设计。包括模块化设计、系统化设计、价值工程、面向对象的设计、反求工程、并行设计、绿色设计、工业设计等 ② 产品可信性设计。包括可靠性设计、安全性设计、动态分析与设计、防断裂设计、防疲劳设计、耐环境设计、维修设计和维修保障设计等 ③ 设计自动化技术。包括产品的造型设计、工艺设计、工程图生成、有限元分析、优化设计、模拟仿真、虚拟设计、工程数据库等内容

续表

	功能与定义	内容
制造	产品制造的工艺和装备	包括材料生产、加工、装配、自动化的数控加工、机器人、自动仓储与物料系统、在线检测与监控技术、信息化制造技术等
支撑	实现先进制造系统的工具、手段和系统集成	包括信息技术、传感技术和控制技术，如网络和数据库技术、集成平台和集成框架技术、接口和通信技术、软件工程技术、人工智能技术、信息提取和多传感器信息融合技术、模糊控制技术、智能决策与控制技术、分布处理技术等
管理	体制和机制，使人、财、物高效整体运行	包括 DSS（决策支持系统）、QMS（质量管理系统）、MIS（管理信息系统）、MP（物料需求计划）、MRP（制造资源计划）、JIT（准时）制造生产技术、LP（精益生产）技术

1.5.3　电子企业实地参观学习

企业参观以实地考察的方式，让学生对现代电子产品的生产过程有直接的体验。现代电子企业参观优先选择本地区有代表性的大中型企业，具有先进的技术设备与管理经验。

企业实地参观的主要内容安排通常如下：

① 参观部分允许开放的制造车间，带领学生领略先进的生产、检测设备和制造工艺；了解电子产品的生产工艺流程和主要的工作岗位，特别是机械手作业的自动生产岗位。

② 参观公司的最新产品展，体验电子科技发展步伐与风采。

③ 邀请相关的企业培训人员或某部门经理给学生进行短时间讲座，通过相关的视频讲解公司的发展历程，讲授企业文化和企业管理模式等。

④ 企业代表与学生互动。

思考与习题

1. 什么是工艺？电子工艺学的研究领域有哪些？
2. 电子工艺技术的培养目标是什么？
3. 电子工艺技术人员的工作范围有哪些？
4. 在电子工艺操作的过程中，有哪些必须时刻警惕的不安全因素？
5. 电子产品是怎样构成的？电子产品工艺设计的基本原则是什么？
6. 讨论电子产品生产的工艺布局应考虑哪些因素？

任何一个复杂的电子产品、电路系统都是由基本的电路单元组成的，而基本电路单元又是由元器件组成的；电子元器件是电子产品最基本的构成单元，它在机械结构上不能被进一步拆

分但能实现一定的电气功能。通常，元件(component)是指电阻、电容、电感、接插件和开关等无源元件；器件(device)是指晶体管、集成电路等有源器件。但是在实际工作中，对两者并不严格区别，统称为电子元器件。

2.1　电子元器件的命名与标注

熟悉电子元器件的型号命名以及标注方法，对于选择、购买、使用元器件，进行技术交流，都是非常必要的。

2.1.1　电子元器件的命名方法

国家标准(GB 2470)对大多数国产电子元器件的种类命名都作出了统一的规定。电子元器件的名称由字母(汉语拼音或英语字母)和数字组成。例如，R 表示电阻，C 表示电容，L 表示电感，W 表示电位器等；用数字或字母表示其他信息。

2.1.2　型号及参数在电子元器件上的标注

电子元器件的型号及各种参数，应当尽可能在元器件的表面上标注出来。常用的标注方法有直标法、文字符号法和色标法三种。

1. 直标法

把元器件的主要参数直接印制在元器件的表面上即为直标法，如图 2.1 所示。电阻的表面上印有 RXYC-50-T-1k5-±10%，表示其种类为耐潮披釉线绕可调电阻，额定功率为 50 W，阻值为 1.5 kΩ，允许偏差为±10%；又如，电容的表面上印有 CD11-16-22，表示其种类为单向引线式铝电解电容，额定直流工作电压为 16 V，标称容量为 22 μF。

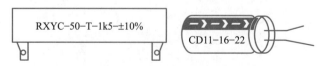

图 2.1　元器件参数直标法

2. 文字符号法

随着电子元器件不断小型化，一般仅用三位数字标注元器件参数的方法称为文字符号法，

如图 2.2 所示。具体规定如下：

① 电阻的基本标注单位是欧姆（Ω），电容的基本标注单位是皮法（pF），电感的基本标注单位是微亨（μH）；用三位数字标注元器件的参数。

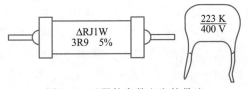

图 2.2　元器件参数文字符号法

② 对于十个基本标注单位以上的元器件，前两位数字表示数值的有效数字，第三位数字表示数值的倍率。例如：对于电阻上的标注，100 表示其阻值为 $10×10^0\ \Omega=10\ \Omega$，223 表示其阻值为 $22×10^3\ \Omega=22\ k\Omega$；对于电容上的标注，103 表示其容量为 $10×10^3\ pF=10\ 000\ pF=0.01\ \mu F$，475 表示其容量为 $47×10^5\ pF=4\ 700\ 000\ pF=4.7\ \mu F$；对于电感上的标注，820 表示其电感量为 $82×10^0\ \mu H=82\ \mu H$。

③ 用字母"R"表示小数点。例如对于电阻，R10 表示其阻值为 0.10 Ω，3R9 表示其阻值为 3.9 Ω；对于电容，1R5 表示其容量为 1.5 pF；对于电感，6R8 表示 6.8 μH。

3. 色标法

用色码（色环、色带或色点）表示数值及允许偏差的方法称为色标法，国际统一的色码识别规定见表 2.1。

表 2.1　色码识别规定

颜色	有效数字	倍率（乘数）	允许偏差/%
黑	0	10^0	—
棕	1	10^1	±1
红	2	10^2	±2
橙	3	10^3	—
黄	4	10^4	—
绿	5	10^5	±0.5
蓝	6	10^6	±0.25
紫	7	10^7	±0.1
灰	8	10^8	—
白	9	10^9	−20～+50
金	—	10^{-1}	±5
银	—	10^{-2}	±10
无色	—	—	±20

常见的元器件参数色标法如图 2.3 所示。

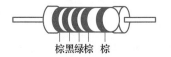

棕黑绿棕　棕

电阻:阻值为1.05 kΩ 允许偏差为±1%

(a)

红红棕　金

电感:标称值为220 μH 允许偏差为±5%

(b)

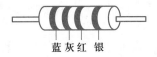

蓝灰红　银

电容:标称值为6800 pF 允许偏差为±10%

(c)

图 2.3　元器件参数色标法

普通电阻大多用四个色环表示其阻值和允许偏差。第一、二环表示有效数字，第三环表示倍率（乘数），第四环与前三环距离较大（约为前几环间距的 1.5 倍），表示允许偏差。例如，红、红、红、银四环表示的阻值为 $22×10^2\ \Omega=2\ 200\ \Omega$，允许偏差为 ±10%；又如，绿、蓝、金、金四环表示的阻值为 $56 \times 10^{-1}\ \Omega = 5.6\ \Omega$，允许偏差为 $\pm 5\%$。

精密电阻采用五个色环标志，前三环表示有效数字，第四环表示倍率，与前四环距离较大的第五环表示允许偏差。例如，棕、黑、绿、棕、棕五环表示阻值为 $105 \times 10^1\ \Omega = 1\ 050\ \Omega = 1.05\ \mathrm{k}\Omega$，允许偏差为 $\pm 1\%$；又如，棕、紫、绿、银、绿五环表示阻值为 $175 \times 10^{-2}\ \Omega = 1.75\ \Omega$，允许偏差为 $\pm 0.5\%$。

色点和色环还常用来表示电子元器件的极性。例如，电解电容外壳上标有白色箭头和负号的一极为负极；玻璃封装二极管上标有黑色环的一端、塑料封装二极管上标有白色环的一端为负极；某些晶体管在其外壳的柱面上用红色点表示发射极；等等。

2.2 ▶ 电子元器件的主要参数

电子元器件的主要参数包括电气性能、使用环境、机械结构和焊接性能、产品寿命等。这些参数从不同角度反映了一个电子元器件的特征。

技术标准对电子元器件的参数做了详细的规定，例如使用环境、试验方法、参数分类及等级、应检查测试的项目和产品的外形结构、尺寸等。电子元器件的技术标准有国家标准、行业标准和企业标准三级，一般企业标准比国家标准、行业标准更严格。

2.2.1 电子元器件的电气性能参数

电气性能参数用于描述电子元器件在电路中的电气性能，主要包括电气安全性能参数、环境性能参数和电气功能参数。

电气安全性能参数主要有耐压、绝缘电阻、阻燃等级等。

环境性能参数主要有温度系数、电压系数、频率特性等。

电气功能参数反映电气性能。

2.2.2 电子元器件的使用环境参数

电子元器件环境参数规定了元器件的使用条件，包括气候环境参数和电源环境参数。气候环境参数主要是指元器件的工作温度、湿度和储存温度、湿度等。有时还需考虑地球引力的影响，如纬度、地面高度等参数。特殊情况下，着重考虑元器件周围气体的腐蚀作用，如盐雾、二氧化硫等气体的腐蚀、油烟的污染等。

2.2.3 电子元器件的机械结构参数

在电子产品组装和 PCB 设计时机械结构参数如外形尺寸、引脚尺寸等至关重要。

如果选用的元器件的机械强度不高，就会在产品振动时发生断裂、虚焊，造成损坏，使电子设备失效，这种例子屡见不鲜。电阻的陶瓷骨架断裂、金属端脱落、电容本体开裂、各种元器件的引线折断或开焊等，都是常见的机械故障。

2.2.4 电子元器件的焊接性能

焊接性能是反映电子元器件制造性能最重要的参数。一般包括两个方面：一是引脚的可焊性；二是元器件的耐焊接性。可焊性是指焊接时引脚上锡的难易程度，决定了"虚焊"的数量和装配的可靠性，在选用元器件前，需要先进行可焊性测试。

焊接时，电子元器件需要承受的峰值温度非常高，一般超过230 ℃，无铅焊接更是高达260 ℃，元器件的一些塑料部分可能会变形损坏，元器件能否耐住焊接时的高温，是衡量元器件质量的重要性能指标之一。

2.2.5 电子元器件的寿命

随着时间的推移或工作环境的变化，元器件的性能参数发生改变（例如电阻的阻值变大或变小，电容的容量减小等），当它们的参数变化到一定限度时，再也不能承受电路的要求而彻底损坏，造成元器件的失效。相对而言，由于工作在高温、高电压条件下，半导体器件更容易失效，是电子产品检修工作的重点。

2.3 电子产品中元器件的识别、检测与选择

2.3.1 电阻与电位器

电阻是一种消耗电能的元件，在电路中用于稳定、调节、控制电压或电流的大小，起限电流、降电压、偏置、取样、调节时间常数、抑制寄生振荡等作用。

1. 电阻的命名方法及图形符号

电阻的图形符号如图2.4所示。

用于监测非电物理量的敏感电阻的材料、分类代号及其意义见表2.2。

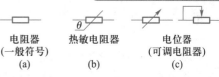

电阻器（一般符号）(a)　　热敏电阻器(b)　　电位器（可调电阻器）(c)

图2.4　电阻的图形符号

表2.2　敏感电阻的材料、分类代号及其意义

材料		分类			
字母代号	意义	数字代号	意义		
			温度	光敏	压敏
F	负温度系数热敏	1	普通	—	碳化硅
Z	正温度系数热敏	2	稳压	—	氧化锌
G	光敏	3	微波	—	氧化锌
Y	压敏	4	旁热	可见光	—
S	湿敏	5	测温	可见光	—
C	磁敏	6	微波	可见光	—
L	力敏	7	测量	—	—
Q	气敏	8	—	—	—

2. 电阻的主要技术指标及标志方法

（1）额定功率

电阻在电路中长时间连续工作时允许消耗的最大功率称为电阻的额定功率。它不是指一定

要消耗的功率，而是允许消耗功率的限额。在电路图中，电阻的额定功率标志在电阻的图形符号上，如图2.5所示。

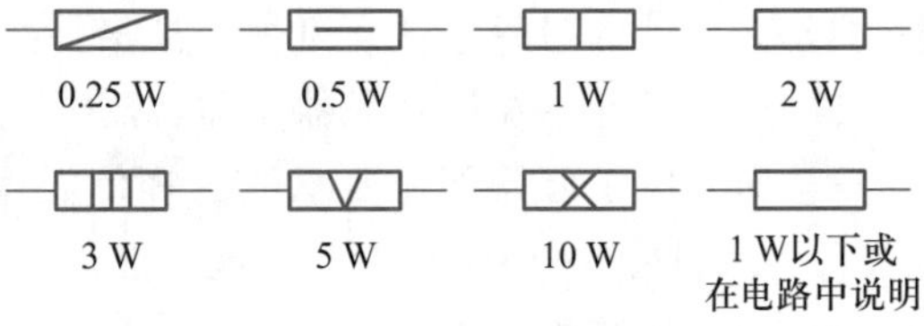

不同工作温度下电阻额定功率值不同，在选用时应注意。

| 0.25 W | 0.5 W | 1 W | 2 W |
| 3 W | 5 W | 10 W | 1 W以下或在电路中说明 |

图2.5   标有电阻额定功率的电阻符号

（2）标称阻值

电阻的阻值用色环或文字符号标志在电阻的表面。

（3）阻值精度（允许偏差）

实际阻值与标称阻值的相对误差为电阻精度（允许偏差）。普通电阻的允许偏差可分为 ±5%、±10%、±20% 等，精密电阻的允许偏差可分为 ±2%、±1%、±0.5%、…、±0.001% 等十多个等级。电阻的精度等级可以用符号标明，见表2.3。

表2.3   电阻的精度等级符号

精度等级/%	±0.001	±0.002	±0.005	±0.01	±0.02	±0.05	±0.1
符号	E	X	Y	H	U	W	B
精度等级/%	±0.2	±0.5	±1	±2	±5	±10	±20
符号	C	D	F	G	J	K	M

（4）极限电压

电阻的耐压是一个经常被忽视的概念。电阻的击穿电压，取决于电阻的引脚距离及工艺结构，无法根据简单的公式计算出来，必要时用几个电阻串联的方法来克服极限电压限制。

（5）温度系数

电阻阻值随温度的变化而变化，在精密电阻的使用场合应该关注这一特性。不同电阻的温度系数相差很大，一般为 ±2 ~ ±100 PPM/℃。

3. 几种常用电阻的结构与特点

几种常用电阻的外形如图2.6所示。其中，图(a)是碳膜电阻，图(b)是金属膜或金属氧化膜电阻，图(c)是线绕电阻，图(d)是热敏电阻，图(e)是电阻网络（集成电阻、电阻排）。

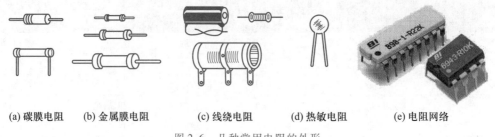

(a) 碳膜电阻   (b) 金属膜电阻   (c) 线绕电阻   (d) 热敏电阻   (e) 电阻网络

图2.6   几种常用电阻的外形

常规电阻的说明见教学视频。几种特殊电阻说明如下：

（1）熔断电阻（保险电阻）

保险电阻兼有电阻和熔断器的双重作用：在正常工作状态下它是一个普通的小阻值（一般为几欧到几十欧）电阻，但当电路出现故障、通过熔断电阻的电流超过该电路的规定电流时，它就会迅速熔断开路。这种电阻烧断以后，通常无法从外表看出有断路迹象。

（2）水泥电阻

水泥电阻实际上是封装在陶瓷外壳里、并用水泥填充固化的一种线绕电阻，如图 2.7 所示。水泥电阻内的电阻丝和引脚之间采用压接工艺，如果负载短路，压接点会迅速熔断，起到保护电路的作用。水泥电阻功率大、散热好，具有良好的阻燃、防爆特性和高达 100 MΩ 的绝缘电阻，被广泛使用在开关电源和功率输出电路中。

（3）敏感电阻

使用不同材料及工艺制造的半导体电阻，具有对温度、光通量、湿度、压力、磁通量、气体浓度等非电物理量敏感的性质，这类电阻称为敏感电阻。通常有热敏、压敏、光敏、湿敏、磁敏、气敏、力敏等不同类型的敏感电阻。利用这些敏感电阻，可以制作用于检测相应物理量的传感器及无触点开关。

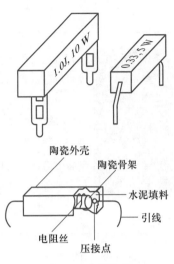

图 2.7　水泥电阻

4. 电阻质量判别

在研制电子产品时，要仔细分析电路的具体要求。在那些稳定性、耐热性、可靠性要求比较高的电路中，应该选用金属膜或金属氧化膜电阻；如果要求功率大、耐热性能好，工作频率又不高，则可选用线绕电阻；对于无特殊要求的一般电路，可使用碳膜电阻，以便降低成本。

电阻的质量判别方法参照某公司电阻来料检验作业指导书，见表 2.4。

表 2.4　电阻来料检验作业指导书

来料检验作业指导书		文 件 编 号	××××
		版 本 号	A
物料类别	电　　阻	第 1 页	共 1 页

检验依据	依企业标准和样品以及相关的资料		
检验设备	万用表、卡尺		
AQL 值	CR = 0.01（严重）　　MAJ = 0.65（主要）　　MIN = 1.0（次要）		
检验项目	检验方法与步骤	抽样方案	缺陷类型
外观尺寸	1. 来料型号、料号是否与 MRP 系统或手写到货通知单相符	按照 GB 2828—2012 单次抽样一般检查水平 Ⅱ 进行抽样 MAJ = 0.65 MIN = 1.0	MAJ
	2. 来料包装是否完好、标志是否清晰正确，表面有无脏污、破损等不良现象		MIN
	3. 引脚有无氧化、夹伤等不良现象		MAJ
	4. 电阻色环标称值是否与样品、规格书相符（此项仅适用于色环电阻）		MAJ
	5. 用卡尺对照图纸及样品测量相关主要尺寸（长、直径、脚长、脚直径）	采用特殊检验水平 S-2 抽样	MAJ

续表

电阻值	用万用表电阻挡测量电阻阻值是否在允许的偏差范围内（参见色环标称值、企业标准或规格书）	采用一般检验水平 II 抽样	MAJ
上锡性	将引脚距本体 1 mm±0.5 mm 处，浸入 235 ℃ ± 5 ℃ 的锡炉中持续 3～5 s，浸入部分应 95% 以上的面积上锡良好	采用特殊检验水平 S-2 抽样	MAJ
适配性	将电阻插入使用机种的 PCB 中，检查其安装适配性是否完好（参见工艺要求）	采用特殊检验水平 S-2 抽样	MAJ

拟制		审核		批准		日期	

5. 电位器（可调电阻）

电位器也称可调电阻或可调电位器，其图形符号及外形如图 2.8 所示。电位器有三个引出端，调整滑动端在两个固定端之间的机械位置，就可以改变相应的输出电位，如图 2.8（a）所示。当滑动端与一个固定端直接连接时，电位器就成为可调电阻，调整滑动端在两个固定端之间的机械位置，两个固定端之间的电阻也被改变，常用来调节电路中某一支路的电阻值，如图 2.8（b）所示。

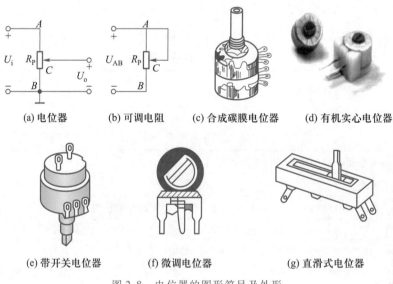

(a) 电位器　　　　(b) 可调电阻　　　(c) 合成碳膜电位器　　(d) 有机实心电位器

(e) 带开关电位器　　　(f) 微调电位器　　　(g) 直滑式电位器

图 2.8　电位器的图形符号及外形

（1）电位器的主要技术指标

描述电位器技术指标的参数与电阻相似，主要特性指标有滑动噪声、分辨力、阻值变化规律等。

① 滑动噪声。当电刷在电阻体上滑动时，电位器中心端与固定端之间的电压出现无规则的起伏，这种现象称为电位器的滑动噪声。它是由材料电阻率分布的不均匀性以及电刷滑动时接触电阻的无规律变化引起的。

② 分辨力。对输出量可实现的最精细的调节能力称为电位器的分辨力。线绕电位器的分辨力较差。

③ 阻值变化规律。调整电位器的滑动端，其阻值按照一定规律变化，如图2.9所示。常见电位器的阻值变化规律有线性变化（X型）、指数变化（Z型）和对数变化（D型）。根据不同需要，还可制成按照其他函数（如正弦、余弦）规律变化的电位器。

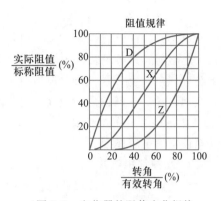

图2.9　电位器的阻值变化规律

（2）电位器的质量判别

① 用万用表电阻挡测量电位器的两个固定端的电阻。如果万用表指示的阻值比标称值大得多，表明电位器已坏；如指示的数值跳动，表明电位器内部接触不好。

② 测量滑动端与固定端的阻值变化情况。移动滑动端，如阻值从最小到最大之间连续变化，而且最小值越小，最大值越接近标称值，说明电位器质量较好；如阻值间断或不连续，说明电位器滑动端接触不良，则不能选用。

③ 用"电位器动噪声测量仪"判别质量好坏。

④ 企业的电位器进货检验标准与电阻类似，重点是上面第②条的内容。

2.3.2　电容

电容的基本结构是用一层绝缘材料（介质）间隔的两片导体。电容是储能元件，当两端加上电压以后，电介质在电场的作用下，其内部也形成电场，这种现象称为电介质的极化。在极化状态下的介质两边，可以储存一定量的电荷，储存电荷的能力用电容量表示。电容量的基本单位是法拉（F），常用单位是微法（μF）和皮法（pF）。$1\ F = 10^6\ μF = 10^{12}\ pF$。

1. 电容的技术参数

（1）标称容量及偏差

电容量是电容的基本参数，其数值应该标志在电容体上。电容的容量偏差等级一般偏差都比较大，均在±5%以上。

（2）额定电压

在极化状态下，电荷受到介质的束缚而不能自由移动，只有极少数电荷摆脱束缚形成漏电流；当外加电场增强到一定程度，使介质被击穿，大量电荷脱离束缚流过绝缘材料，此时电容已经遭到损坏。能够保证长期工作而不致击穿的最大电压称为电容耐压值，这是最重要的安全指标之一。常用电容的额定电压系列见表2.5。

表2.5　常用电容的额定电压系列　　　　　　　　　　　　　　　单位：V

1.6	4	6.3	10	16	25	（32）	40
（50）	63	100	（125）	160	250	（300）	400
（450）	500	630	1 000	1 600	2 000	2 500	…

注：带括号者仅为电解电容所用。

（3）损耗角

电容介质的绝缘性能取决于材料及厚度，绝缘电阻越大，漏电流越小。漏电流将使电容消耗一定电能，这种消耗称为电容的介质损耗（属于有功功率）。考虑了介质损耗的电容，相当于在理想电容上并联一个电阻。由于介质损耗而引起的电流相移角度，称为电容的损耗角。它真实地表征了电容的质量优劣。不同类型的电容，其 $\tan\delta$ 的数值不同，一般为 $10^{-2} \sim 10^{-4}$。$\tan\delta$ 大的电容，漏电流比较大，漏电流在电路工作时产生热量，导致电容性能变坏或失效，甚至使电解电容爆裂。

2. 几种常用电容

电子产品中几种常用的电容如图 2.10 所示。

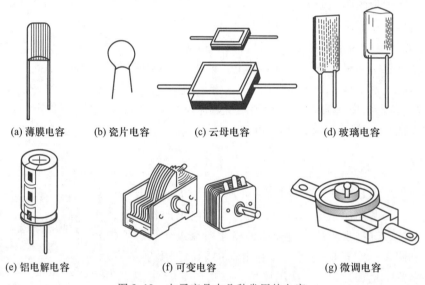

(a) 薄膜电容　　(b) 瓷片电容　　(c) 云母电容　　　　(d) 玻璃电容

(e) 铝电解电容　　　　(f) 可变电容　　　　(g) 微调电容

图 2.10　电子产品中几种常用的电容

（1）有机介质电容

现代高分子合成技术的进步，使新的有机介质薄膜不断出现，这类电容发展很快。除了传统的纸介、金属化纸介电容外，常见的涤纶、聚苯乙烯电容等均属此类。

（2）无机介质电容

陶瓷、云母、玻璃等材料可制成无机介质电容。

① 瓷介电容（国标型号：CC 或 CT）

瓷介电容也是一种生产历史悠久、容易制造、成本低廉、安装方便、应用极为广泛的电容，一般按其性能分为低压小功率瓷介电容和高压大功率瓷介电容（通常额定工作电压高于 1 kV）两种。

结构：常见的低压小功率瓷介电容有瓷片、瓷管、瓷介独石等类型，如图 2.10（b）所示。在陶瓷薄片两面喷涂银层并焊接引线，披釉烧结后就制成瓷片电容；若在陶瓷薄膜上印刷电极后叠层烧结，就能制成独石电容。独石电容的单位体积比瓷片电容小很多，为瓷介电容向小型化和大容量的发展开辟了良好的途径。

特点：由于所用陶瓷材料的介电性能不同，因而低压小功率瓷介电容有高频瓷介（CC）、低频瓷介（CT）电容之分。高频瓷介电容体积小、耐热性好、绝缘电阻大、损耗小、稳定性高，常用于要求低损耗和容量稳定的高频、脉冲、温度补偿电路,但其容量范围较窄,一般为 1 pF ~ 0.1 μF;低频瓷介电容的绝缘电阻小、损耗大、稳定性差,但重量轻、价格低廉、容量大,特别是独石电容的容量超过 2 μF,一般用于对损耗和容量稳定性要求不高的低频电路,在普通电子产品中广泛用作旁路、耦合元件。

② 云母电容(国标型号:CY)

结构:以云母为介质,用锡箔和云母片(或用喷涂银层的云母片)层叠后在胶木粉中压铸而成。云母电容如图 2.10(c)所示。

特点:由于云母材料优良的电气性能和机械性能,使云母电容的自身电感和漏电流损耗都很小,具有耐压范围宽、可靠性高、性能稳定、容量精度高等优点,被广泛用在一些具有特殊要求(如高温、高频、脉冲、高稳定性)的电路中。

③ 玻璃电容

结构:玻璃电容以玻璃为介质,目前常见的为玻璃独石电容和玻璃釉独石电容两种。其外形如图 2.10(d)所示。玻璃独石电容与云母电容的生产工艺相似,即把玻璃薄膜与金属电极交替叠合后热压成整体而成;玻璃釉独石电容与瓷介独石电容的生产工艺相似,即将玻璃釉粉压成薄膜,在膜上印刷图形电极,交替叠合后剪切成小块,在高温下烧结成整体。

与云母和瓷介电容相比,玻璃电容的生产工艺简单,因而成本低廉。它具有良好的防潮性和抗震性,能在 200 ℃ 高温下长期稳定工作。其稳定性介于云母与瓷介电容之间,体积却只有云母电容的几十分之一,所以在高密度的 SMT 电路中广泛使用。

(3) 电解电容

电解电容以金属氧化膜作为介质,以金属和电解质作为电容的两极,金属为阳极,电解质为阴极。使用电解电容必须注意极性,由于介质单向极化的性质,它不能用于两端极性交替的交流电路;在接入直流电路时,极性不能接反;否则,会影响介质的极化,使电容漏液、容量下降,甚至发热、击穿、爆炸。

由于电解电容的介质是一层极薄的氧化膜(厚度只有几纳米到几十纳米),因此比率电容(电容量/体积)比任何其他类型电容的都要大。在要求大容量的场合(如滤波电路等),均选用电解电容。电解电容的损耗大,温度特性、频率特性、绝缘性能差,漏电流大(可达毫安级),长期存放可能因电解液干涸而老化。因此,除体积小以外,其任何性能均远不如其他类型的电容。常见的电解电容有铝电解、钽电解和铌电解电容。此外,还有一些特殊性能的电解电容,如激光储能型、闪光灯专用型、高频低感型电解电容等,分别用于不同要求的电路中。

① 铝电解电容(国标型号:CD)

结构:铝电解电容一般是用铝箔和浸有电解液的纤维带交叠卷成圆柱形后,封装在铝壳内,其外形如图 2.10(e)所示。大容量的铝电解电容的外壳顶端通常有"十"字形压痕,其作用是防止电容内部发热引起外壳爆炸;假如电解电容被错误接入电路,介质反向极化会导致内部迅速发热,电解液汽化,膨胀的气体就会顶开外壳顶端的压痕释放压力,避免外壳爆裂伤人。

特点:这是一种使用最广泛的通用型电解电容,适用于直流电源滤波和音频旁路。铝电解电容的绝缘电阻小,漏电流损耗大,容量范围为 0.33 ~ 10 000 μF,额定工作电压一般为 6.3 ~ 450 V。

② 钽电解电容(国标型号:CA)

结构:采用金属钽(粉剂或溶液)作为电解质。

特点：钽电解电容已经发展了大约 50 年。由于钽及其氧化膜的物理性能稳定，所以它与铝电解电容相比，具有绝缘电阻大、漏电流小、寿命长、比率电容大、长期存放性能稳定、温度及频率特性好等优点；但它的成本高、额定工作电压低(最高只有 160 V)。这种电容主要用于一些对电气性能要求较高的电路，如积分、计时、开关电路等。钽电解电容分为有极性和无极性两种。

除液体钽电容以外，近年来又发展了超小型固体钽电容。高频片状钽电容的最小尺寸可达 2 mm×1.2 mm(0805 系列)，用于混合集成电路或采用 SMT 技术的微型电子产品中。

（4）可变电容(国标型号：CB)

结构：可变电容是由很多半圆形动片和定片组成的平行板式结构，动片和定片之间用介质(空气或聚苯乙烯薄膜)隔开，动片组可绕轴相对于定片组旋转 0° ~ 180°，从而改变电容量的大小。可变电容按结构可分为单联、双联和多联三种。图 2.10(f)是常见小型可变电容的外形。双联可变电容又分成两种，一种是两组最大容量相同的等容双联；另一种是两组最大容量不同的差容双联。目前最常见的小型密封薄膜介质可变电容(CBM 型)，采用聚苯乙烯薄膜作为片间介质。

3. 电容的合理选用

选用电容时，应该注意以下问题。

（1）电容的额定电压

不同类型的电容有不同的额定电压系列，所选电容的耐压应该符合标准系列，一般应该高于电容两端实际电压的 1.5 ~ 2 倍。不论选用何种电容，都不得使其额定电压低于电路实际工作电压的峰值，否则电容将会被击穿。在选择电容的额定电压时，必须留有充分的裕量。但是，耐压也不是越高越好，由于液体电解质的电解电容自身结构的特点，一般应使电路的实际电压相当于所选电容额定电压的 50% ~ 70%，才能充分发挥电解电容的作用。如果电解电容在低电压的电路中长期工作，反而容易使它的电容量逐渐减小、损耗增大，导致工作状态变差。

（2）标称容量及精度等级

各类电容均有其容量标称值系列及精度等级。电容在电路中的作用各不相同，某些特殊场合(如定时电路或积分电路)要求一定的容量精度，而在更多场合，容量偏差可以很大。例如，在电路中用于耦合或旁路，电容量相差几倍往往都没有很大关系。

（3）对 tan δ 值的选择

介质材料的区别使电容的 tan δ 值相差很大。在高频电路或对信号相位要求严格的电路中，tan δ 值对电路性能的影响很大，直接关系整机的技术指标，所以应该选择 tan δ 值较小的电容。

4. 用万用表判断电容的质量

电容容量一般用数字电桥来测量。如果没有专用检测仪器，使用万用表也能简单判断电容的质量。

对于容量大于 5 100 pF 的电容，用万用表的电阻挡测量电容的两个引线，应该能观察到万用表显示的阻值变化，这是电容充电的过程。数值稳定后的阻值读数就是电容的绝缘电阻(也称漏电电阻)。假如数字式万用表显示绝缘电阻在几百千欧以下或者指针式万用表的表针停在距 ∞ 较远的位置，表明电容漏电流严重，不能使用。对于容量小于 5 100 pF 的电容，由于充电时间很快，充电电流很小，直接使用万用表的电阻挡就很难观察到阻值的变化。这时，可以借助一个 NPN 型晶体管的放大作用进行测量。测量电路如图 2.11 所示。电容接到 A、B 两端，由于晶体管的放大作用，就可以测量到电容的绝缘电阻。判断方法同上所述。

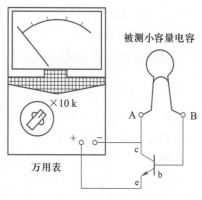

图 2.11 小容量电容的简易测量方法

企业来料检验电气性能主要检查项目：

（1）电解电容

● 容量：用 LCR 数字电桥（频率为 120 Hz）测其容量是否在允许的偏差范围内（通用误差为±20%，特殊除外）。

● 损耗角正切值：用 LCR 数字电桥测试仪（频率为 120 Hz）测其 DF 值是否在规定范围内（参见企业标准、规格书）。

● 漏电流：用漏电流测试仪测出其漏电流，是否在允许的偏差范围内（$I \leq 0.01CU$ 或当 $I \leq 1$ μA 时取最大值 3 μA）。

（2）涤纶电容增加以下两项

● 绝缘电阻：用绝缘电阻测试仪测其绝缘电阻值，当 $C \leq 0.33$ μF 时，$R \geq 9\ 000$ MΩ；当 $C > 0.33$ μF 时，$R \geq 3\ 000$ MΩ。

● 耐压：用耐压测试仪测其耐压是否在规定的范围内（参考企业标准、规格书）。

2.3.3 电感与变压器

电感的基本结构是在导磁介质上按一定方向绕制的线圈（注意：空气也是导磁介质），是利用电磁感应原理制成的元件，俗称电感或电感线圈。电感在电路里起阻流、变压、传送信号的作用，用在调谐、振荡、耦合、匹配、滤波、陷波、延迟、补偿及偏转聚焦等电路中。电感按工作特征分成电感量固定的和电感量可变的两种类型；按磁导体性质分成空心电感、磁心电感和铜心电感；按绕制方式及其结构分成单层、多

层、蜂房式、有骨架式或无骨架式电感。

1. 电感的基本参数

（1）电感量

穿过线圈中导磁介质的磁通量和线圈中的电流，其比例常数简称电感。电感的电路符号为 L，基本单位是 H（亨利），实际常用单位有 mH（毫亨）、μH（微亨）和 nH（纳亨）。一般电感的电感量精度为±5% ~ ±20%。

（2）固有电容

电感线圈的各匝绕组之间通过空气、绝缘层和骨架而存在着分布电容，同时，在屏蔽罩之间、多层绕组的每层之间、绕组与底板之间也都存在着分布电容。这样，电感实际上可以等效成如图 2.12 所示的电路。图中的等效电容 C_0，就是电

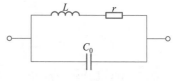

图 2.12 电感的等效电路

感的固有电容。由于固有电容的存在，使线圈有一个固有频率或谐振频率，记为 f_0，其值为

$$f_0 = \frac{1}{2\pi\sqrt{LC_0}}$$

使用电感线圈时，应使其工作频率远低于线圈的固有频率。为了减小线圈的固有电容，可

以减小线圈骨架的直径，用细导线绕制线圈，或者采用间绕法、蜂房式绕法。

（3）品质因数（Q 值）

电感线圈的品质因数定义为

$$Q = \frac{2\pi f L}{r}$$

式中，f 是工作频率（Hz），L 是线圈的电感量（H），r 是线圈的损耗电阻（Ω），包括直流电阻、高频电阻及介质损耗电阻。

Q 值反映线圈损耗的大小，Q 值越高，损耗功率越小，电路效率越高。一般谐振电路要求电感的 Q 值高，以便获得更好的选择性。为提高电感线圈的品质因数，可以采用镀银导线、多股绝缘线绕制线匝，使用高频陶瓷骨架及磁心（提高磁通量）。

测量电感的参数比较复杂，一般都是通过电感测量仪和电桥等专用仪器进行的。

2. 几种常用电感

（1）小型固定电感

结构：有卧式（国标 LG1、LGX 型）和立式（国标 LG2、LG4 型）两种，其外形如图 2.13 所示。这种电感是在棒形、工字形或王字形的磁心上直接绕制一定匝数的漆包线或丝包线，外表裹覆环氧树脂或封装在塑料壳中。有些环氧树脂封装的固定电感用色码标注其电感量，故也称为色码电感。

小型固定电感的电感量范围一般为 0.1 μH ~ 10 mH，允许偏差有 Ⅰ、Ⅱ、Ⅲ 三挡，分别表示±5%、±10% 和 ±20%。Q 值为 40 ~ 80。额定电流用 A、B、C、D、E 挡表示，分别代表 50 mA、150 mA、300 mA、700 mA、1600 mA。显然，相同电感量的固定电感，A 挡的体积最小，E 挡的体积最大。

特点：具有体积小、重量轻、结构牢固（耐振动、耐冲击）、防潮性能好、安装方便等优点，常用在滤波、扼流、延迟、陷波等电路中。

（2）平面电感

结构：主要采用真空蒸发、光刻电镀及塑料包封等工艺，在陶瓷或微晶玻璃片上沉积金属导线制成，如图 2.14 所示。目前的工艺水平已经可以在 1 cm² 的面积上制作出电感量为 2 μH 以上的平面电感。

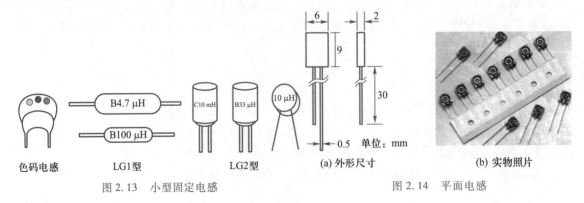

图 2.13 小型固定电感　　　　　图 2.14 平面电感

特点：平面电感的稳定性、精度和可靠性都比较好，适用于频率范围为几十兆赫到几百兆赫的高频电路中。

（3）中周线圈

结构：由磁心、磁罩、塑料骨架和金属屏蔽壳组成，线圈绕制在塑料骨架上或直接绕制在磁心上，塑料骨架的插脚可以焊接到印制电路板上。有些中周线圈的磁罩可以旋转调节，有些则是磁心可以旋转调节。调整磁心和磁罩的相对位置，能够在±10%的范围内改变中周线圈的电感量。常用的中周线圈的外形结构如图2.15所示。

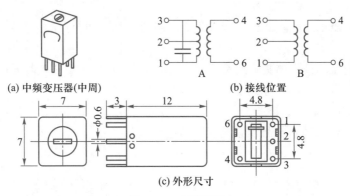

(a) 中频变压器(中周)　　　(b) 接线位置

(c) 外形尺寸

图 2.15　中周线圈

（4）铁氧体磁心线圈

铁氧体铁磁材料具有较高的磁导率，常用来作为电感线圈的磁心，制造体积小而电感量大的电感。如图2.16(a)所示，用罐形铁氧体磁心制作的电感，因其具有闭合磁路，使有效磁导率和电感系数很高。如果在中心磁柱上开出适当的气隙，不但可以改变电感系数，而且能够提高电感的Q值、减小电感温度系数。罐形磁心线圈广泛应用于LC滤波器、谐振回路和匹配回路。常见的铁氧体磁心还有I形磁心、E形磁心和磁环。I形磁心俗称磁棒，常用作无线电接收设备的天线磁心，如图2.16(b)所示；E形磁心如图2.16(c)所示，常用于小信号高频振荡电路的电感线圈；用铁氧体磁环绕制的电感线圈，如图2.16(d)所示，多用于近年来迅速发展的开关电源，传递高频脉冲信号。图2.16还给出了几种铁氧体磁心电感的实物照片。

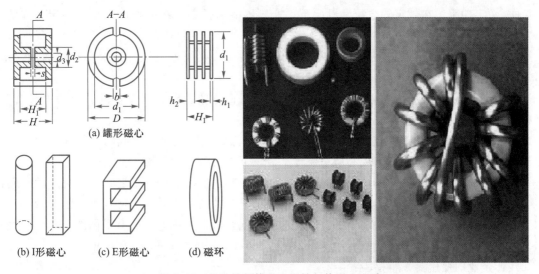

(a) 罐形磁心

(b) I形磁心　　　(c) E形磁心　　　(d) 磁环

图 2.16　几种铁氧体磁心和铁氧体磁心电感

（5）其他电感

在各种电子设备中，根据不同的电路特点，还有很多结构各异的专用电感。例如，半导体收音机的磁性天线，电视机中的偏转线圈、振荡线圈等。

注：企业来料检验（IQC）电气性能主要测试项目如下：

• 电感量：用 LCR 数字电桥（频率为 1 kHz）串联挡测其电感量是否在允许的偏差范围内，如 J(±5%)、K(±10%)、M(±20%) 等。

• 绝缘电阻：用绝缘电阻测试仪测其绝缘电阻值，是否在允许的偏差范围内（参见企业标准、规格书）。

• 耐压：用耐压测试仪测其耐压是否在规定要求范围内（参见企业标准、规格书）。

3. 变压器

两个电感线圈相互靠近，就会产生互感现象。因此从原理上来说，各种变压器都属于电感。图 2.17 是变压器的图形符号及常用变压器的外形。

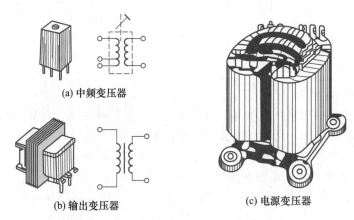

(a) 中频变压器

(b) 输出变压器

(c) 电源变压器

图 2.17   变压器的图形符号及常用变压器的外形

变压器的主要性能参数如下：

① 额定功率。在规定的电压和频率下，变压器能够长期连续工作而不超过规定温升的输出功率（单位：V·A、kV·A 或 W、kW）。

② 变压比。变压器二次电压与一次电压的比值或二次绕组匝数与一次绕组匝数的比值，通常在变压器外壳上直接标出电压变化的数值。

③ 效率。输出功率与输入功率的比值，一般用百分数表示。变压器的效率由设计参数、材料、制造工艺及额定功率决定。

④ 温升。指线圈的温度。当变压器通电工作以后，线圈温度上升到稳定值时，比环境温度升高的数值。如果温升高于磁心居里温度，变压器将失效，引发事故。

⑤ 绝缘电阻和抗电强度。指线圈之间、线圈与铁心之间以及引线之间，在规定的时间内（例如 1 min）可以承受的试验电压。它是判断电源变压器能否安全工作特别重要的参数。不同的工作电压、不同的使用条件和要求，对变压器的绝缘电阻和抗电强度有不同的要求。一般要求，电子产品中的小型电源变压器的绝缘电阻≥500 MΩ，抗电强度≥2 000 V。

注：企业的变压器来料检验：

变压器是非常重要的器件，企业对它的检验非常严格，主要有外观尺寸、电气性能、耐压、上锡性、适配性、引脚拉力、温升测试等项目，其中电气性能的主要测试项有：

- 直流电阻测量：用万用表电阻挡测量一次、二次电阻是否在规定的范围内(参见企业标准或规格书)。
- 空载输出电压：输入 AC220 V 额定电压，不施加任何负载时；用万用表测量其空载输出电压是否在允许的偏差范围内。
- 空载电流：输入 AC220 V 额定电压，用电流表测量一次空载电流是否在允许的偏差范围内。
- 负载输出电压：输入 AC220 V 额定电压，并施加额定负载时，用万用表测量其负载输出电压是否在允许的偏差范围内。
- 负载电流：输入 AC220 V 额定电压，并施加额定负载时，用电流表测量其二次负载电流是否在允许的偏差范围内。

2.3.4 半导体分立器件

半导体分立器件自从 20 世纪 50 年代问世，曾为电子产品的发展起到重要的作用。晶体管的应用原理、性能特点等知识，在电子学课程中已经详细介绍过，这里简要介绍实际应用中的工艺知识。

1. 常用半导体分立器件及其分类

按照习惯，通常把半导体分立器件分成如下类别：

(1) 半导体二极管

普通二极管：整流二极管、检波二极管、稳压二极管、恒流二极管、开关二极管等；

特殊二极管(微波二极管)：变容二极管、雪崩二极管、肖特基二极管、隧道二极管、PIN 二极管等。

(2) 双极型晶体管

锗管：高频小功率管(合金型、扩散型)，低频大功率管(合金型、台面型)；

硅管：低频大功率管、大功率高反压管(扩散型、扩散台面型、外延型)，高频小功率管、超高频小功率管、高速开关管(外延平面工艺)，低噪声管、微波低噪声管、超 β 管(外延平面型、薄外型、钝化技术)，高频大功率管、微波功率管(外延平面型、覆盖型、网状结构、复合型)；

专用器件：单结晶体管、可编程晶体管。

(3) 功率整流器件

晶闸管整流器(SCR)、硅堆。

(4) 场效应晶体管

结型硅管：N 沟道(外延平面型)、P 沟道(双扩散型)、隐埋栅、V 沟道(微波大功率)；

结型砷化镓：微波低噪声、微波大功率(肖特基势垒栅)；

硅 MOS 耗尽型：N 沟道、P 沟道；

硅 MOS 增强型：N 沟道、P 沟道。

对于绝缘栅型场效应管，应该特别注意避免栅极悬空，即一般在栅、源两极之间并联一个 10 kΩ 左右电阻，经常保持直流通路。因为它的输入阻抗非常高，所以栅极上的感应电荷就很难通过输入电阻泄漏，电荷的积累使静电电压升高，尤其是在极间电容较小的情况下，少量电荷就会产生很高的电压，以致往往管子还未经使用，就已被击穿或出现性能下降的现象。

　　为了避免上述原因对绝缘栅型场效应管造成损坏,在存储时应把它的三个电极短路;在采用绝缘栅型场效应管的电路中,通常是在它的栅、源两极之间接入一个电阻或稳压二极管,使积累电荷不致过多或使电压不致超过某一界限;焊接、测试时应该采取防静电措施,电烙铁和仪器等都要有良好的接地线;使用绝缘栅型场效应管的电路和整机,外壳必须良好接地。

　　2. 半导体分立器件的封装及引脚

　　常见的半导体分立器件的封装及引脚如图 2.18 所示。目前,常见的器件封装多是塑料封装或金属封装,也能见到玻璃封装的二极管和陶瓷封装的晶体管。常用的封装形式有 TO-92,TO-220 等。

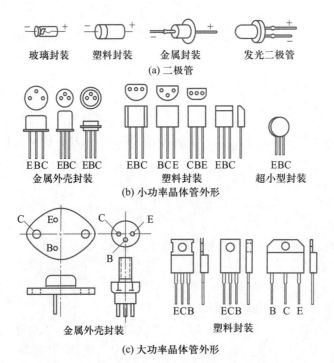

图 2.18　常见的半导体分立器件的封装及引脚

　　注:企业来料检验晶体管的主要电气性能测试项目如下:

　　● 用晶体管图示仪测量晶体管放大倍数是否在规定的要求范围内(参见企业标准、规格书)。

　　● 小功率晶体管用晶体管图示仪测试晶体管各极间的耐压是否在规定的要求范围内(参见企业标准、规格书)。

　　● 大功率晶体管用耐压测试仪测试功率管各极间的耐压是否在规定的要求范围内(参见企业标准、规格书)。

2.3.5　光电器件

　　1. 发光二极管

　　(1) 结构和工作原理

　　发光二极管(LED)采用砷化镓、镓铝砷和磷化镓等材料制成,是将电能转换为光能的一种器件,其图形符号及其常见外形如图 2.19 所示。按照 LED 所发出的光或发光的形式分类,可以分为普通单色光、高亮度光、超高亮度光、变色光、闪烁光、红外光以及电压控制型发光和负阻发光等。

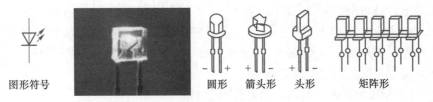

图 2.19 LED 的图形符号及其常见外形

LED 也具有单向导电性,工作在正向偏置状态,但它的正向导通电压降比较大,一般为 1.5~2 V,当正向电流达到 2 mA 时,LED 开始发光,而且光线强度的增加与电流成正比,一般取工作电流 10~20 mA 为宜。LED 发出的光线颜色主要取决于晶体材料及其所掺杂质。常见 LED 光线的颜色有红色、黄色、绿色和蓝色。

在一般电子产品中,LED 主要用作显示器件,用来指示电子产品的工作状态。近年来的技术进步使 LED 迅速成为新兴的照明光源:LED 不但极为长寿,而且坚固耐用,体积细小,开关迅速;比较相同的发光强度,LED 的用电量大约为白炽灯的 20%,寿命比白炽灯长 25 倍,照明的二氧化碳排放量很低。可以预见,LED 技术最终将取代所有白炽灯,引领人们进入一个全新的照明时代。

照明用大功率系列 LED 外形如图 2.20 所示。

图 2.20 大功率系列 LED 外形

2. 数码管与发光二极管点阵

表示数字的字符显示器(数码管)也是由 LED 组成的。数码管分为很多种类:按段数,分为七段和八段数码管,八段数码管比七段数码管多一个小数点显示;按能显示多少位数码,可分为 1 位、2 位、3 位或 4 位组合起来的数码管；按 LED 的连接方式，分为共阳极数码管和共阴极数码管。

共阳极数码管是将所有 LED 的阳极接到一起形成公共阳极（COM）的数码管。共阳极数码管在应用时，应将公共极 COM 接到高电平，当某一字段 LED 的阴极为低电平时，相应字段就点亮。共阴极数码管是将公共极 COM 接 GND 的数码管。共阴极数码管在应用时，当某一字段 LED 的阳极为高电平时，相应字段就点亮。

图 2.21 是共阳极和共阴极数码管的连接示意图。

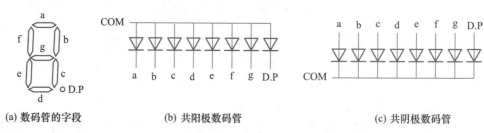

(a) 数码管的字段　　　　　(b) 共阳极数码管　　　　　(c) 共阴极数码管

图 2.21　共阳极和共阴极数码管的连接示意图

图 2.22(a)是 4 位八段数码管的照片。

图 2.22(b)是一个 LED 点阵，它可以代替数码管、符号管，不仅可以显示数字，也可显示所有西文字母和符号。如果将多块组合，还可以构成大屏幕显示屏，用于显示汉字、图形、图表等。LED 点阵式显示器根据内部 LED 尺寸的大小、数量的多少及发光强度、颜色等可分为多种规格。与由单个 LED 连成的显示器相比，LED 点阵的连线少、焊点少，可靠性高很多。

LED 点阵大多采用计算机控制的行、列扫描驱动方式，选择较大峰值电流和窄脉冲进行驱动，每个 LED 的平均电流不应超过 20 mA。

3. 光敏器件

常用的光敏器件包括光敏电阻、光敏二极管、光敏晶体管和红外接收二极管。图 2.23 是它们的图形符号，其外形如图 2.24 所示。

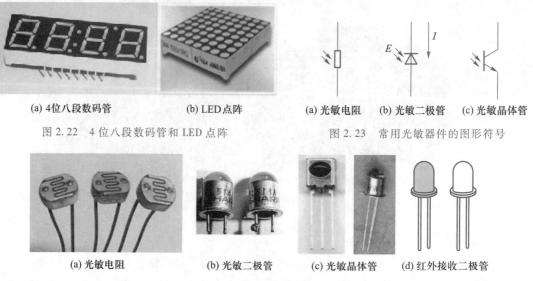

(a) 4 位八段数码管　　　(b) LED 点阵　　　　　　(a) 光敏电阻　(b) 光敏二极管　(c) 光敏晶体管

图 2.22　4 位八段数码管和 LED 点阵　　　　　图 2.23　常用光敏器件的图形符号

(a) 光敏电阻　　　　(b) 光敏二极管　　　(c) 光敏晶体管　(d) 红外接收二极管

图 2.24　常用光敏器件的外形

（1）光敏电阻

光敏电阻的工作原理基于半导体材料的内光电效应：光照越强，光生电子-空穴对就越多，光敏电阻的阻值就越低。构成光敏电阻的材料有金属的硫化物、硒化物、碲化物等。光敏电阻的外形如图 2.24(a)所示，有些产品封装在带有透光镜的密封壳体里。

（2）光敏二极管

光敏二极管是利用硅 PN 结受到光照后产生光电流的一种光电器件。光敏二极管工作时加有反向电压：没有光照时，其反向电阻很大，只有很微弱的反向饱和电流（暗电流）；当有光照时，就会产生很大的反向电流（亮电流），光照越强，该亮电流就越大。一般在它的受光面安装了光透镜作为光信号接收窗口。光敏二极管的外形如图 2.24(b)所示。

光敏二极管有两种工作状态：当光敏二极管加上反向电压时，管子中的反向电流随着光照强度的改变而改变，光照强度越大，反向电流越大，大多数都工作在这种状态[图 2.23(b)中，E 表示光照强度，I 表示电流]。光敏二极管上不加电压，利用 PN 结在受光照时产生正向电压的原理，把它用作微型光电池。这种工作状态，一般作为光电检测器。

测量光敏二极管时，先用黑纸或黑布遮住光敏二极管的光信号接收窗口，然后用万用表的 $R\times1$ k 挡测其正、反向电阻。正常时，正向电阻值在 $10\sim20$ kΩ 之间，反向电阻值为 ∞（无穷大）。再去掉黑纸或黑布，使其光信号接收窗口对准光源，正常时正、反向电阻值均会变小，阻值变化越大，说明该光敏二极管的灵敏度越高。

（3）光敏晶体管

光敏晶体管又称光电晶体管，可以将其等效看作由一个光敏二极管和一只半导体晶体管结合而成，也具有放大作用。一般情况下，光敏晶体管只引出集电极和发射极，其外形与发光二极管相同，使用时必须注意区分。图 2.24(c)是光敏晶体管的照片。

光敏晶体管和普通晶体管的结构相类似。不同之处是光敏晶体管必须有一个对光敏感的 PN 结作为感光面，一般用集电结作为受光结。当光线照射到基极表面时，产生相当于晶体管基极电流的光电流。随之出现放大了 β 倍的集电极电流。所以光敏晶体管电路具有放大作用。

（4）红外接收二极管

红外接收二极管又称为红外光敏二极管。其外形如图 2.24(d)所示，其图形符号与光电二极管一样。在没有接收到红外线时，红外接收二极管反向电阻非常大，接近无穷大；但若有某个波长的红外线照射在红外接收二极管的受光面时，其反向电阻会迅速减小。根据这个特点，红外接收二极管可以用于红外信号的检测，更多地被用在电视机、空调等家用电器的遥控设备中，作为红外接收器件。

4. 光电耦合器件

光电耦合器件是把发光器件和光电接收器件组装在一起，通过电—光—电的转换，实现信号耦合，成为以光为媒介传递信号的光电器件。光电耦合器件可以对输入和输出电路进行隔离，能够有效地抑制系统噪声，消除信号干扰，有响应速度较快、寿命长、体积小、耐冲击等优点。

光电耦合器中的发光器件通常是发光二极管，光电接收器件可以是光敏电阻、光敏二极管、光敏晶体管或光晶闸管等。图 2.25 是典型

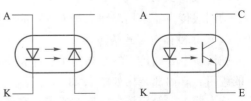

图 2.25　光电耦合器件图形符号

的光电耦合器件图形符号。光电耦合器件的封装与外观和一般 DIP、SMT 集成电路相似。

当电信号送入光电耦合器的输入端(A 端和 K 端)时,发光二极管通过电流而发光,光敏元件受到光照后产生电流,C 端和 E 端导通;若输入端无信号,发光二极管不亮,光敏晶体管截止,C 端和 E 端不通。

2.3.6　电声元件

电声元件用于电信号和声音信号之间的相互转换,常用的有扬声器、耳机、传声器(送话器、受话器)等,这里仅对扬声器和传声器进行简单的介绍。

1. 扬声器

扬声器俗称喇叭,是音响设备中的主要元件。扬声器的种类很多,除了已经淘汰的舌簧式以外,现在多见的是电动式、晶体式和励磁式。图 2.26 是常见扬声器的结构与外形。

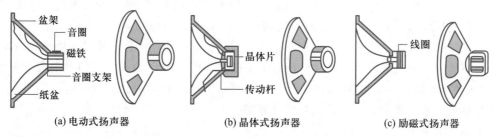

图 2.26　常见扬声器的结构与外形示意

(1) 电动式扬声器

电动式扬声器的结构如图 2.27 所示,由纸盆、音圈、磁体等组成。当音圈内通过音频电流时,音圈产生变化的磁场,与固定磁体的磁场相互作用,使音圈随电流变化而前后运动,带动纸盆振动发出声音。

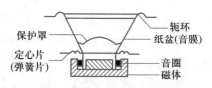

图 2.27　电动式扬声器的结构示意

(2) 耳机和耳塞机

耳机和耳塞机在电子产品的放音系统中代替扬声器播放声音。它们的结构和形状各有不同,但工作原理和电动式扬声器相似,也是由磁场将音频电流转换为机械振动而还原声音。耳塞机的体积微小,携带方便,一般应用在袖珍收、放音机中。耳机的音膜面积较大,能够还原的音域较宽,音质、音色更好一些,一般价格也比耳塞机更贵。

2. 传声器

传声器俗称话筒,它的作用与扬声器相反,是将声能转换为电能的元件。常见的话筒种类有动圈式、晶体式、铝带式、驻极体电容式等,以动圈式和驻极体电容式应用最广泛。

(1) 动圈式传声器

动圈式传声器结构如图 2.28(a)所示,其原理类似传声器的反向应用。

(2) 驻极体电容式传声器

驻极体电容式传声器结构简单、体积小、重量轻、耐振动、价格低廉、使用方便,得到广泛的应用。其内部结构如图 2.28(b)所示,驻极体电容的输出阻抗很高,可能达到几十兆欧,所以传声器内一般用场效应管进行阻抗变换以便与音频放大电路相匹配。

图 2.28　传声器(话筒)的结构

2.3.7　开关、接插件与继电器

机电元件是利用机械力或电信号实现电路接通、断开或转接的元件。电子产品中常用的开关、继电器和接插件就属于机电元件。

影响机电元件可靠性的主要因素是温度、潮热、盐雾、工业气体和机械振动等。高温影响弹性金属材料的机械性能，容易造成应力松弛，导致接触电阻增大，并使绝缘材料的性能变坏；潮热使接触点受到腐蚀并造成结构材料的绝缘电阻下降；盐雾使接触点和金属零件被腐蚀；工业气体二氧化硫或过氧化氢对接触点特别是银镀层有很大的腐蚀作用；振动易造成焊接点脱落，接触不稳定。选用机电元件时，除了应该根据产品技术条件规定的电气、机械、环境要求以外，还要考虑元件动作的次数、镀层的磨损等因素。

1. 接插件的分类和几种常用接插件

按照接插件的工作频率分类，低频接插件通常是指适合在频率 100 MHz 以下工作的连接器。而适合在频率 100 MHz 以上工作的高频接插件，在结构上需要考虑高频电场的泄漏、反射等问题，一般都采用同轴结构，以便与同轴电缆连接，所以也称为同轴连接器。

按照外形结构特征分类，常见的有圆形接插件、矩形接插件、印制板接插件、带状电缆接插件等。几种常用的接插件如图 2.29 所示。

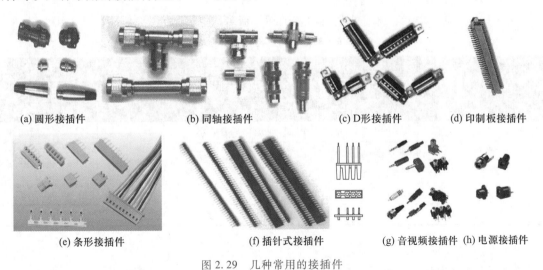

(a) 圆形接插件　　　(b) 同轴接插件　　　(c) D形接插件　　　(d) 印制板接插件

(e) 条形接插件　　　(f) 插针式接插件　　　(g) 音视频接插件　(h) 电源接插件

图 2.29　几种常用的接插件

2. 开关的主要参数及种类

开关是在电子设备中用于接通或切断电路的广义功能元件。开关的主要技术参数如下。

- 额定电压：正常工作状态下所能承受的最大直流电压或交流电压有效值。

- 额定电流：正常工作状态下所允许通过的最大直流电流或交流电流有效值。
- 接触电阻：一对接触点连通时的电阻，一般要求 ≤20 MΩ。
- 绝缘电阻：不连通的各导电部分之间的电阻，一般要求 ≥100 MΩ。
- 抗电强度(耐压)：不连通的各导电部分之间所能承受的电压，一般开关要求 ≥100 V，电源开关要求 ≥500 V。
- 工作寿命：在正常工作状态下使用的次数，一般开关为 5 000～10 000 次，高可靠开关可达到 $5×10^4$～$5×10^5$ 次。

其中钮子开关和拨动式开关如图 2.30 所示。

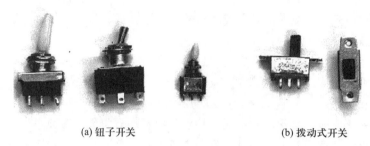

(a) 钮子开关　　　　　　　　　　(b) 拨动式开关

图 2.30　开关

3. 继电器

继电器是根据输入电信号的变化而接通或断开控制电路，实现自动控制和保护的自动电器，它是自动化设备中的主要元件之一，起到操作、调节、安全保护及监督设备工作状态等作用。从广义的角度说，继电器是一种由电、磁、声、光等输入物理参量控制的开关。

这里主要介绍最常用的小型电磁式继电器、舌簧继电器和固态继电器。

（1）继电器的型号命名与分类

继电器型号命名不一，部分常用继电器的型号命名法见表 2.6。

表 2.6　部分常用继电器的型号命名法

第一部分		第二部分				第三部分		第四部分	第五部分	
主称		产品分类				形状特征		序号	防护特性	
符号	意义	符号	意义	符号	意义	符号	意义		符号	意义
J	继电器	R	小功率	S	时间	X	小型	数字	F	封闭式
		Z	中功率	A	舌簧	C	超小型		M	密封式
		Q	大功率	M	脉冲	Y	微型			
		C	电磁	J	特种					
		V	温度							

电磁式继电器的主要参数如下。

① 额定工作电压：继电器正常工作时加在线圈上的直流电压或交流电压有效值。它随型号的不同而不同。

② 吸合电压或吸合电流：继电器能够产生吸合动作的最小电压或最小电流。为了保证吸合动作的可靠性，实际工作电流必须略大于吸合电流，实际工作电压也可以略高于额定电压，

但不能超过额定电压的 1.5 倍，否则容易烧毁线圈。

③ 直流电阻：指线圈绕组的电阻值。

④ 释放电压或电流：继电器由吸合状态转换为释放状态，所需的最大电压或电流值，一般为吸合值的 1/10 ~ 1/2。

⑤ 触点负荷：继电器触点允许的电压、电流值。一般，同一型号的继电器触点的负荷是相同的，它决定了继电器的控制能力。

此外，继电器的体积大小、安装方式、尺寸、吸合释放时间、使用环境、绝缘强度、触点数、触点形式、触点寿命（工作次数）、触点是控制交流信号还是直流信号等，在设计时都需要考虑。

（2）几种常用继电器

① 电磁继电器

电磁继电器是各种继电器中应用最广泛的一种，它以电磁系统为主体构成。图 2.31 是电磁继电器结构示意图与外形。

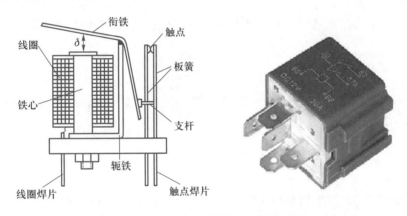

图 2.31 电磁继电器结构示意图与外形

当继电器线圈通过电流时，在铁心、轭铁、衔铁和工作气隙 δ 中形成磁通回路，使衔铁受到电磁吸力的作用被吸向铁心，此时衔铁带动的支杆将板簧推开，断开动断触点（或接通动合触点）。当切断继电器线圈的电流时，电磁力失去，衔铁在板簧的作用下恢复原位，触点又闭合。

电磁继电器的特点是触点接触电阻很小，结构简单，工作可靠。缺点是动作时间较长，触点寿命较短，体积较大。

② 舌簧继电器

舌簧继电器是一种结构简单的小型继电器，常见的有干簧继电器和湿簧继电器两类。

干簧继电器由一个或多个干式舌簧开关（又称干簧管）和励磁线圈（或永久磁铁）组成，其结构示意图与外形如图 2.32 所示。干簧管内有一组导磁簧片，封装在充有惰性气体的玻璃管内，导磁簧片又兼作接触簧片，起着电路开关和导磁的双重作用。当线圈通过电流或将磁铁接近干簧管时，两个簧片的端部形成极性相反的磁极而相互吸引。当吸引力 F 大于簧片的弹力时，两者接触，使动合触点闭合；当线圈中的电流减小或磁铁远离时，簧片间的吸引力 F 小于簧片的弹力，动簧片又返回到初始位置，触点断开。

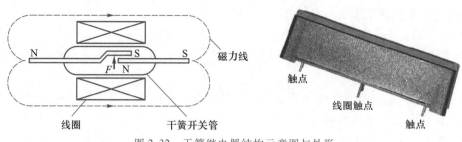

图 2.32   干簧继电器结构示意图与外形

湿簧继电器是在干簧管内充入了水银和高压氢气，使触点被水银浸润而成为汞润触点，氢气不断地净化触点上的水银，使触点一直被纯净的汞膜保护着。用湿簧管制成的舌簧继电器称为湿簧继电器。

（3）固态继电器

固态继电器（solid state relay，SSR）是指由电子元器件组成的固体无触点开关。

① 固态继电器的结构

按使用场合，固态继电器可以分为交流型和直流型两大类。它们的外形如图 2.33 所示。

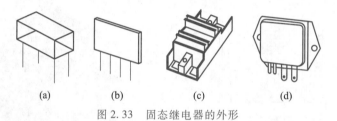

(a)   (b)   (c)   (d)

图 2.33   固态继电器的外形

② 固态继电器的工作原理

交流型或直流型固态继电器是指它们用来控制交流电路或直流电路，因此，固态继电器有 4 个接线端，一对是控制信号的输入端，接受小电流的逻辑电平信号；另一对是接在负载回路里的输出端，像开关一样"接通"或"断开"负载。输入端通过光电耦合的方式控制输出端，两者之间绝缘隔离，没有电气上的直接连通。

2.3.8   集成电路

集成电路是利用半导体工艺或厚膜、薄膜工艺，将电阻、电容、二极管、双极型晶体管、场效应晶体管等元器件按照设计要求连接起来，制作在同一硅片上，成为具有特定功能的电

路。这种器件打破了电路的传统概念，实现了材料、元器件、电路的三位一体，与由分立元器件组成的电路相比，具有体积小、功耗低、性能好、重量轻、可靠性高、成本低等许多优点。几十年来，集成电路的生产技术取得了迅速的发展，集成电路得到了极其广泛的应用。

1. 集成电路的型号与命名

使用集成电路时，应该查阅手册或几家公司的产品型号对照表，以便正确选用器件。进口集成电路的型号命名一般是用前几位字母符号表示制造厂商，用数字表示器件的系列和品种代号。常见外国公司生产的集成电路的字头符号见表 2.7。

表 2.7 常见外国公司生产的集成电路的字头符号

字头符号	生产地及厂商名称	字头符号	生产地及厂商名称
AN, DN	日本，松下	UA, F, SH	美国，仙童
LA, LB, STK, LD	日本，三洋	IM, ICM, ICL	美国，英特尔
HA, HD, HM, HN	日本，日立	UCN, UDN, UGN, ULN	美国，斯普拉格
TA, TC, TD, TL, TM	日本，东芝	SAK, SAJ, SAT	美国，ITT
MPA, MPB, μPC, μPD	日本，日电	TAA, TBA, TCA, TDA	欧洲，电子联盟
CX, CXA, CXB, CXD	日本，索尼	SAB, SAS	德国，SIGE
MC, MCM	美国，摩托罗拉	ML, MH	加拿大，米特尔

2. 集成电路的封装材料

集成电路的封装，按材料基本分为金属、陶瓷、塑料三类，按电极引脚的形式分为通孔插装式及表面安装式两类。这几种封装形式各有特点，应用领域也有区别。

随着集成电路品种规格的增加和集成度的提高，电路的封装已经成为一个专业性很强的工艺技术领域。现在，国内外的集成电路封装名称逐渐趋于一致，不论是陶瓷材料的还是塑料材料的，均按集成电路的引脚布置形式来区分。图 2.34 是常见的几种集成电路封装。

图 2.34（a）是塑料单列直插封装（PSIP）；图 2.34（b）是直立式塑料双列直插封装（PV-DIP）；图 2.34（c）是引脚交错式塑料直插封装（PZIP）。这三种封装，多用于音频前置放大、功率放大集成电路。图 2.34（d）是塑料双列直插封装（PDIP）。

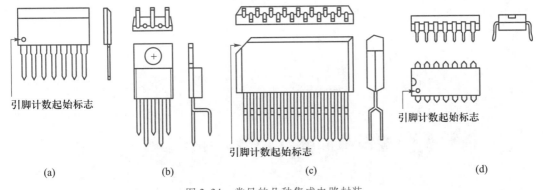

图 2.34 常见的几种集成电路封装

中功率器件为降低成本、方便使用，现在也大量采用塑料封装形式。但为了限制温升并有利于散热，通常都如图 2.34（b）所示，同时封装一块导热金属板，便于加装散热片。

集成电路是多引脚器件，在电路原理图上，引脚的位置可以根据信号的流向摆放，但在电路板上安装芯片，就必须严格按照引脚的分布位置和计数方向插装。绝大多数集成电路相邻两个引脚的间距是英制 100 mil（2.54 mm），宽间距的是 200 mil（5.08 mm），窄间距的是 70 mil（1.778 mm）；DIP 封装芯片两列引脚之间的距离是 300 mil（7.62 mm）或 600 mil（15.24 mm）。

集成电路的表面一般都有引脚计数起始标志，在 DIP 封装集成电路上，有一个圆形凹坑或弧形凹口：当起始标志位于芯片的左边时，芯片左下方、离这个标志最近的引脚被定义为集成电路的第 1 脚，按逆时针方向计数，顺序定义为第 2 脚、第 3 脚、…。有些芯片的封装被斜着切去一个角或印上一个色条作为引脚计数起始标志，离它最近的左下方引脚也是第 1 脚，其余引脚按逆时针方向计数。

3. 封装比的概念

几十年来，世界半导体产业的发展一直遵循着摩尔定律——每隔 18 个月，大规模集成电路的制造技术就会发生这样的变化：每平方英寸面积上集成的晶体管数目将增加一倍，同时成本会下降一半。以微处理器为例，从 1971 年 4 位数据的 CPU 芯片问世到今天，在 50 年的时间里，CPU 处理的数据位数从 4 位、8 位、16 位、32 位发展到 64 位，主频从几百千赫发展到现在的 3 GHz 以上。

衡量集成电路制造技术的先进性，除了集成度(门数、最大 I/O 数量)、电路技术、特征尺寸、电气性能(时钟频率、工作电压、功耗)外，还有集成电路的封装。

评价集成电路封装技术的优劣，重要指标是封装比：

$$封装比 = \frac{芯片面积}{封装面积}$$

这个比值越接近 1 越好。在如图 2.35 所示的集成电路封装示意图中，芯片面积一般很小，而封装面积则受到引脚间距的限制，难以进一步缩小。

集成电路的封装技术已经历经了好几代变迁，从 DIP、QFP、PGA、BGA 到 CSP 再到 MCM，芯片的封装比更接近于 1，引脚数目增多，引脚间距减小，芯片重量减轻，功耗降低，技术指标、工作频率、耐温性能、可靠性和适用性都取得了巨大的进步。

图 2.36 是常用半导体器件的封装形式及特点。

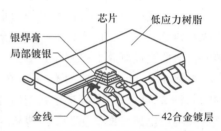

图 2.35　集成电路封装示意图

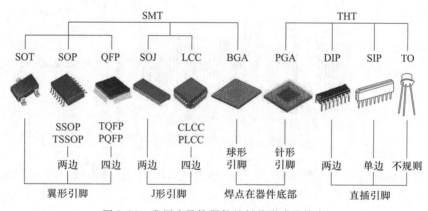

图 2.36　常用半导体器件的封装形式及特点

视频

SMT元器件

4. 集成电路高密度封装主流形式

双列直插封装(DIP)和单列直插封装(SIP)是 20 世纪 70 年代开始流行的集成电路封装方式。SIP 封装的集成电路大多是音频功率放大器，直立插装在电路板上，容易固定到散热片上。DIP 封装的芯片种类极多，这种结构具有如下特点：

① 适合在印制电路板上通孔插装。

② 容易进行印制电路板的设计布线。

③ DIP 芯片可以使用插座,易于组装与焊接。

DIP 封装有很多种结构形式,例如多层/单层陶瓷双列直插式、引线框架式(包含玻璃陶瓷封接式、塑料包封结构式、陶瓷低熔玻璃封装式)等。但是其封装比很低,下面介绍几种常用的密集引脚封装形式。

(1) PGA 封装

PGA 封装的 CPU 如图 2.37(a)所示。应该说,PGA 封装方式是 BGA 封装的前身,它是随着大规模集成电路、特别是 CPU 的集成度迅速增加而出现的。PGA 封装是将 CPU 的电极引脚改变成针形引脚,全平面地分布在集成电路的本体下面,成为引脚的格栅阵列。这样,既可以在 CPU 引脚增加的同时疏散引脚间距,又能够通过专用的、带锁紧装置的插座

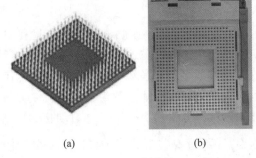

(a)   (b)

图 2.37 PGA 封装的 CPU

[见图 2.37(b)]安装到计算机主板上,其优点是便于更换,从而可以让用户 DIY,自己为计算机升级 CPU。一般 CPU 的 PGA 电极引脚要镀金,而且必须配合专用插座使用,所以 PGA 封装的成本比较高。

(2) BGA 封装

球栅阵列封装 BGA 的 I/O 用球形引脚按阵列分布在封装的下面。BGA 是计算机的数据管理器、设备管理器、显示处理器等 VLSI 芯片的最佳封装方式,这些芯片都是高集成度、高性能、多功能及多 I/O 引脚的器件。与 QFP 封装方式比较,BGA 封装方式具有以下优点:

① 在相同的封装面积上,BGA 封装的引脚数量可以增加很多,引脚间距比 QFP 封装大得多,从而能够提高装配的成品率。

② 虽然集成电路的功耗增加,但 BGA 芯片采用可控塌陷芯片法进行焊接,能够改善它的电热性能。

③ 厚度比 QFP 减少 1/2 以上,重量减轻 3/4 以上。

④ 引线的长度变短,信号传输延迟小,寄生参数小,工作频率大大提高。

⑤ 锡球引脚高度的一致性好,比 QFP 封装容易保证引脚的共面性,可靠性高。

⑥ 解决了 QFP 封装因引脚增加所带来的生产成本增加和可靠性降低的问题。

与 PGA 封装的芯片大多需要通过插座才能安装到 PCB 上相比,BGA 封装的芯片直接焊接在 PCB 上,引脚间距可以比 PGA 小很多,节省封装材料,降低封装成本,减少了芯片的插座,使连接更加可靠。

(3) μBGA 封装

BGA 封装比 QFP 先进,比 PGA 封装廉价、可靠,但它的芯片封装比还不够小。Tessera 公司在 BGA 封装的基础上进行改进,研制出了称为 μBGA 封装的技术。锡球中心间距为 20 mil (0.5 mm)的 μBGA 集成电路,芯片封装比达到 1∶4,比 BGA 前进了一大步。

(4) CSP 封装

1994 年 7 月,日本三菱电气公司研究出一种新的封装结构,封装的外形尺寸只比裸芯片

稍大一点，芯片封装比 = 1∶1.1。也可以说，单个 IC 芯片有多大，它的封装尺寸就多大，这种封装形式被命名为芯片尺寸封装（CSP）。CSP 封装具有如下特点：

① 满足大规模集成电路引脚不断增加的需要。

② 解决了集成电路裸芯片不能进行交流参数测试和老化筛选的问题。

③ 封装面积缩小到 BGA 的 1/4 ~ 1/10，信号传输延迟时间缩到极短。

④ 更小的体积、更好的散热性能和电性能。

（5）MCM 封装

最近，一种新的封装方式已在研制过程中：在还不能实现把多种芯片集成到单一芯片上、达到更高的集成度之前，可以将高集成度、高性能、高可靠的 CSP 芯片和专用集成电路芯片组合在高密度的多层互联基板上，封装成为具有各种完整功能的电子组件、子系统或系统。可以把这种封装方式简单地理解为集成电路的二次集成，所制造的器件称为多芯片组件（MCM），它将对现代计算机（双核 CPU）、自动化、通信等领域产生重大的影响。

2.3.9 表面安装元器件的包装方式与使用要求

1. SMT 元器件的包装

片状元器件可以用多种包装形式提供给用户，如散装、盘状（纸/塑料）编带、塑料管式和塑料托盘包装，后三种包装的形式如图 2.38 所示。SMC 的阻容元件及小尺寸集成电路（SOIC）一般用盘状编带包装，便于采用自动化装配设备。大尺寸、引脚数目多的集成电路（QFP、PLCC、BGA）一般用防静电的塑料托盘包装，引脚数目少的集成电路也可以采用塑料管式包装。

（a）盘状纸/塑料编带包装   （b）塑料管式包装   （c）塑料托盘包装

图 2.38 SMT 元器件的包装形式

（1）散装

无引线且无极性的 SMC 元件可以散装，例如一般矩形、圆柱形电容和电阻。散装的元件成本低，但不利于自动化设备拾取和贴装。

（2）盘状编带包装

盘状编带包装适用于除大尺寸 QFP、PLCC、LCCC 芯片以外的其他元器件，如图 2.38（a）所示。SMT 元器件的盘状包装有纸编带包装和塑料编带包装两种。

纸编带主要用于包装片状电阻、片状电容、圆柱状二极管、SOT 晶体管。纸带一般宽 8 mm，包装元器件以后盘绕在塑料架上。体积微小的元件一般每盘 5 000 个；体积较大的元件一般每盘 2 500 个。

塑料编带包装的元器件种类很多，有各种无引线元件、复合元件、异形元件、SOT 晶体管、引线少的 SOP/QFP 集成电路等。

纸编带和塑料编带的一边有一排定位孔，用于贴片机在拾取元器件时引导纸带前进并定位。定位孔的孔距为 4 mm(小于 0402 系列元件的编带孔距为 2 mm)。在编带上的元器件间距依元器件的长度而定，取 4 mm 的倍数。编带的尺寸标准见表 2.8。

表 2.8　SMT 元器件的包装编带的尺寸标准

编带宽度/mm	8	12	16	24	32	44	56
元器件间距/mm (4 的倍数)	2，4	4，8	4，8，12	12，16，20，24	16，20，24，28，32	24，28，32，36，40，44	40，44，48，52，56，

（3）塑料管式包装

如图 2.38(b)所示，塑料管式包装主要用于 SOP、SOJ、PLCC 集成电路、PLCC 插座和异形元件等，从整机产品的生产类型看，塑料管式包装适合于品种多、批量小的产品。

（4）塑料托盘包装

如图 2.38(c)所示，塑料托盘包装主要用于 QFP、窄间距 SOP、PLCC、BGA 集成电路等器件。

2. SMT 元器件的基本要求

表面安装元器件应该满足以下基本要求。

（1）装配适应性——要适应各种装配设备操作和工艺流程

① SMT 元器件在焊接前要用贴片机贴放到电路板上，所以元器件的上表面应该适合于贴片机真空吸嘴的拾取。

② 表面组装元器件的下表面(不包括焊端)应保留使用黏结胶的空间。

③ 尺寸、形状应该标准化，并具有良好的尺寸精度和互换性。

④ 包装形式适应贴片机的自动贴装，并能够保护器件在搬运过程中免受外力，保持引脚的平整。

⑤ 具有一定的机械强度，能承受贴装应力和电路基板的弯曲应力。

（2）焊接适应性——要适应各种焊接设备及相关工艺流程

① 元器件的焊端或引脚的共面性好，满足贴装、焊接要求。

② 元器件的材料、封装耐高温性能好，适应焊接条件。

再流焊　235 ℃±5 ℃，焊接时间 5 s±0.2 s；

波峰焊　250 ℃±5 ℃，焊接时间 4 s±0.5 s。

③ 可以承受焊接后采用有机溶剂进行清洗，封装材料及表面标识不得被溶解。

3. 使用 SMT 元器件的注意事项

① 表面组装元器件存放的环境条件如下。

● 环境温度：库存温度<40 ℃，生产现场温度<30 ℃；

● 环境湿度：<RH60%；

● 环境气氛：库存及使用环境中不得有影响焊接性能的硫、氯、酸等有毒气体；

● 防静电措施：要满足 SMT 元器件对防静电的要求；

● 元器件的存放周期：从元器件厂家的生产日期算起，库存时间不超过 2 年；整机厂用户购买后的库存时间一般不超过 1 年；假如是自然环境比较潮湿的整机厂，购入 SMT 元器件以后应在 3 个月内使用，并在存放地及元器件包装中采取适当的防潮措施。

② 对有防潮要求的 SMD 器件，开封后 72 h 内必须使用完毕，最长也不要超过一周。如果

不能用完，应存放在 RH20% 的干燥箱内，已受潮的 SMD 器件要按规定进行烘干去潮处理。

③ 在运输、分料、检验或手工贴装时，假如工作人员需要拿取 SMD 器件，应该佩戴防静电腕带，尽量使用吸笔操作，并特别注意避免碰伤 SOP、QFP 等器件的引脚，预防引脚翘曲变形。

2.3.10　导线与绝缘材料

导线是能够导电的金属线，是电能的传输载体。工业及民用导线有好几百种，有些导线的直径细得像头发丝，有些粗得如金属棒。这里仅介绍那些电子产品生产中常用的电线电缆和电磁线。

1. 导线材料

（1）导线分类

电子产品中常用的导线包括电线与电缆，又能细分成裸线、电磁线、绝缘电线电缆和通信电缆四类。

（2）导线的构成材料

除了裸线，导线一般由导体芯线和绝缘体外皮组成。

① 导体材料

导体材料主要是导电性能好的铜线和铝线，大多制成圆形截面，少数根据特殊要求制成矩形或其他形状的截面。对于电子产品来说，几乎都是使用铜线。纯铜线的表面很容易氧化，一般要在铜导线表面镀耐氧化金属。

近年来市场上制作铜导线的材料——电解铜的价格剧烈波动，有些不法厂商采用"铜包铝"的方法生产了大量假的铜导线，这种假铜线从导电性能、温升性能、单位电阻等电气性能和抗拉强度、抗反复弯曲强度、剪切强度及耐磨性、柔韧性等机械性能方面都远不如真的铜导线。鉴别的简单方法是：把线芯放在火焰上烧一下后再用布擦拭，如果发现线材的颜色发白、线芯变脆，就可能是"铜包铝"的假铜线。

② 导线的标准直径

导线的粗细标准称为线规，有线号和线径两种表示方法：按导线的粗细排列成一定号码的称为线号制，线号越大，其线径越小，英、美等国家采用线号制；线径制则是用导线直径的毫米（mm）数表示线规，中国采用线径制。中美线规对照表见表 2.9。

表 2.9 中美线规对照表

中国线规（CWG）	美国线规（AWG）		中国线规（CWG）	美国线规（AWG）	
直径/mm	线号	直径/mm	直径/mm	线号	直径/mm
—	0000	11.693	4.5	5	4.621
—	000	10.422	4.00	6	4.115
9.00	2/0（00）	9.266	3.55	7	3.665
8.00	1/0（0）	8.251	3.15	8	3.264
7.10	1	7.348	2.80	9	3.906
6.3	2	6.544	2.50	10	2.588
5.6	3	5.827	2.24	11	2.305
5.00	4	5.189	2.00	12	2.053

续表

中国线规 （CWG）	美国线规 （AWG）		中国线规 （CWG）	美国线规 （AWG）	
直径/mm	线号	直径/mm	直径/mm	线号	直径/mm
1.80	13	1.828	0.355	27	0.361
1.60	14	1.628	0.315	28	0.321
1.40	15	1.450	0.280	29	0.286
1.25	16	1.291	0.250	30	0.255
1.12	17	1.150	0.224	31	0.227
1.00	18	1.024	0.200	32	0.202
0.9	19	0.912	0.18	33	0.180
0.8	20	0.812	0.16	34	0.16
0.710	21	0.723	0.14	35	0.143
0.63	22	0.644	0.125	36	0.127
0.56	23	0.573	0.112	37	0.113
0.50	24	0.511	—	38	0.102
0.45	25	0.455	—	39	0.089
0.40	26	0.405		40	0.079

AWG(american wire gauge)是美制导线标准的简称，AWG 值是导线直径(以英寸计)的函数。AWG 字母前面的数值表示导线形成最后的直径前所要经过的拉模孔的次数，数值越大，导线拉制的次数(经过的拉模孔)就越多，导线的直径也就越小。例如，常用的电话线直径为26AWG，约为 0.4 mm。

③ 绝缘外皮材料

导线绝缘外皮的作用，除了电气绝缘、能够耐受一定电压以外，还有增强导线机械强度、保护导线不受外界环境腐蚀的作用。导线绝缘外皮的材料主要有塑料类(聚氯乙烯、聚四氟乙烯等)、橡胶类(天然或人工橡胶)、纤维类(棉、化纤等)、涂料类(聚酯、聚乙烯漆)。它们可以单独构成导线的绝缘外皮，也能组合使用。

2. 安装导线、屏蔽线

在电子产品生产中常用的安装导线主要是塑料线。常用的几种安装导线的型号、名称、工作条件、主要用途及结构与外形见表 2.10。其中有屏蔽层的导线称为屏蔽线，一般用在工作频率为 1 MHz 以下的场合。

表 2.10　常用安装导线

型号	名称	工作条件	主要用途	结构与外形
AV， BV	聚氯乙烯绝缘安装线	AC250 V 或 DC500 V， −60 ～ +70 ℃	弱电流电器仪表、电信设备，电气设备和照明装置	1或2　　5
AVR， BVR	聚氯乙烯绝缘安装软电线	AC250 V 或 DC500 V， −60 ～ +70 ℃	弱电流电器仪表、电信设备要求柔软导线的场合	3或4　　5

续表

型号	名称	工作条件	主要用途	结构与外形
SYV	聚氯乙烯绝缘同轴射频电缆	−40 ～ +60 ℃	固定式无线电装置（50 Ω）	3或4　5　9或10　6
RVS	聚氯乙烯绝缘双绞线	AC450 V 或 750 V，<50 ℃	家用电器、小型电动工具，仪器仪表、照明装置	3或4　5
RVB	聚氯乙烯绝缘平行软线	AC450 V 或 750 V，<50 ℃	家用电器、小型电动工具，仪器仪表、照明装置	3或4　5
SBVD	聚氯乙烯绝缘射频平行馈线	−40 ～ +60 ℃	电视接收天线馈线（300 Ω）	4　5
AVV	聚氯乙烯绝缘安装电缆	AC250 V 或 DC500 V，−40 ～ +60 ℃	弱电流电器仪表、电信设备	3或4　5　7　6
AVRP	聚氯乙烯绝缘屏蔽安装电缆	AC250 V 或 DC500 V，−60 ～ +70 ℃	弱电流电器仪表、电信设备	3或4　5　7　9或10　6
SIV-7	空气–聚氯乙烯绝缘同轴射频电缆	−40 ～ +60 ℃	固定式无线电装置（75 Ω）	4　8　10　6

注：表图中数字的含义：

1—单股镀锡铜芯线　　　2—单股铜芯线　　　3—多股镀锡铜芯线　　　4—多股铜芯线

5—聚氯乙烯绝缘层　　　6—聚氯乙烯护套　　　7—聚氯乙烯薄膜绕包　　　8—聚乙烯星形管绝缘层

9—镀锡铜编织线屏蔽层　　　10—铜编织线屏蔽层

选择使用安装导线，要注意安全载流量。表 2.11 中列出的安全载流量，是铜芯导线在环境温度为 25 ℃、载流芯温度为 70 ℃的条件下架空敷设的载流量。当导线在机壳内、套管内等散热条件不良的情况下，载流量应该打折扣，可以取表中数据的 1/2。一般情况下，载流量可按 5 A/mm² 估算，这在各种条件下都是安全的。

表 2.11　铜芯导线的安全载流量（环境温度为 25 ℃）

截面积/mm²	0.2	0.3	0.4	0.5	0.6	0.7	0.8	1.0	1.5	4.0	6.0	8.0	10.0
载流量/A	4	6	8	10	12	14	17	20	25	45	56	70	85

3. 高压电缆

高压电缆一般采用绝缘耐压性能好的聚乙烯或阻燃性聚乙烯作为绝缘层，而且耐压越高，绝缘层就越厚。表 2.12 是绝缘层厚度与耐压的关系，可在选用高压电缆时参考。

表 2.12　耐压与绝缘层厚度的关系

耐压（DC）/kV	6	10	20	30	40
绝缘层厚度/mm	0.7	1.2	1.7	2.1	2.5

4. 网络连接馈线——双绞线

在计算机网络通信中，由于工作频率较高，信号电平较低，通常采用抗电磁干扰性能力强的双绞线作为各种设备之间的连接馈线。双绞线的标准接法能保证线缆接头布局的对称性，使接头内线缆之间的干扰相互抵消。有两种接法：EIA/TIA 568B 标准和 EIA/TIA 568A 标准。具体接线方法见表 2.13（参见图 2.39）。

表 2.13　用双绞线作网络传输线的标准接法

线序		1	2	3	4	5	6	7	8
芯线颜色	T568A 标准	绿白	绿	橙白	蓝	蓝白	橙	棕白	棕
	T568B 标准	橙白	橙	绿白	蓝	蓝白	绿	棕白	棕

注：直通线两端都按 T568B 线序标准连接。

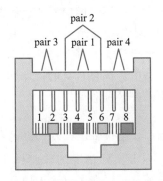

图 2.39　RJ-45 连接器（网络布线水晶头）的线序

2.4　电子元器件的检验和筛选

为了保证电子整机产品能够稳定、可靠地长期工作，必须在装配前对所使用的电子元器件进行检验和筛选。检验和筛选是两个不同的概念，检验的目的在于验证一批元器件是否合格，而筛选的目的是从一批元器件中将不合格的元器件挑选出来。

视频
企业收料的运作过程

2.4.1　电子元器件进货检验流程与抽样标准

日常生产中，元器件的检验是一项非常重要的工作。批量生产时，由于元器件的数量非常

巨大，对每一个元器件都进行检验，在时间上和经济上都不可行。将统计学和概率学原理应用到检验的实践中，便诞生了抽样技术。这是一门科学。国家标准对抽样进行了详细的规定，能够指导检验工作的有效开展，按照标准抽样，对一部分元器件进行检验，可以确认元器件的质量水平是否符合要求。

检验可以分为常规检验和型式实验。常规检验是在一定经验的基础上、一种日常的非全部项目的检验工作；而型式实验是全面验证元器件是否合格的检验工作。在电子元器件技术标准中，通常详细规定了常规检验和型式实验的检验项目和试验方法。常规检验项目包括外观质量检验、电气性能检验和焊接性能检验。型式实验项目在常规检验项目的基础上增加了使用环境参数测试和可靠性测试。

1. 外观质量检验

在电子整机产品的生产企业中，对元器件外观质量检验的一般标准如下：

① 元器件封装、外形尺寸、电极引线的位置和直径应该符合产品标准外形图的规定。

② 外观应该完好无损，其表面无凹陷、划痕、裂口、污垢和锈斑；外部涂层不能有起泡、脱落和擦伤现象。

③ 电极引线应该镀层光洁，无压折或扭曲，没有影响焊接的氧化层、污垢、伤痕和焊接痕迹。

④ 各种型号、规格标志应该完整、清晰、牢固；特别是元器件参数的分挡标志、极性符号和集成电路的种类型号，其标志、字符不能模糊不清、脱落或有摩擦痕迹。

⑤ 对于电位器、可变电容或可调电感等元器件，在其调节范围内应该活动平顺、灵活，松紧适当，无机械杂音；开关类元件应该保证接触良好，动作迅速。

各种元器件用在不同的电子产品中，都有自身的特点和要求，除上述共同点以外，往往还有特殊要求，应当根据具体的应用条件区别对待。

2. 电气性能检验

无论在常规检验还是型式实验中，电气性能指标的检验都是十分重要的。检验部门一般会根据元器件的技术标准，制定符合企业实际情况的检验作业指导书，确定检验项目和测试方法。电气性能参数涉及的知识面很宽，需要在了解测试原理的基础上熟练掌握测试仪器的使用方法。需要特别强调的是测量误差的概念：测量误差是指在测试过程中，因为仪器的测量精度、测试电路的精度、测试方法等原因所带来的测量结果与被测参数实际值之间的差异。应该根据需要，正确地选择测试电路、测试仪器的精度来保证测量结果的相对准确。

2.4.2　电子元器件筛选与老化

筛选的目的是从一批元器件中将不合格的元器件挑选出来。一个元器件有很多参数，严格说来，只要有一个参数不合格，这个元器件就是不合格。有些参数不合格是显性的，立即能够测试出结果；而有些参数不合格是隐性的，如寿命，就需要一定的触发条件和较长的时间才能测试出结果。

筛选工作通常有两种类型，一种是针对某一个已知或预感到的质量问题而进行的筛选；另一种是按照规定的程序进行的全面筛选。全面筛选由于耗时巨大，而且测试仪器都是专业仪器，投资较大，一般在元器件生产厂家进行。最常见的筛选方法是老化试验或者称为加速寿命实验。

电子元器件的失效是有规律的，失效率与元器件工作时间的关系曲线是一条"浴盆"曲线，如图 2.40 所示。在工作的早期和晚期，元器件的失效率高，中期则处于稳定且失效率很低。电子元器件的早期失效是十分有害的，但又不可避免。老化筛选原理及作用是：给电子元器件施加热的、电的、机械的或者多种结合的外部应力，模拟恶

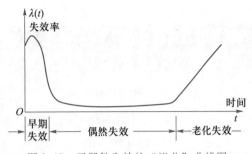

图 2.40 元器件失效的"浴盆"曲线图

劣的工作环境，使它们内部的潜在故障加速暴露出来，然后进行电气参数测量，筛选剔除那些失效或参数变化了的元器件，尽可能地把早期失效消灭在正常使用之前。这里必须注意实验方法正确和外加应力适当，否则，可能对参加筛选的元器件造成不必要的损伤。

筛选的另一层含义，是当对某元器件有不同于通常出厂标准的特殊要求，可以向厂家定制，也可使用自制测试电路，对普通元器件进行分类，如挑选参数配对的晶体管、阻容元件，余下的用到其他适宜的场合。这种方式亦可称为筛选。

2.5 技 能 训 练

2.5.1 电阻、电容、电感内电子元器件的识别与检测

利用实验实训室现有的元器件数在 30 个左右的电路板，列出元器件清单（BOM 表）。参考样表（实训表 2.1），表头如实训表 2.2 所示。

实训表 2.1 CE-KFR26G/CBP2N1Y 显示板明细表（样表）

序号	名称型号	单位	数量	位号	备注
1	晶体管 KTC9013G	只	1	Q2	
2	晶体管 KTC9012G	只	3	Q1、Q3、Q4	
3	电解电容 CD11-10 μF/16 V	只	1	C4	
4	电解电容 CD11X-47 μF/16 V	只	1	C2	
5	红外接收头 HS0038A	只	1	REC1	
6	集成电路 74HC164	只	1	IC1	
7	发光二极管（绿）2×5×7	只	6	LED1、LED4~8	
8	发光二极管（黄）2×5×7	只	1	LED2	
9	发光二极管（红）2×5×7	只	1	LED3	
10	数码管 LN3261BG	只	1	DISP1	
11	显示板连接线组（带插座）	条	1	CN1	
12	显示灯罩 CE-KFR26G	件	1		
13	PVC 贴条 CE-KFR26G	件	1		
14	贴片电阻 0805-102-J-T	只	4	R1、R2、R5、R8	
15	贴片电阻 0805-151-J-T	只	1	R10	

续表

序号	名称型号	单位	数量	位号	备注
16	贴片电阻 0805-391-J-T	只	1	R16	
17	贴片电阻 0805-221-J-T	只	11	R7、R4、R3、R6、R17、R13、R12、R14、R11、R15、R9	
18	贴片电容 0805-25V-104-Z	只	3	C1、C3、C5	
19	印制板 CE-KFR26G	块	1		

实训表 2.2 ＿＿＿＿＿＿＿＿＿＿＿＿产品元器件清单
（由实训学生填写完成）

序号	名称型号	单位	数量	位号	备注
1					
2					
3					
4					
5					
6					
7					
8					
9					
10					
11					
12					
13					
14					
15					
16					
17					
18					
19					
20					
21					

2.5.2　晶体管、场效应管、晶闸管的对比、引脚识别与检测

双极性晶体管（又称三极管）的简称是 BJT，是电流控制型器件，通过基极电流控制集电极电流；场效应管的简称是 FET，是电压控制型器件，通过栅源电压控制漏极电流；晶闸管又称可控硅，是电流控制型器件，通过门极电压控制阳极和阴极的导通，不能控制它们的截止。它们的共同点就是通过某一极来控制另外两个极的导通与截止。其原理类似图 2.41。

正确识别晶体管、场效应管和晶闸管引脚的方法是根据它们的型号去查找器件手册，然后依据手册的标志，确立它们的引脚分布。在无法找到器件手册或者对器件标注产生怀疑时，可以用万用表检测和区分它们的三只引脚。下面以晶体管引脚的识别为例进行说明。

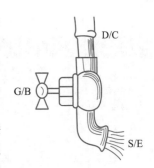

图 2.41 类似场效应管
与晶体管原理

第一步，判断哪个引脚是基极。

指针式万用表的红表笔连接的是表内电池的负极，黑表笔则连接着表内电池的正极。选择万用表 $R \times 100$ 或 $R \times 1\,k$ 挡位，两两测试三只引脚的正反向电阻，观察表针的偏转角度。找到颠倒测量前后指针偏转角度都很小的两只引脚，则剩下未测的那只引脚就是基极（依据的原理是无论 PNP 型还是 NPN 型管，CE 极间的正反向电阻都很大）。

第二步，利用 PN 结特性确定管型。

找出基极后，测量基极与另外两个电极之间正反向电阻，将万用表的黑表笔接触基极，红表笔接触另外两个电极中的任一电极，若指针偏转角度很大，则表明黑表笔所接的是 PN 结的 P 极，则被测晶体管为 NPN 型管；反之为 PNP 型管。

第三步，利用 I_{CEO} 确定集电极 C 和发射极 E。

对于 NPN 型管，$I_{CEO} > I_{ECO}$，用万用表的黑、红表笔颠倒测量两极间的正、反向电阻 R_{CE} 和 R_{EC}，相比较偏转更大时，黑表笔所接的是集电极 C，红表笔接的是发射极 E。PNP 型管正好相反。

如果上述两次测量指针偏转均太小难以区分时，可以用电阻或者手指从黑表笔给基极加一偏置电流，这样效果更加明显。

注意：机械式万用表的红表笔是和内部电源的负极相连，黑表笔是和内部电源的正极相连；而数字式的刚好相反：红表笔是和内部电源的正极相连，黑表笔是和内部电源的负极相连。

2.5.3 实操考核

实操考核表格分为实践操作考核表和实践教学考核表，分别如实训表 2.3 和实训表 2.4 所示。

班级：

实训表 2.3 实践操作考核表

学 号	姓 名	得 分					总分
		考勤 （10 分）	实训态度 （10 分）	操作技能 （40 分）	产品质量 （20 分）	实践报告 （20 分）	

指导教师(工程师)：　　　　　　　　　　年　月　日

实训表 2.4　实践教学考核表

姓名		性别		专业		学号	
实习岗位：				实习时间：			
实习任务及完成情况							
综合素质评价	德		勤		能		绩
优							
良							
合格							
不合格							
实习报告成绩							

指导教师(工程师)：　　　　　　　　　年　月　日

思考与习题

1. 电子元器件的主要参数有哪几项？

2. 如何对电子元器件进行检验和筛选？

3. 在元器件上常用的数值标注方法有哪三种？

4. 电阻如何分类？电阻的主要技术指标有哪些？

5. 电位器有哪些类别？有哪些技术指标？如何选用？

6. (1) 电容有哪些技术参数？哪种电容的稳定性较好？

   (2) 电容的额定工作电压是指其允许的最大直流电压或交流电压有效值吗？

7. 查阅并分析以下有关电路的资料：普通串联稳压电源、开关电源、低频功放电路、低频前放电路。对其中所用的电容从型号、体积、耐压、特性等做出比较(可以列表)。

8. 请总结几种常用电感的结构、特点及用途。

9. (1) 变压器的主要性能参数有哪些？变压器的作用是什么？请说明变压器是如何分类的，以及变压器的种类、特点和用途。

   (2) 电感有哪些基本参数？为什么电感线圈有一个固有频率？使用中应注意什么？什么是 Q 值？如何提高 Q 值？

10. 简述开关和插接元件的功能及其可靠性的主要因素。

11. 干簧继电器和电磁式继电器相比有哪些特点？

12. 如何正确选用机电元件？

13. 晶体管与场效应管有何异同？

14. (1) 对集成电路封装形式进行小结，并收集信息。

   (2) 数字集成电路的输入信号电平可否超过它的电源电压范围？

15. (1) 请说明电动式扬声器和压电陶瓷扬声器的主要特点是什么？

   (2) 请分别说明动圈式传声器、驻极体电容式传声器的主要特点。

16. 试说明发光二极管的结构和工作原理。发光二极管的特征参数和极限参数有哪些？

17. 常用的光电器件都有哪些？它们各自有什么特点？

18. 试简述表面贴装技术的含义及其产生背景。

19. 试比较 SMT 与 THT 组装的差别。SMT 有何优越性?

20. （1）试写出下列 SMC 元件的长和宽(mm)：英制 1206，0805，0603，0402。

　　（2）试说明下列 SMC 元件的含义：英制 1206C，1206R。

21. 请归纳 QFP、BGA、CSP、MCM 等封装方式各自的特点。

第3章 焊接工艺与材料

3.1 电子焊接原理

3.1.1 锡焊原理及其特征

焊接技术在电子工业中的应用非常广泛，表3.1列出了现代焊接技术的主要类型。

表3.1 现代焊接技术的主要类型

加压焊（加热或不加热）	不加热	冷压焊	熔焊（母材熔化）		电渣焊	钎焊（母材不熔化，焊料熔化）注：软钎焊：焊料熔点<450 ℃ 硬钎焊：焊料熔点>450 ℃	锡焊	手工烙铁焊
		超声波焊			等离子焊			手工热风焊
		爆炸焊			电子束焊			浸焊
	加热到塑性	电阻焊		电弧焊	手工焊			波峰焊
		储能焊			埋弧焊			再流焊
		脉冲焊			气体保护焊		火焰钎焊	铜焊
		高频焊			激光焊			银焊
		扩散焊			热剂焊			碳弧钎焊
	加热到局部熔化	接触焊（对焊、点焊、缝焊）			气焊		电阻钎焊	
		锻焊					高频感应钎焊	
		摩擦焊					真空钎焊	

3.1.2 焊接原理与特点

锡焊是焊接的一种，它能够完成机械的连接，对两个金属部件起到结合、固定和电气连接的作用。锡焊只需要使用简单的工具(如电烙铁)即可完成焊接、焊点整修、元器件拆换、重新焊接等工艺过程。

焊接的物理基础是加热后融化的以锡为主的焊料的"浸润"，浸润也称作"润湿"。要解释浸润，先从荷叶上的水珠说起：荷叶表面有一层不透水的绒毛物质，把水珠与叶面隔绝开来，水的表面张力使它保持珠状，在荷叶上滚动而不能摊开使叶面变湿，这种状态称作不浸润；反之，假如液体在与固体的接触面上摊开，充分铺展接触，就称作浸润。锡焊的过程，就是通过加热，让铅锡焊料在焊接面上熔化、流动、浸润，使铅锡原子渗透到铜母材(导线、焊盘)的表面内，并在两者的接触面上形成 Cu_6-Sn_5 的脆性合金层。

在焊接过程中，焊料和母材接触所形成的夹角称作浸润角，如图3.1中的 θ。图3.1(a)中，当 $\theta<90°$ 时，焊料与母材没有浸润，不能形成良好的焊点；图3.1(b)中，当 $\theta>90°$ 时，焊料与母材浸润，能够形成良好的焊点。仔细观察焊点的浸润角，就能判断焊点的质量。

显然，如果焊接面上有阻隔浸润的污垢或氧化层，不能生成两种金属材料的合金层，或者温度不够高使焊料没有充分熔化，都不能使焊料浸润。

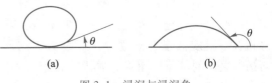

图 3.1　浸润与浸润角

在企业里，既可以使用自动焊接设备（例如后面将要介绍的浸焊、波峰焊与再流焊设备）一次完成大量的焊接，也可以由工人手持电烙铁进行简单的锡焊操作。

3.2　焊 接 材 料

焊接材料包括焊料（solder）和焊剂（又称助焊剂）。掌握焊料和焊剂的性质、成分、作用原理及选用知识，是电子工艺技术中的重要内容之一，对于保证产品的焊接质量具有决定性的影响。

视频
焊料性能分析

3.2.1　焊料

焊料是易熔金属，熔化时，将被焊接的两种相同或不同的金属结合处填满，待冷却凝固后，把被焊金属连接到一起，形成导电性能良好的整体。常用的焊料分为有铅和无铅两种，其中铅锡合金是有铅焊料，锡银铜、银、锡锌铋等是无铅焊料。

1. 铅锡合金与铅锡合金状态图

锡（Sn）是一种质软熔点低的金属，熔点为 232 ℃，纯锡较贵，质脆而机械性能差；在常温下，锡的抗氧化性强。高于 13.2 ℃时，锡呈银白色；低于 13.2 ℃时，锡呈灰色；低于−40 ℃时，锡变成粉末。锡容易同多数金属形成金属化合物。

铅（Pb）是一种浅青白色的软金属，熔点为 327 ℃，机械性能也很差。铅的塑性好，有较高的抗氧化性和抗腐蚀性。铅是对人体有害的重金属，在人体中积蓄能够引起铅中毒。

（1）铅锡合金

铅与锡以不同比例熔合成铅锡合金以后，熔点和其他物理性能都会发生变化。铅锡焊料具有一系列铅和锡所不具备的优点：

① 熔点低，低于铅和锡的熔点，有利于焊接。

② 机械强度高，合金的各种机械强度均优于纯锡和纯铅。

③ 表面张力小、黏度下降，增大了液态流动性，有利于在焊接时形成可靠焊点。

④ 抗氧化性好，铅的抗氧化性优点在合金中继续保持，使焊料在熔化时减少氧化量。

（2）铅锡合金状态图

图 3.2 表示了不同比例的铅和锡的合金状态随温度变化而变化的曲线。从图中可以看出，当铅与锡用不同的比例组成合金时，合金的熔点和凝固点也各不相同。除了纯铅在 330 ℃（图中 C 点）左右、纯锡在 230 ℃（图中 D 点）左右的熔化点和凝固点是一个点以外，只有 T 点所示比例的合金是在一个温度下熔化。其他比例的合金都在一个温度区间内处于半熔化、半凝固的状态。

在图 3.2 中，C-T-D 线称作液相线，温度高于这条线时，合金为液态；C-E-T-F-D 称作固相线，温度低于这条线时，合金为固态；在两条线之间的两个三角形区域内，合金是半熔融、半凝固状态。例如，铅、锡各占 50% 的合金，熔点是 212 ℃，凝固点是 182 ℃，在 182 ~ 212 ℃ 之间，合金为半熔化、半凝固的状态。因为在这种比例的合金中锡的含量少，所以成本较低，一般的焊接可以使用；但又由于它的熔点较高而凝固点较低，所以不宜用来焊接电子产品。

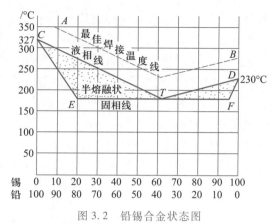

图 3.2　铅锡合金状态图

图中 A-B 线表示最适合焊接的温度，它高于液相线约 50 ℃。

（3）共晶焊锡

图 3.2 中的 T 点称作共晶点，对应合金成分为 Pb–38.1% 、Sn–61.9% 的铅锡合金称为共晶焊锡，它的熔点最低，只有 182 ℃，是铅锡焊料中性能最好的一种。它具有以下优点：

① 低熔点，降低了焊接时的加热温度，可以防止元器件损坏。

② 熔点和凝固点一致，可使焊点快速凝固，几乎不经过半凝固状态，不会在半熔化状态下造成焊点结晶疏松，强度降低。这一点，对于自动焊接有着特别重要的意义。因为在自动焊接设备的传输系统中，振动是不可避免的。

③ 流动性好，表面张力小，润湿性好，有利于提高焊点质量。

④ 机械强度高，导电性好。

由于上述优点，共晶焊锡在电子产品生产中获得了广泛的应用。在实际应用中，一般把 Sn–60% 、Pb–40% 左右的焊料就称为共晶焊锡。

2. 常用焊锡

手工烙铁焊接经常使用管状焊锡丝（也称线状焊锡）。将焊锡制成管状，内部是优质松香添加一定活化剂组成的助焊剂，如图 3.3 所示。由于松香很脆，拉制时容易断裂，造成局部缺少焊剂的现象，而多芯焊丝则能克服这个缺点。焊锡丝直径有 0.5 ~ 5.0 mm 的多种；以 0.8 mm、1.0 mm、1.5 mm、2.0 mm、3.0 mm 的最为多用。另外，还有扁带状、球状、饼状等形状的成形焊料。

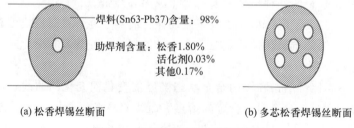

(a) 松香焊锡丝断面　　　　　　(b) 多芯松香焊锡丝断面

图 3.3　松香焊锡丝的断面示意图

有些电子产品的加工过程需要使用低温焊锡，见表 3.2。

表 3.2 电子产品生产常用的低温焊锡

序号	Pb(%)	Sn(%)	Bi(%)	Cd(%)	熔点/℃
1	40	20	40		110
2	40	23	37		125
3	32	50		18	145
4	42	35	23		150

3.2.2 助焊剂

常温下，金属同空气接触以后，表面会生成一层氧化膜。温度越高，氧化就越厉害。这层氧化膜会阻止液态焊锡对金属的润湿作用，犹如玻璃沾上油就会使水不能润湿一样。助焊剂(flux)是一种化学溶剂，用来清除金属表面氧化物并防止热金属再氧化、辅助热传导、降低熔融金属表面张力，增强焊接效果。

1. 助焊剂的作用

① 去除氧化膜并防止再氧化。其实质是助焊剂中的氯化物、酸类等活化剂同焊接面上的离子状氧化物发生还原反应，从而除去氧化膜。液态的焊锡及加热的焊件金属都容易与空气中的氧接触而再氧化。助焊剂与氧化物反应后，生成悬浮的渣，漂浮在焊料表面作为隔离层，防止了焊接面的再氧化。

② 辅助热传导。助焊剂先融化，润湿焊接面，帮助热量均匀地传导至整个焊接对象。

③ 降低金属表面张力。增加熔融焊料的流动性，有助于焊锡在焊点上润湿和扩散。

④ 使焊点美观。合适的助焊剂能够整理焊点形状，保持焊点表面的光泽。

2. 传统助焊剂的分类

传统助焊剂的分类及主要成分见表 3.3。

表 3.3 传统助焊剂的分类及主要成分

助焊剂	无机系列	酸	正磷酸(H_3PO_4)
			盐酸(HCl)
			氟酸
		盐	氯化物($ZnCl_2$、NH_4Cl、$SnCl_2$ 等)
	有机系列		有机酸(硬脂酸、乳酸、油酸、氨基酸等)
			有机卤素(盐酸苯胺等)
			氨基酰胺、尿素、$CO(NH_4)_2$、乙二胺等
	松香系列		松香(rosin)
			活化松香(resin)
			氧化松香

上面三类助焊剂中，以无机焊剂的活性最强，在常温下即能除去金属表面的氧化膜。但这种焊剂的强腐蚀作用容易损伤金属及焊点，不能在焊接电子产品中使用。

有机焊剂的活性次于氯化物，有较好的助焊作用，但是也有一定腐蚀性，残渣不易清理，且挥发物对操作者有害。

松香的主要成分是松香酸(约占 80%)和海松酸等。松香在常温下几乎没有任何化学活力,呈中性;当被加热到 70 ℃以上时开始融化,液态松香有一定的化学活性,呈现较弱的酸性。在焊接过程中,松香能与金属表面的氧化物发生化学反应,生成松香酸铜等化合物,悬浮在液态焊锡表面,使焊锡表面不被氧化;松香还能降低液态焊锡表面的张力,增加它的流动性。焊接完成恢复常温以后,松香又变成稳定的固体,无腐蚀性,绝缘性强。在电子焊接中,常常将松香溶于酒精制成“松香水”,松香同酒精的比例一般以 1∶3 为宜。在松香水中加入三乙醇胺等活化剂,可以增加它的活性。添加活化剂,只是在浸焊或波峰焊的时候才会使用,在一般手工焊接中没有必要。

松香加热到 300 ℃以上或经过反复加热,就会分解并发生化学变化,成为黑色的固体,失去化学活性。炭化发黑的松香不仅不能起到帮助焊接的作用,还会降低焊点的质量。

3. 免清洗助焊剂

免清洗助焊剂是一种非腐蚀性的、低残留物的助焊剂,除了生产高精度、高可靠性的军工或航天产品以外,在大多数情况下都可以免去清洗工序。免清洗助焊剂的配方里无松香,固体成分极低,它的外观是澄清无色或微黄色的液体,表面绝缘电阻极大(约为 $2.3 \times 10^9 \sim 4.6 \times 10^9 \ \Omega$)。一种常用免清洗助焊剂的型号是 FLS0016T–5。

3.2.3　膏状焊料

用再流焊设备焊接 SMT 电路板要使用膏状焊料。膏状焊料俗称焊膏或焊锡膏,焊膏由焊粉和糊状助焊剂组成。

1. 焊粉及糊状助焊剂

(1) 焊粉

焊粉是合金粉末,是焊膏的主要成分。焊粉是把合金材料放到惰性气体(如氩气)中用喷吹法或高速离心法生产的,并储存在氮气中避免氧化。焊粉的合金组分、颗粒形状和尺寸,对焊膏的特性和焊接的质量(焊点的润湿、高度和可靠性)产生关键性的影响。

金锡焊料(Au80/Sn20)对金属导体表面有很好的焊接质量,常用于焊接高密度的 SMT 元器件。在铅锡合金中加入银,可以增加焊料的强度,提高耐热性和润湿性,减少对镀银导线表面的浸析,但不宜用于焊接镀金导体。在铅锡合金中加入铋,既可以提高强度,又可以降低熔点,便于在低温中进行焊接。锡铟焊料有很好的延展性,对金属导体的浸析率较低,适用于SMT 元器件和一般电路的焊接。

理想的焊粉应该是粒度一致的球状颗粒。粒度用来描述颗粒状物质的粗细程度,原指筛网在每 1 英寸长度上有多少个筛孔(目数),单位面积上目数越多,筛孔就越小,能通过的颗粒就越细小。粒度大,即目数大,表示颗粒的尺寸小。粒度的单位是目。国内外销售的焊粉的粒度有 150 目、200 目、250 目、350 目和 400 目等品种。焊粉的形状、粒度大小和均匀程度,对焊锡膏的性能影响很大。

(2) 糊状助焊剂

糊状助焊剂是把焊粉调和成焊膏。助焊剂在 SMT 焊接中的作用是净化焊接面、提高润湿性、防止焊料氧化、保证工艺优良。适量的助焊剂是组成膏状焊料的关键材料,重量百分含量一般占焊膏的 8% ~15% ,其主要成分有树脂(光敏胶)、活性剂和稳定剂等。

助焊剂的成分不同,配制成的焊膏具有不同的性质和不同的用途:

① 在向印制电路板上涂敷焊膏时，助焊剂影响焊膏图形的形状、厚度及坍落度。一般，采用模板印刷的焊膏，其助焊剂含量不超过 10%。

② 在贴放元器件时，助焊剂影响黏度，助焊剂的含量高，黏度就小。

③ 在再流焊过程中，助焊剂决定焊膏的润湿性、焊点的形状以及焊料球飞溅的程度。

④ 焊接完成后，助焊剂残留物的性质决定采用免清洗、可不清洗、溶剂清洗或水清洗工艺中的其中一种。免清洗焊膏内的助焊剂含量不得超过 10%。

⑤ 助焊剂的成分影响焊膏的存储寿命。

焊膏中助焊剂的主要成分及其作用见表 3.4。

表 3.4 焊膏中助焊剂的主要成分及其作用

成分	主要材料	作用
树脂	松香、合成树脂等	净化焊接面，提高润湿性
黏合剂	松香、松香脂、聚丁烯等	提供贴装元器件所需的焊膏黏性
活化剂	胺、苯胺、联胺卤化盐、硬脂酸等	净化焊接面
溶剂	甘油、乙醇类、酮类等	调节焊膏的工艺特性
其他	触变剂、界面活性剂、消光剂等	调节焊膏的工艺特性，防止分散和塌边

2. 焊膏技术要求

焊膏是用合金焊料粉末和触变性糊状助焊剂均匀混合的乳浊液。焊膏已经广泛应用在 SMT 的焊接工艺中，可以采用丝网或模板（漏板）印刷等方式自动涂敷，也可以用手工滴涂的方式进行精确的定量分配，便于实现与再流焊工艺的衔接，能满足各种电路组件对焊接可靠性和装配高密度的要求。

对焊膏的技术要求如下：

① 合金组分尽量达到或接近共晶温度特性，保证与印制电路板表面镀层、元器件焊端或引脚的可焊性好，焊点的强度高。

② 在存储期间，焊膏的性质应该保持不变，合金焊粉与助焊剂不分层。

③ 在室温下连续印刷涂敷焊膏时，焊膏不容易干燥，可印刷性（焊粉的滚动性）好。

④ 焊膏的黏度满足工艺要求，具有良好的触变性。所谓触变性，是指胶体物质随外力作用而改变黏度的特性。触变性好的焊膏，既要保证用模板印刷时受到压力会降低黏度，使之容易通过网孔、容易脱模，又要保证印刷后除去外力时黏度升高，使焊膏图形不坍落、不漫流，保持形状。涂敷焊膏的不同方法对焊膏黏度的要求见表 3.5。

⑤ 焊料中合金焊粉的颗粒均匀，微粉少，助焊剂熔融汽化时不会爆裂，保证在再流焊时润湿性好，减少焊料球的飞溅。

表 3.5 涂敷焊膏的不同方法对焊膏黏度的要求

涂敷焊膏的方法	丝网印刷	模板（漏板）印刷	手工滴涂
焊膏黏度/(Pa·s)	300~800	普通密度 SMD：500~900 高密度、窄间距 SMD：700~1300	150~300

3. 焊膏管理与使用的注意事项

① 焊膏通常应该保存在 5~10 ℃ 的低温环境下，可以储存在电冰箱的冷藏室内。即使如

此，超过使用期限的焊膏也不得再用于生产正式产品。

② 一般应该在使用前至少 2 h 从冰箱中取出焊膏，待焊膏达到室温后，才能打开焊膏容器的盖子，以免焊膏在解冻过程中凝结水汽。假如有条件使用焊膏搅拌机，焊膏回到室温只需要 15 min。

③ 观察锡膏，如果表面变硬或有助焊剂析出，必须进行特殊处理，否则不能使用；如果焊锡膏的表面完好，则要用不锈钢棒搅拌均匀以后再使用。如果焊锡膏的黏度大而不能顺利通过印刷模板的网孔或定量滴涂分配器，应该适当加入所使用锡膏的专用稀释剂，稀释并充分搅拌以后再用。

④ 使用时取出焊膏后，应及时盖好容器盖，避免助焊剂挥发。

⑤ 涂敷焊膏和贴装元器件时，操作者应该佩戴手套，避免污染印制板。

⑥ 把焊膏涂敷到印制板上的关键是，要保证焊膏能准确地涂覆到元器件的焊盘上。如果涂敷不准确，必须擦洗掉焊膏再重新涂敷。擦洗免清洗焊膏不得使用酒精。

⑦ 印好焊膏的电路板要及时贴装元器件，尽可能在 4 h 内完成再流焊。

⑧ 免清洗焊膏原则上不允许回收使用，如果印刷涂敷的间隔超过 1 h，必须把焊膏从模板上取下来并存放到当天使用的单独容器里，不要将回收的焊膏放回原容器。

3.2.4　无铅焊料

1. 铅及其化合物带来的污染

铅及其化合物是对人体有害的、多亲和性的重金属毒物，它主要损伤神经系统、造血系统

和消化系统，对儿童的身体发育、神经行为、语言能力发展产生负面影响，是引发多种重症疾病的因素。并且，铅对水、土壤和空气都能产生污染。因此，虽然锡铅焊料性能优良，出于环境保护的要求，仍然需要采用无铅焊料，使用无铅工艺。

2003 年 2 月 13 日，欧盟 WEEE 和 ROHS 指令正式生效，规定自 2006 年 7 月 1 日起在欧洲市场上销售的电子产品必须是无铅产品；同时各成员国必须在 2004 年 8 月 13 日之前完成相应的立法。2003 年 3 月，中国信息产业部经济运行司拟定《电子信息产品生产污染防治管理办法》，规定自 2006 年 7 月 1 日起投放市场的国家重点监管目录内的电子信息产品不能含有铅、镉、汞、六价铬、聚合溴化联苯或聚合溴化联苯乙醚等。

随着相关法令的颁布实施，除军事、航空航天或某些特定领域的电子产品暂时豁免之外，电子组装技术已进入无铅化时代。

2. 无铅焊料的研究与推广

目前，国际上对无铅焊料的成分并没有统一的标准。通常是以锡为主体，添加其他金属。以下列三种合金为主、适量添加其他金属元素的合金成为无铅焊料的选择方案。按照熔点分类，可以将当前的无铅焊料分为三大类。

（1）高熔点无铅焊料（熔点在 205 ℃以上）

Sn-Ag-Cu（锡-银-铜）焊料，熔点 217 ℃；

Sn-Cu（锡-铜）焊料，熔点 227 ℃；

Sn-Ag（锡-银）焊料，熔点 221 ℃；

Sn-Ag-Cu-Bi（锡-银-铜-铋）焊料，熔点 217 ℃。

这种焊料的机械性能、拉伸强度、蠕变特性及耐热老化性能比 Sn–Pb 共晶焊料优越；延展性稍差但很稳定；主要缺点是熔点温度偏高，润湿性差，成本高。美国推荐的配比是 Sn95.5–Ag4–Cu0.5，日本推荐的配比是 Sn96.2–Ag3.2–Cu0.6，其熔点为 217~218 ℃，市场价格是 Sn–Pb 共晶焊料的 3 倍以上。

（2）中熔点无铅焊料（熔点在 180 ℃ 以上）

Sn–Ag–Cu–Bi（锡–银–铜–铋）焊料，熔点 200~216 ℃；

Sn–Zn（锡–锌）焊料，熔点 199 ℃。机械性能、拉伸强度比 Sn–Pb 共晶焊料好，可以拉成焊料线材使用；蠕变特性好，变形速度慢，拉伸变形至断裂的时间长；主要缺点是 Zn 极容易氧化，润湿性和稳定性差，具有腐蚀性。

（3）低熔点无铅焊料（熔点在 180 ℃ 以下）

Sn–Bi（锡–铋）焊料，熔点 138 ℃。优点是熔点低，与 Sn–Pb 共晶焊料的熔点相近；蠕变特性好，增大了拉伸强度；缺点是延展性差，硬且脆，可加工性差，不能拉成焊料线材。在 Sn–Zn 系的基础上，添加多量的 Bi，可制成低温焊料。

目前高熔点无铅焊料被普遍应用，又以 Sn–Ag–Cu 焊料使用最广泛，多个国际著名厂商都选用它。

3. 无铅焊料存在的缺陷

现在，无铅焊料已经在国内众多电子制造企业开始试用或推行，但它确实存在一些缺陷，仅就一般手工焊接来说，主要表现为：

① 扩展能力差：无铅焊料在焊接时，润湿、扩展的面积只有 Sn–Pb 共晶焊料的 1/3 左右。

② 熔点高：无铅焊料的熔点一般比 Sn–Pb 共晶焊料的熔点大约高 34~44 ℃，对电烙铁设定的工作温度也比较高。这就使烙铁头更容易氧化，使用寿命变短。

因此，使用无铅焊料进行手工焊接必须注意以下几点：

① 选用热量稳定、均匀的电烙铁：在使用无铅焊料进行焊接作业时，出于对元器件耐热性以及安全作业的考虑，一般应当选择烙铁头温度在 350~370 ℃ 以下的电烙铁。

② 控制烙铁头的温度非常重要：能够调节温度的电烙铁，要根据使用的焊料，选择最合适的烙铁头，设定焊接温度并随时调整。

3.2.5 SMT 所用的黏合剂（红胶）

在传统的 THT 安装方法中，元器件在焊接以前，是把引线插入印制板的通孔，靠引线的弯折或整形产生的弹力固定在板上。而 SMT 则完全不同，电路板在焊接之前，先将定量的绝缘黏合剂涂敷到板上贴放元器件位置的底部或边缘，再把元器件简单地贴放在电路板表面上（贴片），用黏合剂黏接固定（贴片胶固化），然后把电路板翻转过来（可以插装 THT 元器件），使用波峰焊设备进行焊接。在后续的插件和焊接加工过程中，SMT 元器件位于电路板的下面，被黏合剂牢固地粘贴固定而不会脱落，并与 THT 元器件同时完成焊接。用于粘贴 SMT 元器件的黏合剂，俗称贴片胶或贴装胶。从组装工艺的角度看，贴片胶也可以算作一种焊接材料。

在使用再流焊方法的 SMT 电路板上，一般不需要使用黏合剂，因为漏印在板上的焊锡膏已经可以粘住元器件并且元器件在焊接时位于基板的上面。

1. SMT 工艺对黏合剂的要求

① 对应于 SMT 工艺，理想的黏合剂应该具有下列性能。

- 化学成分简单——制造容易；
- 存放期长——不需要冷藏且不易变质；
- 良好的填充性能——能填充印制板与元器件之间的间隙；
- 不导电——不会造成短路；
- 触变性好——滴下的轮廓良好，不流动，不会因流动而污染元器件的焊盘；
- 无腐蚀——不会腐蚀基板或元器件；
- 充分的预固化黏性——当贴装头的吸嘴释放时，靠黏性能从吸嘴上把元器件粘下来；
- 充分的在固化黏接强度——能够可靠地固定元器件；
- 化学性质稳定——与助焊剂和清洗剂不会发生反应；
- 可鉴别的颜色——适合于视觉检查。

② 从加工操作的角度考虑，黏合剂还应该符合的要求有：

- 使用操作方法简单——点滴、注射、丝网印刷等；
- 容易固化——固化温度低(不超过 150～180 ℃，一般≤150 ℃)、耗能少、时间短(≤5 s)；
- 耐高温——在波峰焊的温度(250±5 ℃)下不会融化；
- 可修正——在固化以后，用电烙铁加热能再次软化，容易从印制板上取下元器件。

③ 从环境保护角度出发，黏合剂还要具有阻燃性、无毒性、无气味、不挥发。

2. SMT 工艺常用的黏合剂

在现有的许多种黏合剂中，没有哪一种能够完全满足以上要求。但经过多年选择，证实热固性黏合剂最适合自动化 SMT 贴装工艺。SMT 工艺常用贴片胶的构成与固化方法见表 3.6。

表 3.6　SMT 工艺常用贴片胶的构成与固化方法

基本树脂	特性	固化方法
环氧树脂	热敏感，必须低温储存才能保持使用寿命(5 ℃以下 6 个月，常温下 3 个月)，温度升高使寿命缩短，40 ℃时，寿命和质量迅速下降 固化温度较低，固化速度慢，时间长 黏接强度高，电气特性优良 高速点胶性能不好	单一热固化
丙烯酸酯	性能稳定，不必特殊低温储存，常温下使用寿命 12 个月 固化温度较高，但固化速度快，时间短 黏接强度和电气特性一般 高速点胶性能优良	双重固化：紫外光+热

3.3　印制电路板——PCB

3.3.1　印制电路板基础知识

印制电路板(printed circuit board, PCB)也称作印刷电路板，简称印制板。印制电路板由绝缘底板、连接电路的铜箔导线和装配焊接电子元器件的焊盘组成，具有双重作用：一是整个电子产品的支撑载体，绝大多数元器件都组装在上面，形成一个整体部件；二是导电线路的一部分，印制电路板上的印制导线实现电路中各个元器件的电气连接，代替复杂的布线。印制电路板不仅减少了传统方式下的接线工作量，简化了电子产品的装配、焊接、调试工作；还缩小了整机体积，降低了产品成本，提高了电子设备的质量和可靠性。

1. 印制电路板的种类和特点

（1）单面印制电路板

单面印制电路板是在厚度为 0.2 ~ 5.0 mm 的绝缘基板上一面覆有铜箔，另一面没有覆铜，通过印制和腐蚀的方法，在铜箔上形成印制电路，无覆铜一面放置元器件。它适用于一般要求的电子设备，如收音机、电视机、小家电等。

（2）双面印制电路板

0.2 ~ 5.0 mm 厚的绝缘基板的两面均覆有铜箔，在两面制成印制电路，需要用金属化孔（在小孔内表面涂敷金属层）连通两面的印制导线。它适用于一般要求的电子设备，如电子计算机、电子仪器、仪表等。双面印制电路板的布线密度较高，能减小设备的体积。

（3）多层印制电路板

在绝缘基板上制成三层以上印制电路的印制板为多层印制电路板。它是由几层较薄的单面板或双层面板黏合而成，其厚度一般为 1.2 ~ 2.5 mm。目前应用较多的多层印制电路板为 4 ~ 6 层板。为了把夹在绝缘基板中间的电路引出，多层印制电路板上安装元器件的孔需要金属化。多层印制电路板是一个立体结构，如图 3.4 所示。

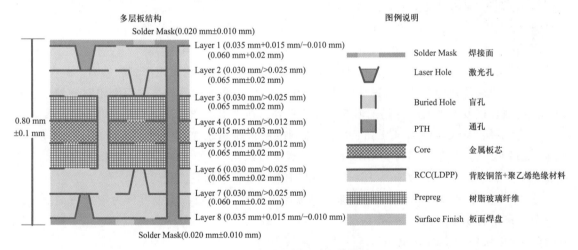

图 3.4　多层印制电路板的结构

（4）柔性印制电路板

柔性印制电路板也称挠性印制电路板，基材是层状软塑料或其他质软膜性材料，如聚酯或聚亚胺的绝缘材料，其厚度为 0.25 ~ 1 mm。具有挠性，能折叠、弯曲、卷绕。它也有单层、双层及多层之分，被广泛用于计算机、笔记本电脑、数码 AV 产品、通信、仪表等电子设备上。

（5）平面印制电路板

印制电路板的印制导线嵌入绝缘基板，与基板表面平齐。一般情况下在印制导线上都电镀一层耐磨金属层，通常用于转换开关、电子计算机的键盘等。

　　以双面印制电路板为例，其基本构成以及固定的元器件焊点如图 3.5 所示，其主要由基板、焊接固定元器件的焊盘、构成电气连接的铜箔导线组成。图 3.5 中还给出了最常见的印制电路板的一些基本尺寸。

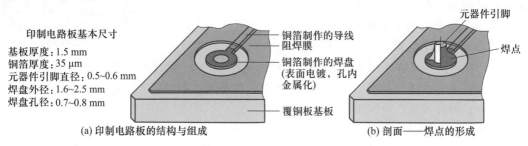

印制电路板基本尺寸
基板厚度：1.5 mm
铜箔厚度：35 μm
元器件引脚直径：0.5~0.6 mm
焊盘外径：1.6~2.5 mm
焊盘孔径：0.7~0.8 mm

铜箔制作的导线
阻焊膜
铜箔制作的焊盘
（表面电镀，孔内金属化）
覆铜板基板

元器件引脚
焊点

(a) 印制电路板的结构与组成　　　　　(b) 剖面——焊点的形成

图 3.5　印制电路板的基本构成与焊点的形成

2. 印制电路板各层的定义及描述

　　印制电路板是一个分层结构，按照几种 CAD 软件里的通用词汇，各层的定义及描述如下：

　　① 顶层布线层（TOP LAYER）：印制电路板的顶层。如为单面板，该层是安装元器件的层面，没有铜箔；若为双面板或多层板，则是铜箔导线布局的层面。

　　② 底层布线层（BOTTOM LAYER）：印制电路板底层，一般双面板的焊接层，有底层铜箔导线。底层布线通过金属化孔与顶层布线连通。

　　③ 通孔层（MULTI LAYER）：通孔焊盘层。

　　④ 钻孔定位层（DRILL GUIDE）：焊盘及过孔的钻孔中心定位坐标层。

　　⑤ 钻孔描述层（DRILL DRAWING）：焊盘及过孔的钻孔直径描述层。

　　⑥ 顶层/底层阻焊层（TOP/BOTTOM SOLDER）：顶层/底层涂敷阻焊膜的层面。

　　⑦ 顶层/底层丝印层（TOP/BOTTOM OVERLAY）：在板面的最外层，用来印制各种企业标识、品牌商标以及板上元器件的图形符号和位号等，在人工生产时，指导元器件插装位置。

　　⑧ 机械层（MECHANICAL LAYERS）：印制电路板机械加工层，默认 LAYER1 为外形层。其他 LAYER2/3/4 等层，可作为机械尺寸标注或者特殊用途（如某些印制电路板需要制作导电碳油电阻时，可以使用 LAYER2/3/4 等，但必须在同层标识清楚其用途）。

　　⑨ 中间信号层（MID LAYERS）：多用于多层板的中间层布线，也可作为特殊用途层，但是必须在同层标识清楚其用途。

　　⑩ 内电层（INTERNAL PLANES）：用于多层板。

　　⑪ 禁止布线层（KEEPOUT LAYER）：可以用作 PCB 机械外形，但当 MECHANICAL LAYER1 已经用来标识外形层时，不得使用禁止布线层。

　　⑫ 顶层/底层锡膏层（TOP/BOTTOM PASTE）：该层一般用于要加大电流，将底层铜皮露在外面时使用。

　　显然，从最简单的单面印制电路板到复杂的多层板，需要描述的层面由少到多。图 3.6 给出了一种电子小产品 PCB 图（双面板）。

3. 印制电路板机构设计

　　（1）印制电路板的厚度

　　按照国家标准，覆铜板材的标准厚度有 0.2 mm、0.5 mm、（0.7）mm、0.8 mm、（1.5）mm、

1.6 mm、2.4 mm、3.2 mm、6.4 mm 等多种。另外，当印制电路板对外通过插座连接（如图 3.7 所示）时，必须注意插座槽的间隙一般为 1.5 mm。若板材过厚则插不进去，过薄则容易造成接触不良。

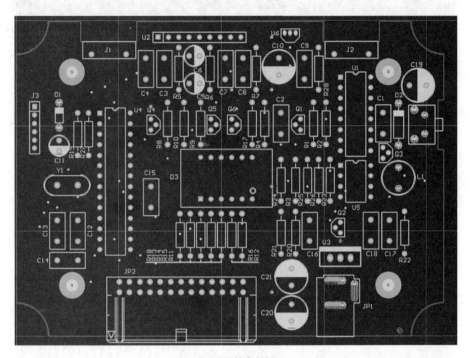

(a) 元器件布局图

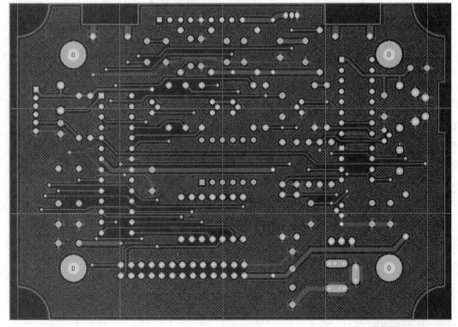

(b) 顶层布线图

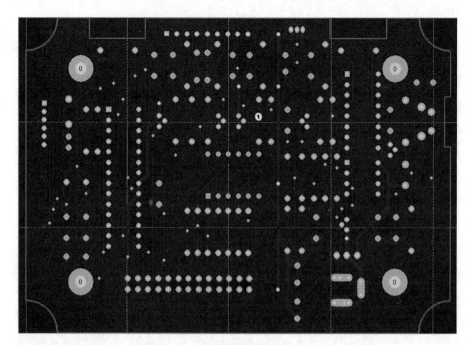

(c) 底层布线图

图 3.6　某产品的印制板设计图

（2）结构符合度

印制电路板是电子产品整机的一个组成部分，印制电路板在机箱（或机壳）中的位置和安装形式，必须服从整机功能的设计与要求。对于那些由产品用户直接操作、调节的键盘、按钮和开关，电位器、可变电容器的旋钮等，要符合产品的工业化设计和整机结构的安排。

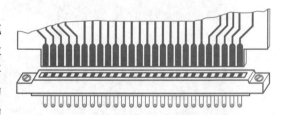

图 3.7　印制电路板通过插座对外连接

与外围电路连接的接插件、可变电感线圈等调节元件，如果是在机外插接或调节，其在印制电路板上的位置要与机箱所规定的位置相适应；如果是机内调节（微调），则应当放在印制电路板上方便调谐的地方。电子工程师应当理解：更改机箱（或机壳）的设计与加工，往往比改变印制电路板的设计要复杂得多，无论是费用和时间，都会多很多。

3.3.2　覆铜板材料

覆铜板是用减成法制造印制电路板的主要材料。所谓覆铜板，全称为覆铜箔层压板，就是经过黏接、热挤压工艺，使一定厚度的铜箔牢固地附着在绝缘基板上的板材。

1. 覆铜板的组成

（1）基板

表 3.7 给出了几种常用覆铜板的性能特点。

视频

PCB制造工厂参观及单面PCB制造过程

表 3.7　几种常用覆铜板的性能特点

覆铜板品种	标称厚度/mm	铜箔厚度/μm	性能特点	典型应用
酚醛纸基	1.0, 1.5, 2.0, 2.5, 3.0, 3.2, 6.4	50 ~ 70	价格低，易吸水，不耐高温，阻燃性差	中、低档消费类电子产品，如收音机、录音机等
环氧纸基	同上	35 ~ 70	价格高于酚醛纸基板，机械强度、耐高温和耐潮湿较好	工作环境好的仪器仪表和中、高档消费类电子产品
环氧玻璃布	0.2, 0.3, 0.5, 1.0, 1.5, 2.0, 3.0, 5.0, 6.4	35 ~ 50	价格较高，基板性能优于酚醛纸板且透明	工业装备或计算机等高档电子产品
聚四氟乙烯玻璃布	0.25, 0.3, 0.5, 0.8, 1.0, 1.5, 2.0	35 ~ 50	价格高，介电性能好，耐高温，耐腐蚀	超高频 (微波)、航空航天和军工产品
聚酰亚胺	0.2, 0.5, 0.8, 1.2, 1.6, 2.0	35	重量轻，用于制造挠性印制电路板	工业装备或消费类电子产品，如计算机、仪器仪表等

（2）铜箔

铜箔是制造覆铜板的关键材料，必须有较高的电导率及良好的焊接性。铜箔质量直接影响覆铜板的性能。要求铜箔表面不得有划痕、砂眼和皱褶，金属纯度不低于99.8%，厚度误差不大于±5 μm。业界经常用 PCB 单位面积铜箔的重量来表示铜箔的平均厚度，目前普遍使用的是 1OZ(1 盎司，≈28.35 g)重量的铜箔贴在 1 foot^2(平方英尺)的面积上，厚度大约是 35 μm。铜箔的厚度测量常采用表面铜厚测试仪，如图 3.8 所示。

图 3.8　表面铜厚测试仪

表面铜厚测试仪一般采用微电阻和电涡流两种测试方法，能够准确地测量材料表面铜的厚度(包括覆铜板、化学铜和电镀铜板)、穿孔内铜的厚度以及铜的质量。表 3.8 是某型号铜厚测试仪的技术参数。

表 3.8　某型号铜厚测试仪的技术参数

准确度	±1% 参考标准片 (或±0.1 μm)	
	非电镀铜	电镀铜
精确度	标准差 0.2%	标准差 0.5%
铜厚测量范围	10 ~ 500 μin (0.25 ~ 12.7 μm)	0.1 ~ 6 mil (2.5 ~ 152 μm)
	铜厚	分辨率
英制	<1 mil	0.001 mil
	≥1 mil	0.01 mil
公制	<1 μm	0.001 μm
	<10 μm	0.01 μm
	≥10 μm	0.1 μm

（3）黏合剂

铜箔能否牢固地附着在基板上，黏合剂是重要因素。覆铜板的抗剥强度主要取决于黏合剂的性能。常用的覆铜板黏合剂有酚醛树脂、环氧树脂、聚四氟乙烯和聚酰亚胺等。

2. 覆铜板的生产工艺流程

使零价铜氧化为二价氧化铜或一价氧化亚铜，可以提高铜箔与基板的黏合力。铜箔氧化后在其粗糙面上胶，然后放入烘箱使胶预固化。玻璃布（或纤维纸）预先浸渍树脂并烘烤，让树脂也处于半固化状态。当胶处于半固化状态时，将铜箔与玻璃布（或纤维纸）对贴，根据基板厚度要求选择玻璃布（或纤维纸）层的数量，按尺寸剪切后进行压制。压制过程中使用蒸汽或电加热，使半固化的黏合剂彻底固化，铜箔与基板牢固地黏合成一体，冷却后即为覆铜板。覆铜板的生产工艺流程如图 3.9 所示。

图 3.9   覆铜板的生产工艺流程

在 LED 照明驱动等需要高散热的产品中常采用金属芯印制电路板，经过特殊处理以后，电路导线在金属板两面相互连通，而与金属板本身高度绝缘。金属芯印制电路板的优点是散热性能好，尺寸稳定；所用金属材料具有电磁屏蔽作用，可以防止信号之间相互干扰；并且制造成本也比较低。金属芯印制板材的制造方法有很多种，其制造工艺流程如图 3.10 所示。

图 3.10   金属芯印制板材的制造工艺流程

3.3.3   覆铜板的技术指标

衡量覆铜板质量的主要非电技术标准有如下几项。

（1）抗剥强度

使单位宽度的铜箔剥离基板所需要的最小力，用来衡量铜箔与基板之间的结合强度，单位为 kgf/cm（1 kgf＝9.806 65 N）。在常温下，普通覆铜板的抗剥强度应该在 1.2 kgf/cm 以上。国内生产的环氧酚醛玻璃布覆铜板的抗剥强度可达到 2.3 kgf/cm。这项指标主要取决于黏合剂的性能、铜箔的表面处理和制造工艺质量。抗剥强度差的印制板，焊盘、线条在焊接加工中易于脱落。

（2）翘曲度

指单位长度上的翘曲（弓曲或扭曲）值，这是衡量覆铜板相对于平面的平直度指标。覆铜板的翘曲度取决于基板材料和板材厚度。目前，环氧酚醛玻璃布覆铜板的质量最好。同样材料的翘曲度，双面覆铜板比单面板小，厚的比薄的小。在制作较大面积的印制电路板时，应该注意这一指标。如果翘曲度大，则不仅印制电路板的外观不佳，还可能导致严重的问题：把印制电路板装入电子产品的机壳时，紧固印制电路板的矫正力会引起电路的插接部分接触不良、甚至使元器件受到机械损伤或使焊接点开焊。

（3）抗弯强度

其用于表明覆铜板所能承受弯曲的能力，以单位面积所受的力来计算，单位为 kg/cm^2。这项指标主要取决于覆铜板的基板材料及厚度。在同样厚度下，环氧酚醛玻璃布层压板的抗弯强度大约为酚醛纸基板的 30 倍左右。相同材料的板材，厚度越大则抗弯强度越高。

（4）耐浸焊性（耐热性、耐焊性）

指覆铜板置入一定温度的熔融焊料中停留一段时间（大约 10 s）后，所能承受的铜箔抗剥能力。这项指标取决于基板材料和黏合剂，对印制电路板的质量影响很大。一般要求覆铜板经过焊接不起泡、不分层。环氧酚醛玻璃布覆铜板要求能在 260 ℃ 的熔锡中停放 180~240 s 而不出现起泡和分层现象。

（5）阻燃性

指覆铜板材料经过燃烧状态必须能够自行熄灭的性质，目前一般印制电路板所用的耐燃材料等级的代号是 FR-4。

除了上述几项以外，衡量覆铜板质量的非电技术指标还有表面平整度、光滑度、坑深、耐化学溶剂侵蚀等多项。

3.3.4 印制电路板的制造工艺流程

不同层数的印制电路板，其制造工艺流程会有不同，下面以典型的双层板为例简单介绍 PCB 的加工形成过程。

（1）开料

目的：根据工程资料 MI 的要求，在符合要求的大张板材上，裁切成小块的符合客户要求的小块板料；

流程：大板料→按 MI 要求切板→锔板→啤圆角/磨边→出板。

（2）钻孔

目的：根据工程资料（客户资料），在所开符合要求尺寸的板料上，相应的位置钻出所求的孔径；

流程：叠板销钉→上板→钻孔→下板→检查/修理。

（3）沉铜

目的：沉铜是利用化学方法在绝缘孔壁上沉积上一层薄铜；

流程：粗磨→挂板→沉铜自动线→下板→浸 1% 稀 H_2SO_4→加厚铜。

（4）图形转移

目的：图形转移是将生产菲林上的图像转移到板上；

流程：（蓝油流程）：磨板→印第一面→烘干→印第二面→烘干→曝光→冲影→检查；（干膜流程）：麻板→压膜→静置→对位→曝光→静置→冲影→检查。

（5）图形电镀

目的：图形电镀是在线路图形裸露的铜皮上或孔壁上电镀一层达到要求厚度的铜层与要求厚度的金镍或锡层；

流程：上板→除油→水洗二次→微蚀→水洗→酸洗→镀铜→水洗→浸酸→镀锡→水洗→下板。

（6）退膜

目的：用 NaOH 溶液退去抗电镀覆盖膜层使非线路铜层裸露出来；

流程：水膜：插架→浸碱→冲洗→擦洗→过机；干膜：放板→过机。

（7）蚀刻

目的：蚀刻是利用化学反应法将非线路部位的铜层腐蚀掉。

（8）绿油

目的：绿油是将绿油菲林的图形转移到板上，起到保护线路和阻止焊接零件时线路上锡的作用；

流程：磨板→印感光绿油→铜板→曝光→冲影；磨板→印第一面→烘板→印第二面→烘板。

（9）字符

目的：字符是提供的一种便于辨认的标记；

流程：绿油终铜后→冷却静置→调网→印字符→后铜。

（10）镀金手指

目的：在插头手指上镀上一层要求厚度的镍/金层，使之更具有硬度和耐磨性；

流程：上板→除油→水洗两次→微蚀→水洗两次→酸洗→镀铜→水洗→镀镍→水洗→镀金。

（11）喷锡

目的：喷锡是在未覆盖阻焊油的裸露铜面上喷上一层铅锡，以保护铜面不被腐蚀氧化，以保证具有良好的焊接性能；

流程：微蚀→风干→预热→松香涂覆→焊锡涂覆→热风平整→风冷→洗涤风干。

（12）成型

目的：通过模具冲压或数控锣机锣出客户所需要的形状。成形的方法有机锣，啤板，手锣，手切；

说明：数控锣机板与啤板的精确度较高，手锣其次，手切板最低，只能做一些简单的外形。

（13）测试

目的：通过电子100%测试，检测目视不易发现到的开路、短路等影响功能性之缺陷；

流程：上模→放板→测试→合格→FQC目检→不合格→修理→返测试→OK→REJ→报废。

（14）终检

目的：通过100%目检板件外观缺陷，并对轻微缺陷进行修理，避免有问题及缺陷板件流出；

具体工作流程：来料→查看资料→目检→合格→FQA抽查→合格→包装→不合格→处理→检查OK。

3.3.5 印制电路板外加工的文件要求

目前国内的电子整机产品制造企业均把印制电路板交由专业制板厂家生产。这不仅是因为制板过程要用到很多专用设备，还涉及一系列化学腐蚀、电镀过程，必须采取严格的环保处理。

一般，需转交专业制板厂家的技术文件包括：

① 可同时由 EDA 软件输出的 GERBER 文件（RS-274-X 格式）和钻孔文件。钻孔文件要区分金属化孔、非金属化孔（对装配孔，要特别说明为非金属化孔）和异形孔的位置。

② 外形尺寸与公差图（包括定位孔尺寸及位置要求）。

③ 说明文件应标明加工工艺要求，如基板厚度、层数、铜箔厚度，是否拼板等。对丝印油墨材料、颜色以及阻焊层材料厚度，如有特殊要求，也应加以说明。

<h2>3.4 焊 接 工 具</h2>

3.4.1 电烙铁分类及结构

1. 直热式电烙铁

单一焊接使用的直热式电烙铁最常用，它又可以分为内热式和外热式两种。

（1）内热式电烙铁

内热式电烙铁的发热元件装在烙铁头的内部，从烙铁头内部向外传热，所以被称为内热式电烙铁，其结构如图 3.11 所示。它具有发热快、体积小、重量轻和耗电低等特点。

视频

电烙铁分类介绍

（2）外热式电烙铁

外热式烙铁的发热元件包在烙铁头外面，其中最常用的是直立式，外形和结构如图 3.12 所示。

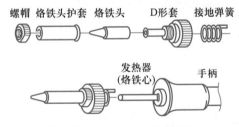

图 3.11　内热式电烙铁的结构

图 3.12　外热式电烙铁的外形与结构

（3）发热元件

电烙铁的能量转换部分是发热元件，俗称烙铁心。它由镍铬发热电阻丝在云母、陶瓷等耐热、绝缘材料上缠绕制成。电子产品生产中最常用的内热式电烙铁的烙铁心，是将镍铬电阻丝缠绕在两层陶瓷管之间，再经过烧结制成的。

（4）烙铁头

普通内热式烙铁头的表面通常镀锌，镀层的保护能力较差。在使用过程中，因为高温氧化和助焊剂的腐蚀，普通烙铁头的表面会产生不沾锡的氧化层，需要经常清理和修整。长寿命烙铁头通常是在紫铜表面渗透或电镀一层耐高温、抗氧化的铁镍合金，所以这种电烙铁的使用寿命长、维护少，使用时不要人为刮去镀层。

2. 吸锡器和两用式电烙铁

在焊接或维修电子产品的过程中，有时需要把元器件从电路板上拆卸下来。拆卸元器件是和焊接相反的操作，也称作拆焊或解焊。常用的拆焊工具有吸锡器和两用电烙铁。

（1）吸锡器

如图 3.13 所示的吸锡器价格便宜，使用方便。吸锡器实际是一个小型手动空气泵，压下吸锡器的压杆，就排出了吸锡器腔内的空气；释放吸锡器压杆的锁钮，弹簧推动压杆迅速回到原位，在吸锡器腔内形成空气的负压力，就能够把熔融的焊料吸走。在电烙铁加热的帮助下，用吸锡器很容易拆焊电路板上的元器件。

（2）两用电烙铁

图 3.14 所示的是一种焊接、拆焊两用的电烙铁，又称吸锡电烙铁。它是在普通直热式电烙铁上增加吸锡结构组成的，使其具有加热、吸锡两种功能。

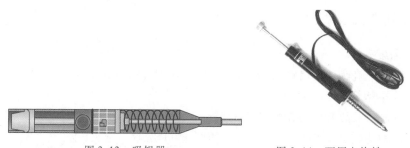

图 3.13　吸锡器　　　　　图 3.14　两用电烙铁

3. 恒温式电烙铁

自动恒温式电烙铁依靠温度传感元件监测烙铁头的温度，并通过放大器将传感器输出的信号放大，控制电烙铁的供电电路，从而达到恒温的目的。这种电烙铁一般将供电电压降为 24 V、12 V 低压或直流供电，提高了安全性。一种自动恒温式电烙铁的全套组成如图 3.15 所示，它采取了很好的防静电措施。

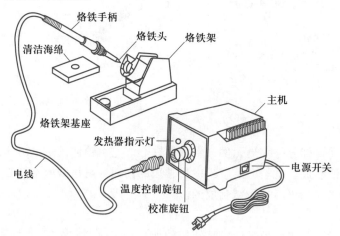

图 3.15　自动恒温式电烙铁的全套组成

恒温式电烙铁的优点如下：

① 断续加热，不仅省电，而且烙铁不会过热，寿命延长。

② 升温时间快，只需 40 ~ 60 s。

③ 烙铁头采用渗镀铁镍的工艺，不需要修整。

④ 烙铁头温度不受电源电压、环境温度的影响。例如，50 W、270 ℃ 的恒温式电烙铁，当电源电压在 180 ~ 240 V 的范围内均能恒温，在电烙铁通电很短时间内就可达到 270 ℃。

3.4.2　烙铁头的形状

1. 烙铁头的尺寸与形状

为了保证焊接可靠方便，必须合理选用烙铁头的形状和尺寸。一般，选择烙铁头的尺寸，以能够与焊点充分接触、在焊接时不影响邻近元件、提高焊接效率为标准。

视频3.7
烙铁头的选择

图 3.16 是几种常用烙铁头的外形。这几种烙铁头与传统形式的相比，更适合 SMT 时代的焊接工艺要求。其中：

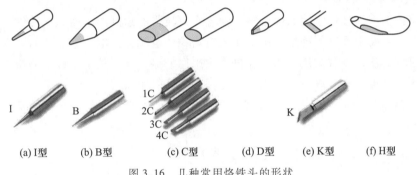

(a) I 型　　(b) B 型　　(c) C 型　　(d) D 型　　(e) K 型　　(f) H 型

图 3.16　几种常用烙铁头的形状

图（a）是 I 型（尖锥形）烙铁头，它的尖端细小，适用于精细的焊接或焊接空间狭小的情况，也可以用来修正焊接 SMT 集成电路时产生的引脚短路。

图（b）是 B 型/LB 型（圆锥形）烙铁头，这种烙铁头无方向性，整个前端均可以进行焊接，适用于一般焊接。无论焊点大小，都可以使用 B 型烙铁头；LB 型是 B 型的一种，形状修长，假如焊点周围有较高的元器件或者焊接空间狭窄，选用 LB 型烙铁头能够灵活操作。

图（c）是 C 型/CF 型（圆斜面形）烙铁头，它用烙铁头前端斜面部分进行焊接，适合需要焊料多的场合。CF 型烙铁头只有斜面部分表面有镀锡层，焊接时只有这里才能沾锡，所以沾锡量比 C 型烙铁头较少。C 型/CF 型烙铁头是传统的形式，应用范围很宽，有不同直径的烙铁头，型号前面的数字表示直径（mm），根据焊接需要进行选择。0.5C、1C/1CF、1.5CF 的烙铁头非常精细，适用于焊接细小元件，或者修正 SMT 焊接时产生的焊锡短路或微小堆积；2C/2CF、3C/3CF 型烙铁头，适用于焊接电阻、二极管之类的元件，对引脚间距较大的 SMT 集成电路也可以使用；4C/4CF 型适用于焊接面积大的情况，例如焊接电路板上的电源端、接地端等粗端子、大焊盘。

图（d）是 D 型/LD 型（一字形）烙铁头，这种烙铁头也是传统的形式，它用扁嘴部分进行焊接，与 C 型烙铁头相似，适用于焊接需要焊锡多（例如焊接面积大、元件引脚粗、焊盘大）的焊点。

图（e）是 K 型（凿形）烙铁头，它使用刀形部分焊接，采取立式或拉焊式手法焊接均可，特别适用于 SMT 电路板上的焊接。

图（f）是 H 型（弧面形）烙铁头，它的镀锡层在烙铁头的底部，适用于拉焊式焊接引脚间距较大的 SMT 集成电路。

选择烙铁头的依据是，应使它尖端的接触面积略小于焊接处（焊盘）的面积，如图 3.17 所示。烙铁头接触面积过大，会使过量的热量传导给焊接部位，损坏元器件。一般说来，温度越低的烙铁头，需要焊接的时间越长；反之，温度越高的烙铁头，焊接的时间越短。每个操作者可以根据自己的习惯

(a) 烙铁头过小   (b) 烙铁头合适   (c) 烙铁头过大

图 3.17   烙铁头与焊盘大小的关系

选用烙铁头。有经验的电子装配工人手中都准备有几个不同形状的烙铁头，以便根据焊接对象的变化和工作的需要随时选用。

2. 烙铁头的修整与镀锡

长寿命烙铁头应该经过渗镀铁镍合金，使它具有较强的耐高温、耐氧化性能，要特别注意保护表面镀层，不要用硬物刮磨烙铁头。接通电烙铁的电源，待电烙铁加热后，在木板上放些松香并放一段焊锡丝，烙铁头沾上锡，在松香中来回摩擦；直到整个烙铁头的修整面均匀镀上一层焊锡为止。也可以在烙铁头沾上锡后，在湿布上反复摩擦。

提醒：新的电烙铁通电以前，一定要先浸松香水，否则烙铁头表面会生成难以镀锡的氧化层。

3.4.3   维修 SMT 电路板的焊接工具和半自动设备

万用表、示波器的表笔或探头的尖端不够细小，应该配用检测探针。探针的顶端是针尖，末端是套筒，如图 3.18 所示。将表笔或探头插入探针，用探针测量电路，会比较安全。

图 3.18   检测 SMT 电路的探针

1. SMT 电路的焊接工具

（1）恒温电烙铁

SMT 元器件对温度比较敏感，最好使用恒温式电烙铁。使用普通电烙铁焊接 SMT 元器件，其功率应该在 20 W 以下。由于片状元器件的体积小，烙铁头的尖端应该略小于焊接面；为防止感应电压损坏集成电路，电烙铁的金属外壳要可靠接地。

SMT 元器件的体积很小，引脚间距小，烙铁尖应该是图 3.16(a) 所示的尖锥形（Ⅰ型），有经验的焊接工人在快速拖焊集成电路的引脚时，更愿意使用 H 型和 K 型烙铁头。

（2）电热镊子

电热镊子是一种专用于拆焊 SMC 贴片元件的高档工具，它相当于两把组装在一起的电烙铁，只是两个电热芯独立安装在两侧，同时加热。接通电源以后，捏合电热镊子夹住 SMC 元件的两个焊端，加热头的热量熔化焊点，很容易把元件取下来。电热镊子示意图如图 3.19 所示。

（3）加热头

电烙铁上配用相应的加热头后，可以用来拆焊

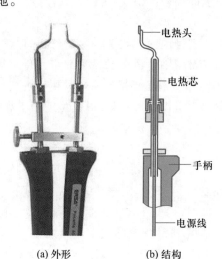

—电热头

—电热芯

—手柄

—电源线

(a) 外形   (b) 结构

图 3.19   电热镊子示意图

SMT 元器件。在图 3.20 中，图(a) ~ (c)是几种不同规格的专用加热头，分别用于拆卸引脚数目不同的 QFP 集成电路；图(d)是用于拆卸翼形密集引脚的 SOL 或 SOW 集成电路的专用加热头。

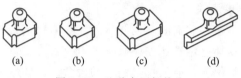

(a)   (b)   (c)   (d)

图 3.20   几种专用加热头

3.5 手工烙铁焊接的基本技能

使用电烙铁进行手工焊接，掌握起来并不困难，但却有一定技术要领。对于初学焊接的人，应该注意这样几点：

视频

手工焊接要领讲解

① 稳定情绪，有耐心，一定要克服急于求成的愿望。

② 认真踏实，一丝不苟，不能把焊接质量问题留到整机电路调试的时候再去解决。

③ 勤于练习，熟能生巧，通过一定时间的练习，操作技艺肯定会不断提高。

下面介绍的一些具体方法和注意要点，都是实践经验的总结，是初学者迅速掌握焊接技能的捷径。

3.5.1 焊接操作准备知识

1. 正确的操作姿势

焊接操作时会产生烟雾，这些烟雾对人体是有害的，在长期进行焊接的场所，应该为生产环境配备良好的通风设施。为减少焊剂加热时挥发出的化学物质对人的危害，减少有害气体的吸入量，一般情况下，烙铁到鼻子的距离通常以 30 cm 为宜，不要少于 20 cm。掌握正确的焊接操作姿势，可以保证操作者的身心健康，减轻劳动伤害。

通常按照图 3.21(a)所示的方法，右手像握笔一样手持电烙铁，左手拿焊锡丝，这种方法适合在工作台上焊接普通电路板上的元器件；使用大功率的电烙铁，焊接面位于操作者的下方，可以采用反握法，这种方法动作稳定，长时间操作不易疲劳，如图 3.21(b)所示；若焊点位于操作者前方的竖直面上，可以用正握法手持电烙铁进行操作，这种方法也适合于操作中功率电烙铁或带弯头的电烙铁，如图 3.21(c)所示；在连续焊接的时候，左手拿焊锡丝的方法也可以变为图 3.31(d)所示的形式。

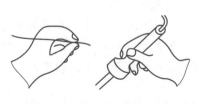  

(a) 焊接一般电子产品时的手法   (b) 反握法手持电烙铁   (c) 正握法手持电烙铁   (d) 手持焊锡丝连续焊接

图 3.21   焊接操作的正确手法

注意：锡铅焊锡丝中含有对人体有害的元素，在操作时最好佩戴手套并在操作以后洗手，避免吸入或食入铅尘。无铅焊锡丝也可能含有一定有毒物质。

2. 安全使用并学会保养电烙铁

电烙铁接通电源以后，一般烙铁头的温度能达到 350 ℃以上，错误操作可能导致烫伤或引发火灾等危险事故。为避免损坏电烙铁、保证操作环境及人身安全，应该严格遵守安全操作规则。学会并注意电烙铁的清洁保养，能延长烙铁头的寿命，保证焊接时的润湿性，使焊接过程得心应手。

（1）使用电烙铁的安全规则

① 不要用身体触及烙铁头附近的金属部分，注意用电安全。

② 切勿在易燃物体附近使用电烙铁。

③ 更换电烙铁的部件或安装烙铁头时，应该断开或关闭电源，待烙铁头降到室温后再进行操作。

④ 切勿让水沾湿电烙铁或用潮湿的手操作电烙铁。

⑤ 切勿用烙铁头敲击工作台来清除残余焊料，避免损伤电烙铁。

⑥ 电烙铁使用以后，一定要稳妥地插放在烙铁架上，并注意导线等其他杂物不要碰到烙铁头，以免烫伤导线，导致漏电。

⑦ 工间休息时或完工以后，应该拔掉电源插头或关闭电烙铁的电源。

（2）怎样保养电烙铁

① 在开始焊接以前，应该先把烙铁架上的木质纤维海绵蘸水并挤干多余水分。湿润的纤维海绵能让烙铁头得到好的清洁效果。在干燥的纤维海绵上擦拭烙铁头，会使烙铁头受损而导致不上锡。

② 电烙铁接通电源开始加热的过程中，用焊锡丝在烙铁头上轻轻涂抹，助焊剂融化润湿烙铁头，随后焊锡熔化，在烙铁头上均匀镀一层焊锡。这层焊锡俗称"焊锡桥"，它对焊接是非常重要的，不仅在焊接时起到传热的作用，还能保护烙铁头不被氧化。

③ 按照图 3.22 所示的焊接顺序进行操作，可以使烙铁头得到焊锡的保护并降低氧化速度。

④ 在使用高档恒温电烙铁进行焊接时，特别注意不要把温度调得太高。高温会使烙铁头加速氧化，降低使用寿命。如果烙铁头温度超过 470 ℃，它的氧化速度是在 380 ℃下的两倍。

⑤ 在焊接时，不要施加压力，否则会使烙铁头受损变形或损坏元件、损伤电路板的焊盘。只要烙铁头能够充分接触焊点，热量就能够传递。

⑥ 经常保持烙铁头沾锡，镀锡层可以保护烙铁头，减低氧化机会，使烙铁头更耐用。使用后，应待烙铁头温度稍微降低后才加上新焊锡，使之有更佳的防氧化效果。

⑦ 如果烙铁头上有黑色氧化物，烙铁头就可能不沾锡，此时必须进行清理。清理恒温电烙铁的烙铁头时，先把温度调到 250 ℃左右；普通长寿命电烙铁要间歇断电适当降温，再用纤维海绵清洁烙铁头，然后再镀上新锡。不断重复动作，直到把氧化物清理掉为止。切勿使用砂纸或硬物清洁烙铁头。

⑧ 焊接完成以后，要清洁烙铁头并镀上一层新锡作为保护。

⑨ 应该把电烙铁小心地摆放在合适的烙铁架上，以免烙铁头受到碰撞而损坏。

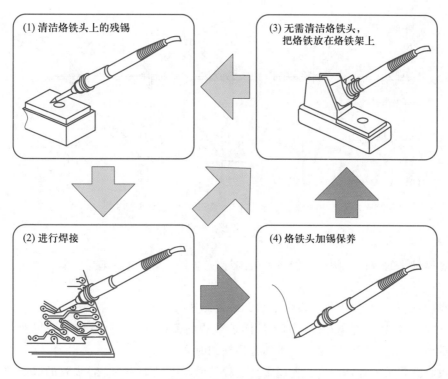

图 3.22　在焊接过程中保养电烙铁

3.5.2　手工焊接操作

1. 手工焊接的基本步骤

掌握好电烙铁的温度和焊接时间，选择恰当的烙铁头和焊点的接触位置，才可能得到良好的焊点。初学者学习正确的手工焊接操作，可以把焊接过程分成五个步骤，如图 3.23 所示。

（1）步骤一：准备施焊

左手拿焊丝，右手握电烙铁，进入备焊状态。要求烙铁头保持干净，无焊渣等氧化物，并在表面镀有一层焊锡。

（2）步骤二：加热焊件

烙铁头靠在两焊件的连接处，加热整个焊件，时间大约为 1~2 s。对于在印制板上焊接元器件来说，要注意使烙铁头同时接触两个被焊接物。例如，图 3.23(b) 中的导线与接线柱、元器件引线与焊盘要同时均匀受热。

（3）步骤三：送入焊丝

焊件的焊接面被加热到一定温度时，焊锡丝从烙铁对面接触焊件。注意：不要把焊锡丝送到烙铁头上！

（4）步骤四：移开焊丝

当焊丝熔化一定量后，立即向左上 45°方向移开焊丝。

（5）步骤五：移开烙铁

焊锡浸润焊盘和焊件的施焊部位以后，向右上 45°方向移开电烙铁，结束焊接。从步骤三开始到步骤五结束，时间大约也是 1~2 s。

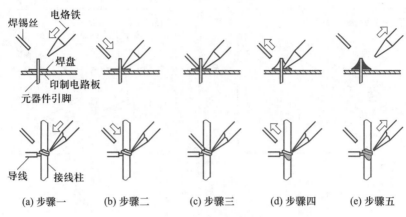

图 3.23 锡焊五步操作法

对于热容量小的焊件，例如印制板上较细导线的连接，可以简化为三步操作。

① 准备：同以上步骤一。

② 加热与送丝：烙铁头放在焊件上后即放入焊丝。

③ 去丝移电烙铁：焊锡在焊接面上浸润扩散达到预期范围后，立即拿开焊丝并移开电烙铁，并注意移去焊丝的时间不得滞后于移开烙铁的时间。

对于吸收低热量的焊件而言，上述整个过程的时间不过 2~4 s，各步骤的节奏控制，顺序的准确掌握，动作的熟练协调，都是要通过大量实践并用心体会才能解决的问题。对于初学者练习焊接，可以在五步骤操作法中用数秒的办法控制时间：电烙铁接触焊点后数一、二（约 2 s），送入焊丝后数三、四，移开电烙铁，焊丝熔化量要靠观察决定。此办法可以参考，但由于电烙铁功率、焊点热容量的差别等因素，实际掌握焊接火候并无定章可循，必须具体条件具体对待。

2. 焊接温度与加热时间

企业有定期（每天或间隔 3 h）电烙铁校温制度。小功率电烙铁或尖细的烙铁头加热较大的焊件时，无论烙铁头停留多长时间，焊件的温度也升不上去，这是因为较大的焊件能很快把热量传递到其他部位或散发到空气中。假如电烙铁的供热量小于焊件和电烙铁散失的热量，加热温度还不能使焊锡熔化，焊接就无从谈起。此外，为了防止内部过热损坏，有些元器件也不允许长时间加热。

如果加热时间不足，会使焊料不能充分浸润焊件，形成松香夹渣虚焊。反之，过量的加热，除了有可能造成元器件损坏以外，还有如下危害和外部特征。

① 焊点的外观变差。如果焊锡已经浸润焊件以后还继续过量加热，将使助焊剂全部挥发，造成液态焊锡过热，降低浸润性能；当电烙铁离开时容易拉出锡尖，同时焊点表面发白，出现粗糙颗粒，失去光泽。

② 高温造成松香助焊剂分解炭化。松香一般在 210 ℃ 时开始分解，高温不仅让助焊剂失去作用，而且在焊点内形成炭渣，出现夹渣缺陷。如果在焊接过程中发现松香发黑，肯定是加热时间过长所致。

③ 过量受热会破坏印制板上铜箔的黏合层，导致铜箔焊盘剥落。因此，在适当的加热时间里，准确掌握加热火候是优质焊接的关键。

3. 手工焊接要领

在保证得到优质焊点的目标下，具体的焊接操作手法可以有所不同。下面这些方法，是前人经验的总结，对初学者具有一定的指导作用。

（1）保持烙铁头的清洁

焊接时，烙铁头长期处于高温状态，又接触焊剂等弱酸性物质，其表面很容易氧化并沾上一层黑色杂质。这些杂质形成隔热层，妨碍了烙铁头与焊件之间的热传导。因此，要注意烙铁头的清洁，随时用烙铁架上润湿的木质纤维树脂海绵蹭去烙铁头上的杂质。

（2）靠增加接触面积来加快传热

加热时，应该让焊件上需要焊锡浸润的各部分均匀受热，不能仅仅加热焊件的一部分，更不要通过烙铁对焊件增加压力，以免造成损坏或不易觉察的隐患。有些初学者企图加快焊接，用烙铁头对焊接面施加压力，这是不对的。正确的方法是要根据焊件的形状选用不同的烙铁头，或者自己修整烙铁头，让烙铁头与焊件形成面的接触而不是点或线的接触，这样就能大大提高效率。在图3.23（b）的基础上，对电烙铁接触焊接面的位置做进一步分析如图3.24所示。

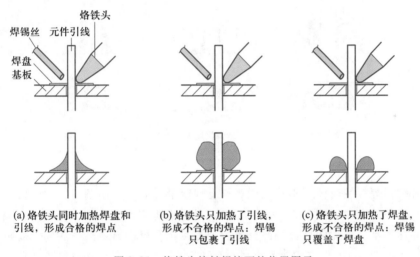

图3.24　烙铁头接触焊接面的位置图示

（3）加热要靠焊锡桥

在非流水线作业中，焊接的焊点形状是多种多样的，不大可能不断更换烙铁头。要提高加热的效率，需要有传递热量的"焊锡桥"。所谓焊锡桥，就是在烙铁头上保留着少量焊锡，作为加热时烙铁头与焊件之间传热的桥梁。由于熔化后的金属导热效率远远高于空气，使焊件很快就能被加热到焊接温度。应该注意，作为焊锡桥的锡量不可保留过多，不仅因为长时间存留在烙铁头上的焊料处于过热状态，已经降低了质量，还可能造成焊点之间误连短路。

（4）电烙铁撤离有讲究

电烙铁的撤离要及时，而且撤离时的角度和方向与焊点的形成有关。图3.25所示为电烙铁不同的撤离方向对焊点锡量的影响。

（5）在焊锡凝固之前不能动

焊接手法要稳，切勿使焊件移动或受到振动，特别是在使用镊子夹住焊件帮助焊接时，一定要等焊锡凝固后再移走镊子，否则极易造成焊点结构疏松或虚焊。

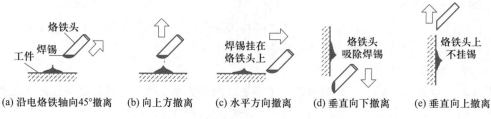

(a) 沿电烙铁轴向45°撤离　(b) 向上方撤离　(c) 水平方向撤离　(d) 垂直向下撤离　(e) 垂直向上撤离

图 3.25　电烙铁撤离方向和焊点锡量的关系

（6）焊锡用量要适中

手工焊接常使用的管状焊锡丝，内部已经装有由松香和活化剂制成的助焊剂。焊锡丝的直径有多种规格，要根据焊点的大小选用。一般，焊锡丝的直径应该小于焊盘的直径。

如图 3.26 所示，过量的焊锡不但无必要地消耗了焊锡，而且还增加焊接时间，降低工作速度。更为严重的是，过量的焊锡很容易造成不易觉察的短路故障。焊锡过少，也不能形成牢固的结合，同样是不利的。特别是在焊接印制板引出导线时，焊锡用量不足，极容易造成导线脱落。

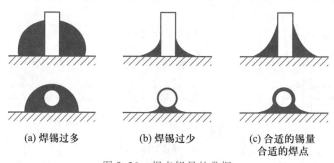

(a) 焊锡过多　　　　(b) 焊锡过少　　　　(c) 合适的锡量
　　　　　　　　　　　　　　　　　　　　合适的焊点

图 3.26　焊点锡量的掌握

在初学者练习焊接的时候，很难把握焊点上焊锡量。如果焊锡偏少，就要再补焊一次。如果焊锡偏多，修整的方法如图 3.27 所示：图（a）的焊点焊锡量多，但未流到元件面，把烙铁头靠到焊点上并向外刮，熔化的焊锡一部分浸润到金属化孔里，另一部分沾到烙铁头上，焊点表面就会明显变小；图（b）的焊点焊锡量多并已经流到元件面，要把板子翻转过来，烙铁头向斜上方靠到焊点上并向下刮，元件面的焊锡熔化后，会随着金属化孔流回焊接面，和焊盘上多余的焊锡一起沿着烙铁头流走。

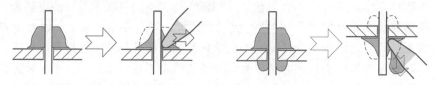

(a) 焊点焊锡多(但未流到元件面)的修整　　　(b) 焊点焊锡多(已流到元件面)的修整

图 3.27　初学者调整焊点锡量图示

（7）焊剂用量要适中

在手工焊接时，尽量依靠锡丝内含的助焊剂完成焊接动作，在保证焊接效果的前提下尽量不额外使用其他助焊剂。

适量的助焊剂有利于焊接。但过量使用松香焊剂或其他助焊剂，不仅延长了加热时间，降低了工作效率，而且焊接以后必须擦除多余的焊剂（其他助焊剂过量时，应该使用具有化学兼容性的清洁剂清洗）。假如加热时间不足，又容易形成"夹渣"的缺陷。

　　焊接开关、接插件的时候，过量的焊剂容易流到触点上，会造成接触不良。目前，印制板生产厂在电路板出厂前大多进行过松香水喷涂处理，焊接时无须另加助焊剂。

　　（8）不要使用烙铁头作为运送焊锡的工具

　　有人习惯用烙铁头熔化焊锡后运送到焊接面上进行焊接，但这样做效果不好。因为烙铁尖的温度一般都在 350 ℃以上，焊锡丝中的助焊剂在高温时容易分解失效，焊锡过热氧化，也处于低质量状态。

3.5.3　手工焊接技巧

1. 有机注塑元件的焊接

　　在焊接时，如果不注意控制加热时间，极容易造成有机材料的热变形，导致元器件失效或降低性能，造成隐患。图 3.28 是钮子开关结构示意图以及由于焊接技术不当造成失效的例子，图中所示的失效原因为：

视频
手工焊接的
工作环境

视频
焊点的可接
受性和异常

　　① 图 3.28（a）为施焊时侧向加力，使接线片 1 变形，导致开关不能连通。

　　② 图 3.28（b）为焊接时垂直施力，使接线片 2 垂直位移，导致开关闭合时接线片 1 不能导通。

　　③ 图 3.28（c）为焊接时加助焊剂过多，沿接线片 1 浸润到接点上，导致接点绝缘或接触电阻过大。

　　④ 图 3.28（d）为镀锡时间过长，使开关下部塑壳软化，接线片因自重移位，导致簧片无法接通。

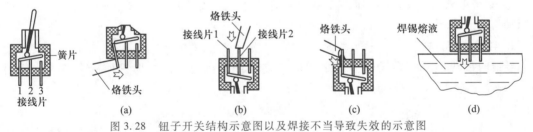

图 3.28　钮子开关结构示意图以及焊接不当导致失效的示意图

　　正确的焊接方法应当是：

　　① 焊前处理，在元件预处理时清理好焊接点，一次镀锡成功，特别是将元件放在锡锅中浸镀时，更要掌握好浸入深度及时间。

　　② 焊接时，要选择尖一些的烙铁头，以便在焊接时不碰到相邻接点。

　　③ 非必要时，尽量不使用或少使用助焊剂，防止助焊剂浸入机电元件的触点。

　　④ 烙铁头在任何方向上都不要对接线片施加压力，避免接线片变形。

　　⑤ 在保证润湿的情况下，焊接时间越短越好。实际操作中，在焊件可焊性良好的时候，只需要用沾锡的烙铁头轻轻一点即可。焊接后，不要在塑料壳冷却前对焊点进行牢固性试验。

2. 焊接簧片类元件的要领

　　这类元件如继电器、波段开关等，其特点是在制造时给接触簧片施加预应力，使之产生适当弹力，保证电接触的性能。安装焊接过程中，不能对簧片施加过大的外力和热量，以免破坏接触点的弹力，造成元件失效。所以，簧片类元件的焊接要领如下：

① 可焊性预处理。

② 加热时间要短。

③ 不要对焊点任何方向加力。

④ 焊锡用量宜少而不宜多。

3. 场效应器件与集成电路的焊接

场效应管，特别是绝缘栅型场效应器件，由于输入阻抗很高，如果不按规定采取防静电措施，操作过程很可能使内部电路击穿而失效。双极型集成电路不像 MOS 集成电路那样娇气，但由于内部集成度高，通常管子的隔离层都很薄，一旦过热也容易损坏。一般，无论哪种电路管芯都不要承受高于 200 ℃ 的温度，焊接时必须非常小心。

焊接这类器件时应该注意：

① 引线如果采用镀金处理或已经镀锡的，可以直接焊接。不要用刀刮引线，只需要用酒精擦洗就可以了。

② 焊接 CMOS 电路，应当对电烙铁采取防静电措施。如果事先已将芯片的各引线短路，焊接前不要拿掉短路线。

③ 在保证浸润的前提下，尽可能缩短焊接时间，一般不要超过 2 s。

④ 注意保证电烙铁良好接地。必要时，还要采取人体接地的措施(佩戴防静电腕带、穿防静电工作鞋)。

⑤ 使用低熔点的焊料，熔点一般不要高于 183 ℃。

⑥ 工作台面铺上防静电胶垫。如果铺有其他橡胶、塑料等易于积累静电的材料，则器件及印制板等不宜放在台面上，以免静电损伤。

⑦ 集成电路若不使用插座而是直接焊到印制板上，安全焊接的顺序是：地端→输出端→电源端→输入端。

4. 导线连接方式

导线同接线端子、导线同导线之间的连接有绕焊、钩焊、搭焊三种基本形式，分别如图 3.29(a)、(b)、(c)所示。

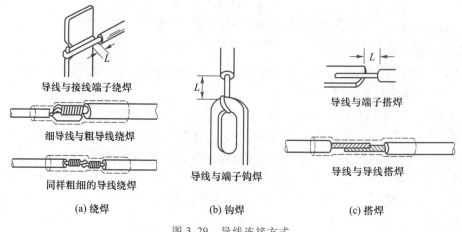

导线与接线端子绕焊

细导线与粗导线绕焊

同样粗细的导线绕焊

(a) 绕焊

导线与端子钩焊

(b) 钩焊

导线与端子搭焊

导线与导线搭焊

(c) 搭焊

图 3.29　导线连接方式

3.5.4　手工焊接 SMT 元器件

1. 手工焊接 SMT 元器件的要求与条件

在生产企业里，焊接 SMT 元器件主要依靠自动焊接设备，但在维修电子产品或者研究单位制作样机的时候，检测、焊接 SMT 元器件都可能需要手工操作。

在高密度的电路板上，越来越多使用了微型贴片元器件，如 BGA、CSP、倒装芯片等，完全依靠手工难以完成焊接，有时必须借助半自动的维修设备和工具。

（1）手工焊接 SMT 元器件的要求

手工焊接 SMT 元器件，与焊接 THT 元器件有几点不同：

① 焊接材料。焊锡丝更细，一般要使用直径 0.5~0.8 mm 的活性焊锡丝，也可以使用膏状焊料（焊锡膏）；但要使用腐蚀性小、无残渣的免清洗助焊剂。

② 工具设备。使用更小巧的专用镊子，最好使用恒温电烙铁，烙铁头是尖细的锥状；若使用普通电烙铁，烙铁的金属外壳应该接地，防止感应电压损坏元器件。如果提高要求，最好备有热风工作台、SMT 维修工作站和专用工装。

SMC、SMD 元器件对温度比较敏感，焊接时间不能太长，一般不超过 4 s，焊锡熔化即抬起烙铁头。由于片状元器件的体积小，其焊接面与烙铁头接触的面积更小。焊接时更要注意：

● 焊接前要将烙铁尖擦拭干净。焊接过程中烙铁头不要碰到其他元器件。

● 对被焊件镀锡时，先将烙铁尖接触待镀锡处 1 s，然后再放焊料，焊锡熔化后立即撤回电烙铁。

● 焊接完毕后，要用带照明的 2~5 倍放大镜，仔细检查焊点是否牢固、有无虚焊现象。

③ 要求操作者熟练掌握 SMT 的检测、焊接技能，积累一定工作经验。

④ 要遵循严格的操作规程。

（2）电烙铁的焊接温度设定

焊接时，对电烙铁的温度设定非常重要。最适合的焊接温度，是让焊点上的焊锡温度比焊锡的熔点高 50 ℃左右。

2. 用电烙铁焊接 SMT 元器件

焊接时要注意随时擦拭烙铁尖，保持烙铁头洁净；焊接时间要短，一般不要超过 2 s，看到焊锡开始熔化就立即抬起烙铁头；焊接过程中烙铁头不要碰到其他元器件；焊接完成后，要用带照明灯的 2~5 倍放大镜，仔细检查焊点是否牢固、有无虚焊现象；假如焊件需要镀锡，先将烙铁尖接触待镀锡处约 1 s，然后再放焊料，焊锡熔化后立即撤回烙铁。

（1）SMT 元器件的焊接手法

参见图 3.30，焊接电阻、电容、二极管一类 SMT 两端元器件时，先在一个焊盘上镀锡后，电烙铁不要离开焊盘，保持焊锡处于熔融状态，立即用镊子夹着元器件推放到焊盘上，先焊好一个焊端，再焊接另一个焊端。

安装钽电解电容器时，要先焊接正极，后焊接负极，以免电容器损坏。

（2）QFP 芯片的焊接手法

如图 3.31 所示，焊接 QFP 封装的集成电路，先把芯片放在预定的位置上，用少量焊锡焊住芯片角上的 3 个引脚[图 3.31（a）]，使芯片被准确地固定，然后给其他引脚均匀涂上助焊

剂，逐个焊牢［图 3.31（b）］。焊接时，如果引脚之间发生焊锡粘连现象，可按照如图 3.31（c）
所示的方法清除粘连：在粘连处涂抹少许助焊剂，用烙铁尖轻轻沿引脚向外刮抹。

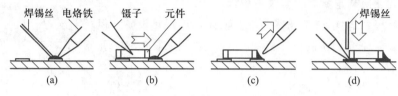

图 3.30   手工焊接 SMT 两端元件

有经验的技术工人会采用"拖焊"方法——沿着 QFP 芯片的引脚，把烙铁头快速向后拖
能得到很好的焊接效果，如图 3.31（d）所示。

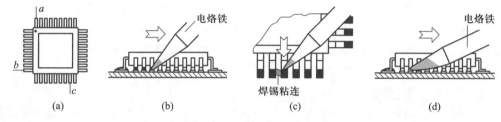

图 3.31   焊接 QFP 芯片的手法

焊接 SOT 晶体管或 SO、SOL 封装的集成电路与此相似，先焊住两个对角，然后给其他引
脚均匀涂上助焊剂，逐个焊牢。

如果使用含松香芯或助焊剂的焊锡丝，亦可一手持电烙铁另一手持焊锡丝，烙铁与锡丝尖
端同时对准欲焊接器件引脚，在锡丝被融化的同时将引脚焊牢，焊前可不必涂助焊剂。

（3）SMT 的理想焊点

焊接 SMT 元器件，无论采用哪种焊接方法，都希望得到如图 3.32 所示的理想焊点形状。
其中，图（a）是无引线 SMD 元件的焊点，焊点主要产生在电极外侧的焊盘上；图（b）是翼形电
极引线器件 SO/SOL/QFP 的焊点，焊点主要产生在电极引线内侧的焊盘上；图（c）是 J 形电极
引线器件 PLCC 的焊点，焊点主要产生在电极引线外侧的焊盘上。良好的焊点非常光亮，其轮
廓应该是微凹的漫坡形。

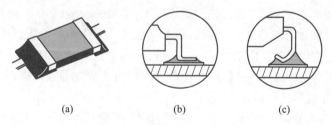

图 3.32   理想的 SMT 焊点形状

3.5.5   手工拆焊技巧

在调试、维修电子设备的工作中，经常需要更换一些元器件。更换元器件的前提，当然是
要把原先的元器件拆焊下来。这项操作称作拆焊，也称作"解焊"。如果拆焊的方法不当，就
会破坏印制电路板，也会使拆解下来经测量并没有失效的元器件无法重新使用。

在单面印制电路板上拆焊 THT 元器件比较容易，方法是一边用电烙铁加热元器件的焊点至焊料充分熔化，同时用镊子或尖嘴钳夹住元器件的引线，轻轻地拉出来。双面或多层印制电路板，因为板上的金属化插孔内和元件面的部分焊盘上都有焊锡，如果加热不足，孔内和元件面焊盘上的焊锡不能充分熔化，强行拉元器件的引线，很可能拉断孔的金属内壁，使印制电路板受到致命的损伤。

重新焊接时，必须保证拆掉元器件的焊孔是通的，才能把新的元器件引线插进去进行焊接。假如在拆焊时焊孔被锡堵住，就要在电烙铁加热熔化焊锡的情况下，用锥子或针头再次穿通焊孔。需要指出的是，这种方法不宜在一个焊点上多次使用，原因在于，印制导线和焊盘经过反复加热、拆焊、补焊以后很容易脱落，印制电路板将被损坏。在可能需要多次更换元器件的情况下，可以采用图 3.33（a）所示的断线法。

视频

手工拆焊

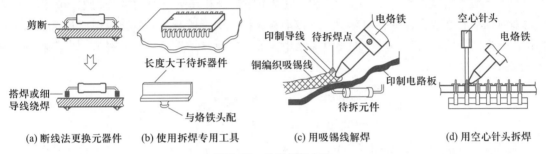

（a）断线法更换元器件　　（b）使用拆焊专用工具　　（c）用吸锡线解焊　　（d）用空心针头拆焊

图 3.33　常用拆焊方法

1. THT 器件常用拆焊方法简介

当需要拆下有多个焊点且引线较硬的元器件时，只用电烙铁就很困难了。例如，拆卸多个引脚的集成电路或像收音机里的中频变压器这类元器件时，一般有以下三种方法：

（1）采用专用工具

采用如图 3.33（b）所示的拆焊专用烙铁头等工具，可将所有焊点同时加热熔化后取出插孔内的引线。对于不同的元器件，需要不同种类的专用工具，有时并不是很方便。

（2）采用吸锡泵、吸锡烙铁或吸锡器

吸锡电烙铁对于拆焊元器件是很有用的，既可以拆下待换的元器件，又能使焊孔不堵塞，并且不受元器件种类的限制。但它必须逐个焊点除锡，效率不高，而且应该及时清除吸入的锡渣。在拆焊金属化孔时，应该使用吸锡泵或吸锡电烙铁，它们的热容量大，吸锡的空气压力也比较强，能够让孔内的焊锡完全熔化并被吸出来。

（3）用吸锡材料

可以使用屏蔽线编织层、细铜网以及多股铜导线等。将吸锡材料浸上松香水贴到待焊点上，用烙铁头加热吸锡材料，通过吸锡材料将热传到焊点上熔化焊锡。由于毛细作用，熔化的焊锡沿着吸锡材料上升，焊点上的焊锡被吸锡材料吸附走后，焊点被拆开，如图 3.33（c）所示。如焊点上的焊料一次没有被吸完，则可反复进行，直至焊料被吸完。

有一种专用的吸锡铜网线俗称吸锡线，是一种用细铜丝编织成的扁网状编带，如图 3.34 所示。把吸锡线用电烙

图 3.34　吸锡铜网线

铁压到电路板的焊盘上，由于毛细作用，熔化的焊锡会被吸锡线吸走。在维修 SMT 电路板时，常用这种方法清理焊盘。

（4）用空芯针头拆焊

将医用针头用钢锉锉平，作为拆焊的工具：一边用电烙铁熔化焊点，一边把针头套在被焊的元器件引线上，直至焊点熔化后，将针头迅速插入印制电路板的孔内，使元器件的引线与印制电路板的焊盘脱开，如图 3.33（d）所示。

2. 维修 SMT 电路板的半自动设备

在维修 SMT 电路板时，常用的半自动设备有真空吸锡枪、热风工作台等。

（1）真空吸锡枪

真空吸锡枪主要由吸锡枪和真空泵两大部分构成。吸锡枪的前端是中间空心的烙铁头，带有加热功能。按动吸锡枪手柄上的开关，真空泵即通过烙铁头中间的孔，把熔化了的焊锡吸到后面的锡渣储罐中。取下锡渣储罐，可以清除锡渣。真空吸锡枪的吸锡效果好，使用方便，但价格较高。真空吸锡枪如图 3.35 所示。

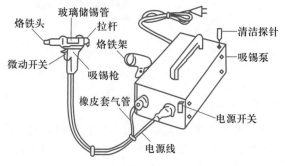

图 3.35　真空吸锡枪

（2）热风工作台

热风工作台是一种用热风作为加热源的半自动设备，主要是用来从电路板上拆焊插装式和贴片式元器件，有经验的技术工人也可以用来焊接 SMT 元器件。热风工作台如图 3.36 所示。

热风工作台的热风筒内装有电热丝，软管连接热风筒和热风工作台内置的吹风电动机。

图 3.36　热风工作台

按下热风工作台前面板上的电源开关(开关"ON"),电热丝和吹风电动机同时开始工作,电热丝被加热,吹风电动机压缩空气,通过软管从热风筒前端吹出来,电热丝达到足够的温度后,就可以用热风进行焊接或拆焊;断开电源开关(开关"OFF"),电热丝停止加热,但吹风电动机还要继续工作一段时间,直到热风筒的温度降低以后才自动停止。

热风工作台的前面板上,除了电源开关(POWER),还有"加热温度(HEATER)"和"吹风强度(AIR CAPACITY)"两个旋钮,分别用来调整、控制电热丝的温度和吹风电动机的送风量。两个旋钮的刻度都是从1到8,分别指示热风的温度和吹风强度。一般在使用热风工作台焊接SMT电路板的时候,应该把"加热温度"旋钮置于刻度"4"左右,"吹风强度"旋钮置于刻度"3"左右。

有些焊台的前面板上还有显示温度的数码管,指示当前的热风温度;旁边一个红色指示灯闪烁时,表示"正在加热",当它稳定地点亮时,表示"保温在显示温度"。热风工作台的热风喷筒的前端,可以根据焊接对象的形式和大小装配各种专用的热风嘴,用于拆卸不同尺寸、不同封装方式的芯片。

3. 用电烙铁拆焊SMT元器件

只要焊接技艺纯熟,用一般电烙铁也能拆焊电阻、电容等两端元件或二极管、晶体管等引脚少的SMT元器件。如图3.37所示,要点是动作快,手法稳定,当电烙铁把元器件引脚上的焊锡充分熔化的时候,用镊子把元件夹起来,或者两把烙铁一起把元器件"抬"起来。初学者需要特别注意:这样的方法很容易损坏印制板上的焊盘或导线!并且,这样拆解下来的元器件一般已经受到损伤,不要再焊回到板上去。

 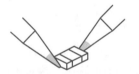 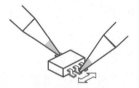

(a) 用电烙铁和镊子解焊元件 (b) 用两把电烙铁解焊元件 (c) 用两把电烙铁解焊晶体管

图3.37 用电烙铁拆焊SMT元器件

4. 用加热头拆焊SMT元器件

采用长条加热头可以拆焊翼形引脚的SO、SOL封装的集成电路,操作方法如图3.38(a)所示:将加热头放在集成电路的一排引脚上,按图中箭头方向来回移动加热头,以便将整排引脚上的焊锡全部熔化。用长条加热头拆卸下来的集成电路,即使电气性能没有损坏,一般也不再重复使用,这是因为芯片引脚的变形比较大,把它们恢复到电路板上去的焊接质量不能保证。

S形、L形加热头配合相应的固定基座,可以用来拆焊SOT晶体管和SO、SOL封装的集成电路。头部较窄的S形加热片用于拆卸晶体管,头部较宽的L形加热片用于拆卸集成电路。使用时,选择两片合适的S形或L形加热片用螺钉固定在基座上,然后把基座接到电烙铁发热芯的前端。先在加热头的两个内侧面和顶部加上焊锡,再把加热头放在器件的引脚上面,约3~5 s后,焊锡熔化,然后用镊子轻轻将器件夹起来,如图3.38(b)、(c)所示。

使用专用加热头拆卸QFP集成电路,根据芯片的大小和引脚数目选择不同规格的加热头,将电烙铁头的前端插入加热头的固定孔。把加热头靠在集成电路的引脚上,约3~5 s后,在镊子的配合下,把集成电路轻轻拾起来,如图3.38(d)所示。

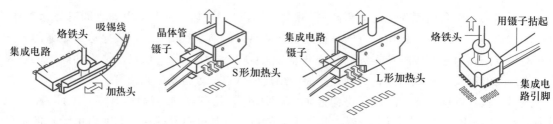

(a) 用长条加热头拆焊　　(b) 用S形加热头拆焊晶体管　　(c) 用L形加热头拆焊　　(d) 用专用加热头拆焊
SO集成电路　　　　　　　　　　　　　　　　　　　　SO集成电路　　　　　　QFP集成电路

图 3.38　用加热头拆焊元器件

5. 用热风工作台焊接或拆焊 SMT 元器件

近年来，越来越多地采用高精度微型元器件，如
BAG、倒装芯片等，直接使用手工返修几乎无法满足要
求，因此必须借助半自动化或全自动化返修设备。

热风工作台的热风筒上可以装配各种专用的热风
嘴，用于拆卸不同尺寸、不同封装方式的芯片。图 3.39
是用热风工作台拆焊集成电路的示意图，其中，图(a)
是拆焊 PLCC 封装芯片的热风嘴，图(b)是拆焊 QFP 封
装芯片的热风嘴，图(c)是拆焊 SO、SOL 封装芯片的热
风嘴，图(d)是一种针管状的热风嘴。针管状的热风嘴
使用比较灵活，不仅可以用来拆焊两端元件，有经验的
操作者也可以用它来拆焊其他多种集成电路。

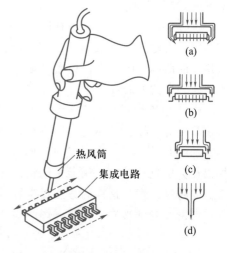

图 3.39　用热风工作台拆焊 SMT 元器件

必须特别注意：全部引脚的焊点都已经被热风充分
熔化以后，才能用镊子拾取元器件，以免印制板上的焊盘或线条受力脱落。在图 3.39 中，用
针管状的热风嘴拆焊集成电路的时候，箭头描述了热风嘴沿着芯片周边迅速移动、同时加热全
部引脚的焊点。

使用热风工作台要注意以下几点：

① 热风喷嘴应距欲焊接或拆除的焊点 1 ~ 2 mm，不能直接接触元器件引脚，亦不要过远，
并保持稳定。

② 焊接或拆除元器件一次不要连续吹热风超过 20 s，同一位置使用热风不要超过 3 次。

③ 针对不同的焊接或拆除对象，可参照设备生产厂家提供的温度曲线，通过反复试验，
优选出适宜的温度与风量设置。

3.6 ▶ 焊点质量检验及焊接缺陷分析

对焊点的质量要求，应该包括电气接触良好、机械结合牢固和美观三个方面。保证焊点质
量最重要的一点，就是必须避免虚焊。

3.6.1　虚焊产生的原因及其危害

所谓虚焊点，是指那些看起来似乎焊好了，但实际上没有焊接牢固的焊点。虚焊主要是由

待焊金属表面的氧化物和污垢造成的，它使焊点成为有接触电阻的连接状态，导致电路工作不正常，出现时好时坏的不稳定现象，噪声增加而没有规律性，给电路的调试、使用和维护带来重大的隐患。

此外，也有一部分虚焊点在电路开始工作的一段较长时间内，保持接触尚好，因此不容易发现。但在温度、湿度和振动等环境条件的作用下，接触表面逐步被氧化，接触慢慢地变得不完全起来。

虚焊点的接触电阻会引起局部发热，局部温度升高又促使不完全接触的焊点情况进一步恶化，最终使焊点脱落，电路完全不能正常工作。这一过程有时可长达一两年，其原理可以用"原电池"的概念来解释：当焊点受潮使水汽渗入间隙后，水分子溶解金属氧化物和污垢形成电解液，虚焊点两侧的铜和铅锡焊料相当于原电池的两个电极，铅锡焊料失去电子被氧化，铜材获得电子被还原。在这样的原电池结构中，虚焊点内发生金属损耗性腐蚀，局部温度升高加剧了化学反应，机械振动让其中的间隙不断扩大，直到恶性循环使虚焊点最终形成断路。

据统计数字表明，在电子整机产品的故障中，有将近一半是由于焊接不良引起的。一般来说，造成虚焊的主要原因是：焊锡质量差；助焊剂的还原性不良或用量不够；焊接点表面未预先清洁好，镀锡不牢；烙铁头的温度过高或过低，表面有氧化层；焊接时间掌握不好，太长或太短；焊接中焊锡尚未凝固时，焊接元件松动。

3.6.2 焊点的质量要求

（1）可靠的电气连接

焊接是电子线路从物理上实现电气连接的主要手段。锡焊连接不是靠压力，而是靠焊接过程形成的牢固连接的 Cu_6-Sn_5 合金层达到电气连接的目的。如果焊锡仅仅是堆在焊件的表面或只有少部分形成合金层，也许在最初的测试和工作中不会发现焊点存在问题，但随着条件的改变和时间的推移，接触层氧化，脱离出现了，电路时通时断或者干脆不工作，而这时观察焊点外表，依然连接如初。这是电子产品使用中最头疼的问题，也是制造过程中必须十分重视的关键。

（2）足够的机械强度

焊接不仅起到电气连接的作用，同时也是固定元器件，保证机械连接的手段。这就有个机械强度的问题。作为锡焊材料的铅锡合金，本身强度是比较低的，常用铅锡焊料抗拉强度约为 3～4.7 kgf/cm，只有普通钢材的 10%。要想增加强度，就要有足够的连接面积。如果是虚焊点，焊料仅仅堆在焊盘上，自然就谈不上强度了。另外，利用折弯元器件焊脚，实行钩接、绞合、网绕后再焊，也是增加机械强度的有效措施。

常见的缺陷是焊锡未流满焊点或焊锡量过少而造成强度较低；还可能因为焊接过程中，焊接温度过低或焊接时间太短，焊料尚未凝固就使焊件震动而引起的焊点结晶粗大（像豆腐渣状）或有裂纹。

（3）光洁整齐的外观

良好的焊点要求焊料用量恰到好处，表面圆润，有金属光泽。外表是焊接质量的反映，注意：焊点表面有金属光泽不仅是美观的要求，也是焊接温度合适、生成合金层的重要标志。

3.6.3　典型焊点的形成及其外观

在单面和双面(多层)印制电路板上，焊点的形成是有区别的：如图 3.40(a)所示，在单面板上，焊点仅形成在焊接面的焊盘上方；但在双面板或多层板上，熔融的焊料不仅浸润焊盘上方，还会渗透到金属化孔内，焊点形成的区域包括焊接面的焊盘上方、金属化孔内和元件面上的部分焊盘。

无论采用设备焊接还是手工焊接双面印制电路板，焊料都可能通过金属化孔流向元件面：在手工焊接的时候，双面板的焊接面朝上，熔融的焊料浸润焊盘后，焊料会由于重力的作用沿着金属化孔流向元件面；采用波峰焊的时候，双面板的焊接面朝下，喷涌的波峰压力和插线孔的毛细作用也会使焊料流向元件面。焊料凝固后，孔内和元件面焊盘上的焊料有助于提高电气连接性能和机械强度。所以，设计双面印制板的焊盘，直径可以小一些，从而提高了双面板的布线密度和装配密度。不过，流到元件面的焊锡不能太多，以免在元件面上造成短路。

参见图 3.40(b)，从外表直观看典型焊点，对它的要求是：

① 形状为近似圆锥而表面稍微凹陷，呈漫坡状，以焊接导线为中心，对称成裙形展开。虚焊点的表面往往向外凸出，可以鉴别出来，如图 3.40(c)所示。

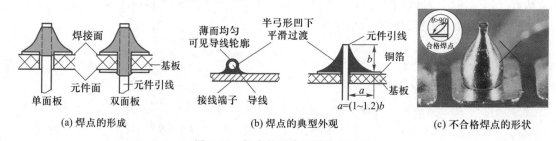

| (a) 焊点的形成 | (b) 焊点的典型外观 | (c) 不合格焊点的形状 |

图 3.40　焊点的形成及其典型外观

② 焊点上，焊料的连接面呈凹形自然过渡，焊锡和焊件的交界处平滑，接触角尽可能小。

③ 表面平滑，有金属光泽。

④ 无裂纹、针孔、夹渣。

焊点的外观检查，除用目测(或借助放大镜，显微镜观测)焊点是否合乎上述标准以外，还包括从以下几个方面对整块印制电路板进行焊接质量的检查：

① 漏焊。

② 焊料拉尖。

③ 焊料过多引起焊点间短路(即所谓"桥接")。

④ 导线及元器件绝缘的损伤。

⑤ 焊料飞溅。

检查时，还要用指触、镊子拨动、拉线等办法检查有无导线断线、焊盘剥离等缺陷。

对于双面印制电路板，焊接合格的判断依据为：通孔内被焊料填充 100%，焊接面的焊盘被焊锡覆盖 100%，元件面的焊盘被焊锡覆盖的角度大于 270°，被焊锡覆盖的面积大于 3/4。图 3.41 中，图(a)是判断通孔内焊料填充的照片，图(b)是从电路板元件面判断合格焊点的照片。

(a) 从孔内焊锡量判断焊点质量　　　　(b) 从元件面焊盘焊锡覆盖与润湿判定焊点质量

图 3.41　从通孔和元件面判定焊点质量

3.6.4　通电检查焊接质量

在对焊点进行外观检查以后认为连线无误,才可通电检查焊接质量,这是检验电路性能的关键。如果不经过严格的外观检查,板上存在明显的短路或虚焊,不仅无法通电检查,而且可能损坏设备仪器,造成安全事故。例如电源线虚焊,通电时就会发现设备加不上电,当然无法检查。

通电检查可以发现许多微小的缺陷,例如用目测观察不到的电路桥接,但对于内部虚焊的隐患就不容易觉察。所以根本的问题还是要提高焊接操作的技艺水平,不能把问题留给检验工作去完成。

通电检查焊接质量的结果及原因分析见表 3.9。

表 3.9　通电检查焊接质量的结果及原因分析

通电检查结果		原因分析
元器件损坏	失效	过热损坏、烙铁漏电
	性能降低	烙铁漏电
导通不良	短路	桥接、焊料飞溅
	断路	焊锡开裂、松香夹渣、虚焊、插座接触不良等
	时通时断	导线断丝、焊盘剥落等

3.6.5　常见焊点缺陷及其分析

造成焊接缺陷的原因很多,在材料(焊料与焊剂)和工具(烙铁、工装、夹具)一定的情况下,采用什么样的操作方法、操作者是否有责任心,就是决定性的因素了。

1. 印制板上焊点缺陷及其分析

表 3.10 列出了印制电路板上各种焊点缺陷的外观、特点及危害,并分析了产生的原因,供检查焊点时参考。

表 3.10　印制电路板上各种焊点缺陷及分析

焊点缺陷	外观特点	危害	原因分析
虚焊	焊锡与元器件引线和铜箔之间有明显黑色界限,焊锡向界限凹陷	不能正常工作	(1) 元器件引线未清洁好、未镀好锡或锡氧化 (2) 印制电路板未清洁好,喷涂的助焊剂质量不好

焊点缺陷	外观特点	危害	原因分析
焊料堆积	焊点呈白色、无光泽，结构松散	机械强度不足，可能虚焊	(1) 焊料质量不好 (2) 焊接温度不够 (3) 焊接未凝固前元器件引线松动
焊料过多	焊点表面向外凸出	浪费焊料，可能包藏缺陷	焊丝撤离过迟
焊料过少	焊点面积小于焊盘的80%，焊料未形成平滑的过渡面	机械强度不足	(1) 焊锡流动性差或焊锡撤离过早 (2) 助焊剂不足 (3) 焊接时间太短
松香焊	焊缝中夹有松香渣	机械强度不足，导通不良，可能时通时断	(1) 助焊剂过多或已失效 (2) 焊接时间不够，加热不足 (3) 焊件表面有氧化膜
过热	焊点发白，表面较粗糙，无金属光泽	焊盘强度降低，容易剥落	电烙铁功率过大，加热时间过长
冷焊	表面呈豆腐渣状颗粒，可能有裂纹	机械强度低，导电性能不好	焊料未凝固前焊件抖动
浸润不良	焊料与焊件交界面接触过大，不平滑	机械强度低，不通或时通时断	(1) 焊件未清理干净 (2) 助焊剂不足或质量差 (3) 焊件未充分加热
不对称	焊锡未流满焊盘	机械强度不足	(1) 焊料流动性差 (2) 助焊剂不足或质量差 (3) 加热不足
松动	导线或元器件引线移动	不导通或导通不良	(1) 焊锡未凝固前引线移动造成间隙 (2) 引线未处理好（不浸润或浸润差）

续表

焊点缺陷	外观特点	危害	原因分析
拉尖	焊点出现尖端	外观不佳，容易造成桥接短路	（1）助焊剂过少而加热时间过长 （2）电烙铁撤离角度不当
桥接	相邻导线连接	电气短路	（1）焊锡过多 （2）电烙铁撤离角度不当
针孔	目测或低倍放大镜可见焊点有孔	机械强度不足，焊点容易腐蚀	引线与焊盘孔的间隙过大
气泡	引线根部有喷火式焊料隆起，内部藏有空洞	暂时导通，但长时间容易引起导通不良	（1）引线与焊盘孔间隙大 （2）引线浸润性不良 （3）双面板堵通孔焊接时间长，孔内空气膨胀
铜箔翘起	铜箔从印制板上剥离	印制电路板已被损坏	焊接时间太长，温度过高
剥离	焊点从铜箔上剥落（不是铜箔与印制板剥离）	断路	焊盘上金属镀层不良

2. 在接线端子上焊接导线的缺陷

在接线端子上焊接导线时常见的缺陷如图 3.42 所示。

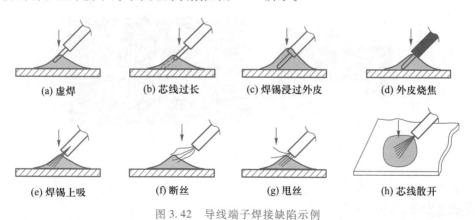

| (a) 虚焊 | (b) 芯线过长 | (c) 焊锡浸过外皮 | (d) 外皮烧焦 |
| (e) 焊锡上吸 | (f) 断丝 | (g) 甩丝 | (h) 芯线散开 |

图 3.42 导线端子焊接缺陷示例

3. SMT 焊点检验与缺陷分析

SMT 焊点检验的参数如图 3.43 所示。

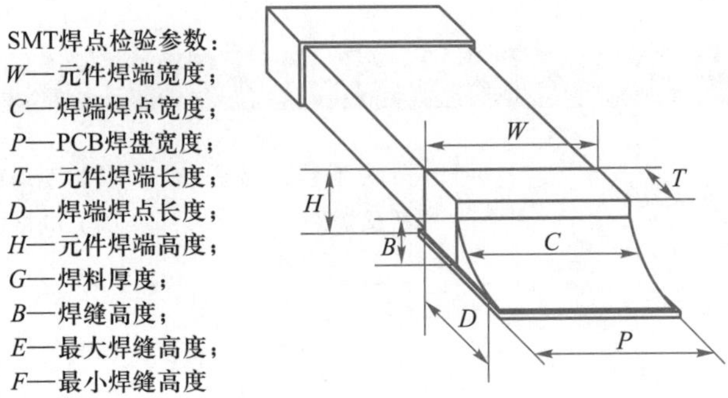

SMT焊点检验参数：
W—元件焊端宽度；
C—焊端焊点宽度；
P—PCB焊盘宽度；
T—元件焊端长度；
D—焊端焊点长度；
H—元件焊端高度；
G—焊料厚度；
B—焊缝高度；
E—最大焊缝高度；
F—最小焊缝高度

图 3.43　SMT 焊点检验参数

（1）焊端焊点宽度检验标准（见图 3.44）

最佳焊端焊点宽度：$C=W$ 或 $C=P$。

合格判据：$C\geqslant 0.75W$ 或 $C\geqslant 0.75P$。

不合格：$C<0.75W$ 或 $C<0.75P$。

|最佳|合格|不合格|

图 3.44　焊端焊点宽度检验

（2）焊端焊点长度检验标准（见图 3.45）

最佳焊端焊点长度：$D=T$。

合格：$D\geqslant T$。

不合格：$D<T$。

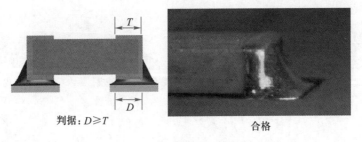

判据：$D\geqslant T$　　　　合格

图 3.45　焊端焊点长度检验

（3）最大焊缝高度检验标准（见图 3.46）

最佳焊缝高度：$F<B<E$。

合格判据：最大焊缝高度 E 可以悬出焊盘或延伸到元件焊端的顶上；但焊料不得延伸到元件体上。

不合格：焊缝延伸到元件体上。

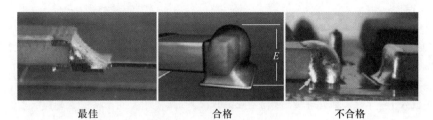

图 3.46　最大焊缝高度检验

（4）最小焊缝高度检验标准（见图 3.47）

合格判据：$F>G+0.25H$ 或 $F>G+0.5$ mm。

不合格：$F<G+0.25H$，即焊料不足，通俗的说法是"缺锡"。

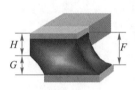
判据：$F>G+0.25H$

合格

不合格（缺锡）

图 3.47　最小焊缝高度检验

3.7　技 能 训 练

3.7.1　手工焊接作业指导书填写实训

手工焊接作业指导书范本见实训表 3.1。

视频
DT830B数字
万用表的安装

实训表 3.1　手工焊接作业指导书

公司 LOGO	手工焊接作业 指导书	文件编号：	公司-QP-01
		版本号：	V1.0
		页次：113	页数：52

1. 作业规则

1.1　焊接时必须佩戴好防静电手环及做好其他静电防护措施。

1.2　烙铁/热风枪温度设置在 280～360 ℃，缺省设置为 330 ℃。

1.3　焊接前，先核对实物是否与 BOM 上规格相符合。

1.4　每次只取一种物料放在工作台面上，并在 BOM 上做记录；焊完一种再取下一种。

1.5　如有 BGA 或 QFN 须先焊接，焊完后须测量其贴装是否为良好，确认 OK 后再用胶带纸将 BGA 四周封贴起来，以避免焊接时其他零件或锡渣进入 BGA 或 QFN 脚内。

1.6　元器件焊接一般原则为：先难后易，先低后高，先小再大，先轻后重，先里再外。

1.7　每次焊接过程应分七步：准备好电烙铁与锡丝，加热焊件，熔化锡丝，移开锡丝，移开电烙铁，检查焊接面，修理。

1.8　焊接时间不超过 3 s/次，最长不能超过 6 s，同一焊点不超过 2 次；以免热冲击损坏元器件。

1.9　芯片、插件焊接前应先确保没有引脚变形现象。

1.10　焊接完毕，再对焊接质量做全面的自检，包括：短路、漏焊、方向、多焊及基板清洁；自检 OK 后方可流入下一工序；如有缺料，须向主管提出。

2. 焊接工具/辅助材料

3. 静电环、万用表、放大镜、镊子、剪钳、热风枪（280 W，可调温）、电烙铁（60 W 可调温）、焊锡丝（有铅，0.3 mm）、助焊剂、洗板水

4. 焊接标准

5. PCBA 检验标准或客户提供特殊标准。

6. 焊接质量概要

6.1　标准焊点

6.1.1　色泽：焊点表面必须光亮不灰暗。

6.1.2　形状：无尖锐突起，无凹洞、裂纹，无残留外来杂物，零件脚突出锡面且焊锡完全覆盖焊点及零件脚周围。

6.1.3　角度：焊锡表面连续，平滑，呈凹陷状。

6.2　不良焊点

6.2.1　虚焊：焊件表面没有充分镀上锡层，焊件焊接不牢固，主要原因：焊点不洁，助焊剂过少。

6.2.2　短路：焊点过近，零件排列设计不当，锡焊方向不正确。

6.2.3　锡尖：焊点表面呈现非光滑之连续面而尖锐突起，原因为：锡焊速度过快，助焊剂涂布不足等。

6.2.4　锡珠：指经过锡焊后粘在基板或零件表面的一些小的独立的球状焊锡，主要原因：锡品质不良或储存过久，基板不洁，预热不当等。

6.2.5　少锡：焊锡未完全覆盖焊点（小于 75%）。

6.2.6　多锡：焊点表面呈凸状或溢于零件非焊接表面。

7. 注意事项

7.1　禁止在工作台面上散放一种以上易混淆的元器件。

7.2　注意各类 IC、二极管、LED、电解电容等极性元件的方向。

7.3　对于芯片短路、虚焊等现象，若肉眼不能清楚分辨，则用放大镜观察之。

7.4　焊接动作前后，烙铁头应在清洁海绵上擦拭干净，以利传热。

7.5　焊接时，烙铁头应同时接触焊盘与焊脚；电烙铁一般倾斜 45°，当两个被焊接元件受热面积相差悬殊时，应适当调整电烙铁倾斜角度，使电烙铁与焊接面积大的被焊接元件倾斜角减小。例如：焊接 SOJ 时，烙铁头与器件应成小于 45° 角度，在 J 形引脚弯曲面与焊盘交接处进行焊接。

7.6　海绵需清洗干净，并加适量的清水，以不滴水为宜。

7.7　已氧化凹凸不平的，或带钩的烙铁头应及时更新。

7.8　长时间不用，应关闭电烙铁/热风枪座电源，保护设备，节约能源。

7.9　焊接中途若需其他人顶位，须先将桌面的元器件焊接完毕，自检合格后，方可交接给其他人。

编制		审核		批准		标准化	
日期		日期		日期		日期	

3.7.2　THT元器件手工焊接与拆焊实训

实训表3.2为THT手工焊接与拆焊实训项目报告。

实训表 3.2　THT 手工焊接与拆焊实训项目报告

评语 Comment	教师签字		日期		成绩 Score	
学号 Student No.	姓名 Name		班级 Class		组别 Group	
项目编号 Item No.	项目名称 Item		手工焊接与拆焊			
课程名称 Course	电子产品制造工艺		教材 Textbook	《电子产品制造工艺》		

实验记录：（不够请写在背面或附页）

一、实训内容

任务：THT元器件拆焊

参考教材上的"3.5节手工焊接与拆焊"内容。在焊接练习板上拆除上届同学焊接的跳线和电阻元件，并在拆除旧元器件的练习板重新焊接新电阻元件，反复练习体会焊接技巧。

要求：不追求速度，反复体验焊接技巧，体会焊接要领。

学会依据色环识别THT电阻。

步骤：

1. 每个人先凭借自己的经验拆卸和焊接10个电阻，并记录方法，暂时停止。

2. 经老师统一讲解后完成剩余任务，并记录操作要领。

二、评分方法

1. 实训部分的操作方法是否正确，是否完成操作要求（70分）。

2. 项目报告中，要点描述（10分），问题及解决方法（20分）。

三、实训报告

1. 简要说明四环电阻与五环电阻的主要区别。

2. 操作方法：说明操作步骤及要点。

3. 谈谈实训的体会及所学到的知识，以及自己在操作中遇到的问题及解决办法。

4. 附上自己的实物。

3.7.3　SMT元器件手工焊接与拆焊实训

实训表3.3为SMT手工焊接与拆焊实训项目报告。

视频
THT器件流水
作业工艺

实训表 3.3　SMT 手工焊接与拆焊实训项目报告

评语 Comment		教师签字	日期		成绩 Score	
学号 Student No.		姓名 Name		班级 Class	组别 Group	
项目编号 Item No.		项目名称 Item		SMT 贴片元件手工焊接与拆焊		
课程名称 Course		电子产品制造工艺		教材 Textbook	《电子产品制造工艺》	

实验记录：（*不够请写在背面或附页*）

一、实训内容

任务：SMT 元器件拆焊

参考教材上的 "3.5 节手工烙铁焊接的基本技能" 内容。在焊接练习板上拆除上届同学焊接的 1208 与 0804 贴片电阻电容，并在拆除旧元器件的练习板重新焊接新元器件，反复练习体会焊接技巧。

要求：不追求速度，反复体验焊接技巧，体会焊接要领。

学会识别贴片电阻、电容元件。

步骤：

1. 每个人先凭借自己的经验拆卸和焊接 10 个元件，并记录方法，暂时停止。

2. 经老师统一讲解后完成剩余任务，并记录操作要领。

二、评分方法

1. 部分的操作方法是否正确，是否完成操作要求(70 分)。

2. 报告中，要点描述(10 分)，问题及解决方法(20 分)。

三、实训报告

1. 画出贴片电阻和电容的结构简图，写出你使用的电阻的标示文字的内容，并解释其含义。

2. 拆卸和焊接方法与经验记录。

3. 操作方法：说明操作内容及要点。

4. 谈谈实训的体会及所学到的知识，以及自己在操作中遇到的问题及解决办法。

5. 附上自己的实物。

思考与习题

1. （1）试总结焊接的分类及应用场合。

（2）什么是锡焊？其主要特征是什么？

（3）锡焊必须具备哪些条件？

2. （1）什么叫虚焊？产生虚焊的原因是什么？有何危害？

（2）对焊点质量有何要求？简述不良焊点常见的外观以及如何检查。

（3）什么时候才可以进行通电检查？为什么？

（4）熟记常见焊点缺陷及原因分析。在今后的焊接工作中，如何避免这些缺陷的发生？

3. （1）小结焊料的种类和选用原则。

（2）请说明铅锡共晶焊料具有哪些优点？

（3）为什么要使用助焊剂？对助焊剂的要求有哪些？

（4）小结助焊剂的分类及应用。

4．（1）焊接片状元器件时，对焊接温度和焊接时间有什么要求？

（2）拆卸片状元器件应注意哪些问题？卸下来的片状元器件为什么不能再用？

5．什么是焊粉？常用焊粉的金属成分会对温度特性及焊膏用途产生什么样的影响？

6．（1）请说明为什么要使用无铅焊料？无铅焊接工艺对无铅焊料提出哪些技术要求？

（2）无铅焊料有哪几种类型？

7．（1）请总结电烙铁的分类及结构。

（2）如何合理选用电烙铁？总结选用电烙铁的经验。

（3）如何选择烙铁头的形状？怎样保护长寿命烙铁头？

（4）要焊接塑料封装的电子元器件引线，由于塑料耐热较差，容易因为焊接时间过长受热变形。试问：如何选择电烙铁的功率，是大些好，还是小些好？怎样焊接才能让塑料部件不会受热变形？

8．（1）维修 SMT 电路板的焊接工具有哪些？

（2）维修 SMT 电路板的半自动设备有哪些？

（3）拆焊表面安装元器件，一般需要哪些专用的、特殊的工具？

（4）自动恒温电烙铁的加热头有哪些类型？如何正确选用？

9．SMT 印制板有哪些结构特征？

10．SMT 印制板与传统印制板有哪些主要区别？

11．（1）焊接 SMT 元器件时应注意哪些问题？

（2）如果想要拆焊晶体管和集成电路，应采用什么方法？如何进行？

电子产品自动化生产过程包括表面组装技术、插装技术、自动化焊接及检测技术。SMT 表面组装技术，也称表面装配技术或表面安装技术。它是一种直接将表面组装元器件贴装、焊接到印制电路板表面规定位置的电路装联技术。而插装技术是将通孔元器件（THT）插装在 PCB 上的电路装联技术。自动化焊接技术含再流焊及波峰焊技术；自动化检测技术包括自动光学检测（AOI）和在线检测（ICT）技术等。

4.1　表面组装工艺

4.1.1　表面组装的技术特点

SMT 是一门包括元器件、材料、设备、工艺以及表面组装电路基板设计与制造的系统性综合技术；电子产品能有效地实现"轻、薄、短、小"，实现多功能、高可靠、优质量、低成本。

SMT 和 THT 元器件安装焊接方式的区别如图 4.1 所示。在传统的 THT 印制电路板上，元器件安装在电路板的一面（元件面），引脚插到通孔里，在电路板的另一面（焊接面）进行焊接，元器件和焊点分别位于板的两面；而在 SMT 电路板上，焊点与元器件都处在板的同一面上。因此，在 SMT 印制电路板上，通孔只用来连接电路板两面的导线，孔的数量要少得多，孔的直径也小很多。这样，就能使电路板的装配密度极大提高。

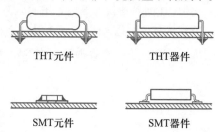

图 4.1　SMT 和 THT 元器件安装焊接方式的区别

总结 SMT 技术的特点如下：

① 实现微型化。SMT 的电子部件，其几何尺寸和占用空间的体积比通孔插装元器件小得多，一般可减小 60% ~ 70%，甚至可减小 90%。重量减轻 60% ~ 90%。

② 信号传输速度高。结构紧凑、安装密度高，在电路板上双面贴装时，组装密度可以达到 5.5 个焊点/cm^2 ~ 20 个焊点/cm^2，由于连线短、延迟小，可实现高速度的信号传输。同时，更加耐振动、抗冲击。这对于电子设备超高速运行具有重大的意义。

③ 高频特性好。由于元器件无引线或短引线，自然减小了电路的分布参数，降低了射频干扰。

④ 有利于自动化生产，提高成品率和生产效率。由于片状元器件外形尺寸标准化、系列化及焊接条件的一致性，使 SMT 的自动化程度很高。因为焊接过程造成的元器件失效将大大减少，提高了可靠性。

⑤ 材料成本低。现在，除了少量片状化困难或封装精度特别高的品种，由于生产设备的效率提高以及封装材料的消耗减少，绝大多数 SMT 元器件的封装成本已经低于同样类型、同样功能的 THT 元器件，随之而来的是 SMT 元器件的销售价格比 THT 元器件更低。

⑥ SMT 技术简化了电子整机产品的生产工序，降低了生产成本。SMT 元器件的引脚不用整形、打弯、剪短，因而使整个生产过程缩短，生产效率得到提高。同样功能电路的加工成本低于通孔插装方式，一般可使生产总成本降低 30% ~ 50%。

4.1.2　SMT 印制电路板结构及装焊工艺流程

1. 三种 SMT 组装结构

（1）第一种组装结构：全部采用 SMT 工艺

印制电路板上没有 THT 元器件，各种 SMD 和 SMC 被贴装在电路板的一面或两侧，如图 4.2(a)、(b)所示。

（2）第二种组装结构：单面或双面混合组装

如图 4.2(c)所示，在印制电路板的元件面（"顶面"，A 面），既插装 THT 元器件，又贴装 SMT 元器件。

如图 4.2(d)所示，在印制电路板的 A 面既插装 THT 元器件，又贴装 SMT 元器件；在 B 面只贴装体积较小的 SMD 晶体管和 SMC 元件。

（3）第三种装配结构：顶面插装，底面贴装，两面分别组装

如图 4.2(e)所示，在印制电路板的 A 面上只插装 THT 元器件，B 面贴装小型 SMT 元器件。

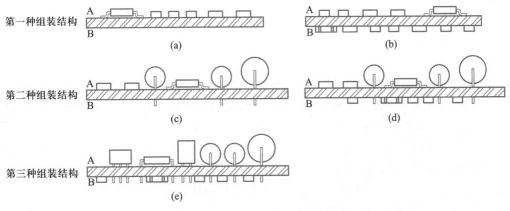

图 4.2　三种 SMT 组装结构示意图

第一种组装结构能够充分体现出 SMT 的技术优势，这种印制电路板体积最小。后两种混合组装结构的优势在于，不仅发挥了 SMT 贴装的优点，也解决某些元件至今不能做成表面贴装形式的问题。

从印制电路板的装配焊接工艺来看，第三种装配结构除了要增加点胶工艺，将 SMT 元器件粘贴在印制电路板底面上以外，其余和传统的通孔插装方式的区别不大，特别是可以利用波峰焊设备进行焊接，工艺技术上也比较成熟；而前两种装配结构都需要添加一系列 SMT 生产焊接设备。

2. SMT 印制电路板波峰焊工艺流程

在上述第二、三种 SMT 装配结构下［如图 4.2(d)、(e)所示］，在 B 面贴有 SMT 元器件的印制电路板采用波峰焊的工艺流程如图 4.3 所示。

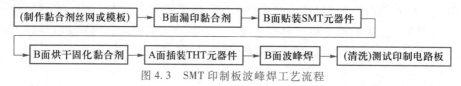

图 4.3 SMT 印制板波峰焊工艺流程

（1）制作黏合剂丝网或模板

按照 SMT 元器件在印制电路板上的位置，制作用于漏印黏合剂的丝网或模板。早期的 SMT 组装间距比较大，采用丝网漏印就能满足组装精度；近年来 SMC 小型化、SMC 引脚高密度使组装精度的要求不断提高，丝网印刷已经难以适应，用薄钢板或薄铜板制作的刚性模板更多被使用。

（2）漏印黏合剂（又称点胶过程）

把丝网或模板覆盖在印制电路板 B 面上，漏印黏合剂。要精确保证黏合剂漏印在元器件的中心，尤其要避免黏合剂污染元器件的焊盘。如果采用点胶机或手工点涂黏合剂，则这前两道工序要相应更改。

（3）贴装 SMT 元器件

把 SMT 元器件贴装到印制电路板 B 面上，使它们的电极准确定位于各自的焊盘。

（4）烘干固化黏合剂

用加热或紫外线照射的方法，使黏合剂烘干、固化，把 SMT 元器件比较牢固地固定在印制电路板上。

（5）插装 THT 元器件

把印制电路板翻转 180°，在 A 面插装传统的 THT 引线元器件。

（6）波峰焊

与普通印制板的焊接工艺相同，用波峰焊设备在 B 面进行焊接。在印制电路板焊接过程中，SMT 元器件浸没在熔融的锡液中。可见，SMT 元器件应该具有良好的耐热性能。假如采用双波峰焊接设备，则焊接质量会好很多。

（7）（清洗）测试印制电路板

对经过焊接的印制电路板进行清洗，去除残留的助焊剂残渣（如果已经采用免清洗助焊剂，除非是特殊产品，一般不必清洗）。最后进行电路检验测试。

3. SMT 印制电路板再流焊工艺流程

印制电路板装配焊接采用再流焊工艺，涂敷焊料的典型方法之一是用丝网或模板印刷焊锡膏，其流程如图 4.4 所示。

图 4.4 印刷焊锡膏的再流焊工艺流程

（1）制作焊锡膏丝网或模板

按照 SMT 元器件在印制电路板上的位置及焊盘的形状，制作用于漏印焊锡膏的丝网或模板。

（2）漏印焊锡膏

把焊锡膏丝网或模板覆盖在印制电路板上，漏印焊锡膏，要精确保证焊锡膏均匀地漏印在元器件的电极焊盘上。

请注意：这两道工序所涉及的"焊锡膏丝网或模板"和"漏印焊锡膏"，与 SMT 印制电路板波峰焊工艺漏印黏合剂相似，只不过把漏印的材料换成焊锡膏，具体概念将在后面介绍印刷机时进一步说明。

（3）贴装 SMT 元器件

把 SMT 元器件贴装到印制电路板上，有条件的企业采用不同档次的贴装设备，在简单的条件下也可以手工贴装。无论采用哪种方法，关键是使元器件的电极准确定位于各自的焊盘。

（4）再流焊

用再流焊设备进行焊接，还要在后面介绍有关概念。

（5）（清洗）测试印制电路板

根据产品要求和工艺材料的性质，选择印制电路板清洗工艺或免清洗工艺。最后对印制电路板进行检查测试。

4. 针对 SMT 组装结构制订的工艺流程

针对图 4.2 所示的三种 SMT 组装结构，可以选择多种工艺流程，如图 4.5 所示。例如，对图 4.2(d) 所示的第二种 SMT 装配结构（双面混合装配），即在印制电路板的 A 面（元件面）上同时还装有 SMT 元器件，则 A 面肯定要经过贴装和再流焊工序。但在印制电路板的 B 面（焊接面），既可以用黏合剂粘贴 SMD，并在 A 面插装 THD 后，执行波峰焊工艺流程，也可以在 B 面用贴装和再流焊工序，少量的引线元器件采用手工插装。

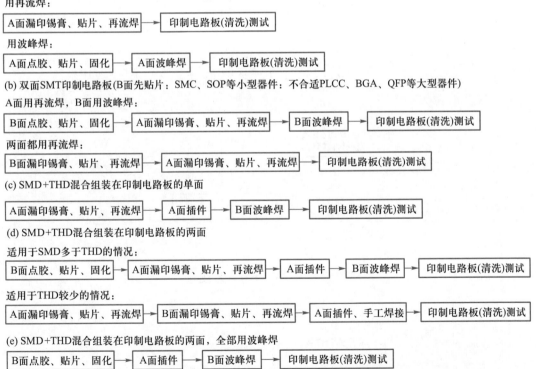

图 4.5　针对 SMT 组装结构制订的工艺流程

视频

洗碗机控制电路板生产流程

视频

自动插件与手工插件组合的传统电视机的制造过程

5. 完整的 SMT 组装工艺总流程

在企业实际生产中，在 SMT 工艺流程的每一个阶段完成之后，都要进行质量检验。完整的工艺总流程（包含质检环节）如图 4.6 所示。图 4.7 为洗碗机主板生产工艺流程图案例。

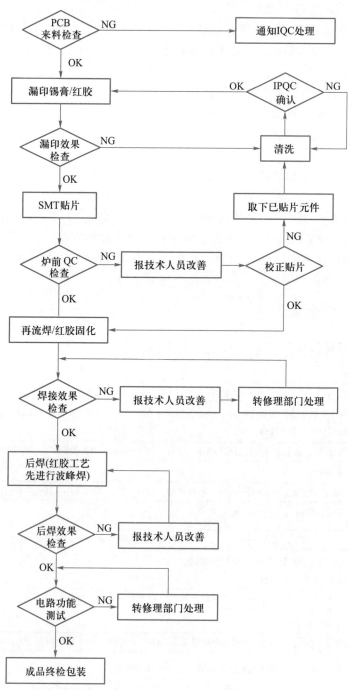

图 4.6　完整的 SMT 工艺总流程（包含质检环节）

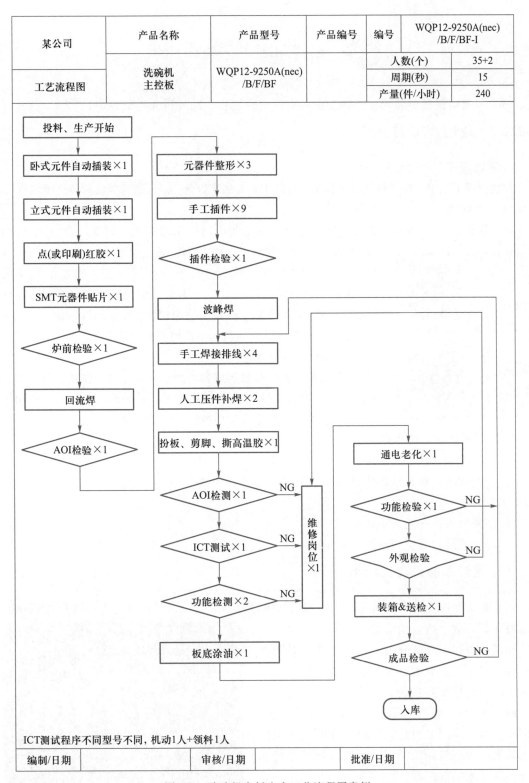

图 4.7 洗碗机主板生产工艺流程图案例

<h1>4.2　锡膏印刷工艺与印刷机</h1>

SMT 印制电路板组装焊接的典型设备有锡膏印刷机、贴片机和再流焊炉。

4.2.1　印刷工艺及其要求

1. 再流焊工艺焊料供给方法

在再流焊工艺中，将焊料施放在焊接部位的主要方法有焊膏法、预敷焊料法和预形成焊料法。

（1）焊膏法

将焊锡膏涂敷到 PCB 焊盘图形上，是再流焊工艺中最常用的方法。焊膏涂敷方式有两种：注射滴涂法和印刷涂敷法。注射滴涂法主要应用在新产品的研制或小批量产品的生产中，可以手工操作，速度慢、精度低但灵活性高，省去了制造模板的成本。印刷涂敷法又分直接印刷法（也称模板漏印法或漏板印刷法）和非接触印刷法（也称丝网印刷法）两种类型，直接印刷法是目前高档设备广泛应用的方法。

（2）预形成焊料法

预形成焊料是将焊料制成各种形状，如片状、棒状、微小球状等预先成形的焊料，焊料中可含有助焊剂。这种形式的焊料主要用于半导体芯片中的键合部分、扁平封装器件的焊接工艺中。

2. 印刷机的主要技术指标

① 最大印刷面积：根据最大的 PCB 尺寸确定。

② 印刷精度：根据印制电路板组装密度和元器件引脚间距的最小尺寸确定，一般要求达到 ±0.025 mm。

③ 重复精度：一般为 ±10 μm。

④ 印刷速度：根据产量要求确定。

4.2.2　锡膏印刷机及其结构

图 4.8 所示的锡膏印刷机，是用来印刷焊锡膏或贴片胶的，其功能是将焊锡膏或贴片胶正确地漏印到印制电路板相应的位置上。

印刷机由以下几部分组成：夹持 PCB 基板的工作台，包括工作台面、真空夹持或板边夹持机构、工作台传输控制机构；印刷头系统，包括刮刀、刮刀固定机构、印刷头的传输控制系统等；丝网或模板及其固定机构；为保证印刷精度而配置的其他选件。包括视觉对中系统、擦板系统和二维、三维测量系统等。

在印刷涂敷法中，直接印刷法和非接触印刷法的共同之处是其原理与油墨印刷类似，主要区

图 4.8　锡膏印刷机

别在于印刷焊料的介质，即用不同的介质材料来加工印刷图形：无刮动间隙的印刷是直接（接触式）印刷，采用刚性材料加工的金属漏印模板；有刮动间隙的印刷是非接触式印刷，采用柔性材料丝网或金属掩膜。刮刀压力、刮动间隙和刮刀移动速度是保证印刷质量的重要参数。

　　高档 SMT 印刷机一般使用不锈钢薄板制作的漏印模板，这种模板的精度高，但加工困难，因此制作费用高，适用于大批量生产的高密度 SMT 电子产品；手动操作的简易 SMT 印刷机可以使用薄铜板制作的漏印模板，这种模板容易加工，制作费用低廉，适用于小批量生产的电子产品，但长期使用后模板容易变形而影响印刷精度。非接触式丝网印刷法是传统的方法，制作丝网的费用低廉，印刷锡膏的图形精度不高，适用于大批量生产的一般 SMT 电路板。

4.2.3　锡膏印刷机工作过程

1. 漏印模板印刷法的基本原理

漏印模板印刷法的基本原理如图 4.9 所示。

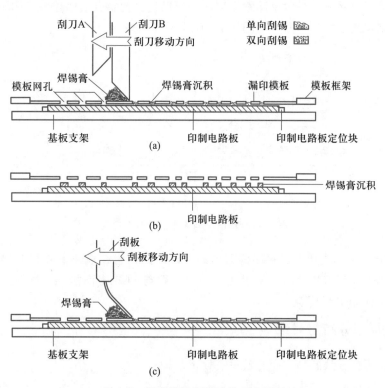

图 4.9　漏印模板印刷法的基本原理

　　如图 4.9(a) 所示，将 PCB 放在工作支架上，由真空泵或机械方式固定，将已加工有印刷图形的漏印模板在金属框架上绷紧，模板与 PCB 表面接触，镂空图形网孔与 PCB 上的焊盘对准，把焊锡膏放在漏印模板上，刮刀（亦称刮板）从模板的一端向另一端推进，同时压刮焊膏通过模板上的镂空图形网孔印刷（沉淀）到 PCB 的焊盘上。假如刮刀单向刮锡，沉积在焊盘上的焊锡膏可能会不够饱满；而刮刀双向刮锡，锡膏图形就比较饱满。高档的 SMT 印刷机一般有 A、B 两个刮刀：当刮刀从右向左移动时，刮刀 A 上升，刮刀 B 下降，B 压刮焊膏；当刮刀从左向右移动时，刮刀 B 上升，刮刀 A 下降，A 压刮焊膏。两次刮锡后，PCB 与模板脱离

（PCB 下降或模板上升），如图 4.9（b）所示，完成锡膏印刷过程。

图 4.9（c）描述了简易 SMT 印刷机的操作过程，漏印模板用薄铜板制作，将 PCB 准确定位以后，手持不锈钢刮板进行锡膏印刷。

焊锡膏是一种膏状流体，其印刷过程遵循流体动力学的原理。漏印模板印刷的特征是：

① 模板和 PCB 表面直接接触。

② 刮刀前方的焊膏颗粒沿刮刀前进的方向滚动。

③ 漏印模板离开 PCB 表面的过程中，焊膏从网孔转移到 PCB 表面上。

图 4.10 是高档锡膏印刷机在工作。

图 4.10   高档锡膏印刷机在工作

2. 丝网印刷涂敷法的基本原理

用乳剂涂敷到丝网上，只留出印刷图形的开口网目，就制成了非接触式印刷涂敷法所用的丝网。丝网印刷涂敷法的基本原理如图 4.11 所示。

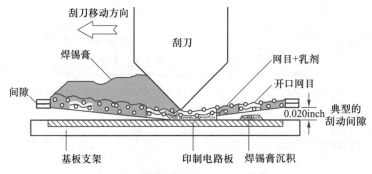

图 4.11   丝网印刷涂敷法的基本原理

将 PCB 固定在工作支架上，将印刷图形的漏印丝网绷紧在框架上并与 PCB 对准，将焊锡膏放在漏印丝网上，刮刀从丝网上刮过去，压迫丝网与 PCB 表面接触，同时压刮焊膏通过丝网上的图形印刷到 PCB 的焊盘上。

4.2.4   印刷质量分析与对策

由锡膏印刷不良导致的品质问题常见有以下几种。

• 锡膏不足（局部缺少甚至整体缺少）——将导致焊接后元器件焊点锡量不足、元器件开路、元器件偏位、元器件竖立。

• 锡膏粘连——将导致焊接后电路短接、元器件偏位。

• 锡膏印刷整体偏位——将导致整板元器件焊接不良，如少锡、开路、偏位、竖件等。

• 锡膏拉尖——易引起焊接后短路。

（1）导致锡膏不足的主要因素

① 印刷机工作时，没有及时补充添加锡膏。

② 锡膏品质异常，其中混有硬块等异物。

③ 以前未用完的锡膏已经过期，被二次使用。

④ 电路板质量问题，焊盘上有不显眼的覆盖物，例如被印到焊盘上的阻焊剂（绿油）。

⑤ 电路板在印刷机内的固定夹持松动。

⑥ 锡膏漏印网板薄厚不均匀。

⑦ 锡膏漏印网板或印制电路板上有污染物（如 PCB 包装物、网板擦拭纸、环境空气中飘浮的异物等）。

⑧ 锡膏刮刀损坏、网板损坏。

⑨ 锡膏刮刀的压力、角度、速度以及脱模速度等设备参数设置不合适。

⑩ 锡膏印刷完成后，被人为因素不慎碰掉。

（2）导致锡膏粘连的主要因素

① 印制电路板的设计缺陷，焊盘间距过小。

② 网板问题，镂孔位置不正。

③ 网板未擦拭洁净。

④ 网板问题使锡膏脱模不良。

⑤ 锡膏性能不良，黏度、坍塌不合格。

⑥ 印制电路板在印刷机内的固定夹持松动。

⑦ 锡膏刮刀的压力、角度、速度以及脱模速度等设备参数设置不合适。

⑧ 锡膏印刷完成后，被人为因素挤压粘连。

（3）导致锡膏印刷整体偏位的主要因素

① 印制电路板上的定位基准点不清晰。

② 印制电路板上的定位基准点与网板的基准点没有对正。

③ 印制电路板在印刷机内的固定夹持松动，定位顶针不到位。

④ 印刷机的光学定位系统故障。

⑤ 锡膏漏印网板开孔与电路板的设计文件不符合。

（4）导致印刷锡膏拉尖的主要因素

① 锡膏黏度等性能参数有问题。

② 电路板与漏印网板分离时的脱模参数设定有问题。

③ 漏印网板镂孔的孔壁有毛刺。

4.2.5 SMT 涂敷贴片胶工艺和点胶机

对于采用波峰焊工艺焊接双面混合装配、双面分别装配（第二、三种装配方式）的印制电路板来说，由于元器件在焊接过程中位于电路板的下方，所以必须在贴片时用黏合剂进行固定。用来固定 SMT 元器件的黏合剂称作贴片胶。

1. 涂敷贴片胶的方法

把贴片胶涂敷到印制电路板上的工艺俗称"点胶"。常用的方法有点滴法、注射法和印刷法。

（1）点滴法

这种方法说来简单，是用针头从容器里蘸取一滴贴片胶，把它点涂到电路基板的焊盘之间或元器件的焊端之间。点滴法只能手工操作，效率很低，要求操作者非常细心，因为贴片胶的量不容易把握，还要特别注意避免把胶涂到元器件的焊盘上导致焊接不良。

（2）注射法

注射法既可以手工操作，又能够使用设备自动完成。手工注射贴片胶，是把贴片胶装入注射器，靠手的推力把一定量的贴片胶从针管中挤出来。有经验的操作者可以准确地掌握注射到电路板上的胶量，取得很好的效果。在贴片胶装入注射器后，应排空注射器中的空气，避免胶量大小不匀，甚至空点。

大批量生产中使用的由计算机控制的点胶机如图 4.12 所示。图（a）是根据元器件在电路板上的位置，通过针管组成的注射器阵列，靠压缩空气把贴片胶从容器中挤出来，胶量由针管的大小、加压的时间和压力决定。图（b）是把贴片胶直接涂到被贴装头吸住的元器件下面，再把元器件贴装到电路板指定的位置上。

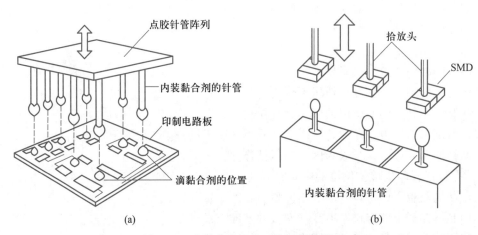

(a)   (b)

图 4.12　自动点胶机的工作原理示意图

点胶机的功能可以用 SMT 自动贴片机来实现：把贴片机的贴装头换成内装贴片胶的点胶针管，在计算机程序的控制下，把贴片胶高速逐一点涂到印制电路板的焊盘上。

图 4.13 是高速点胶机在工作。

（3）印刷法

用漏印的方法把贴片胶印刷到电路基板上，这是一种成本低、效率高的方法，特别适用于元器件的密度不太高，生产批量比较大的情况。和印刷锡膏一样，可以使用不锈钢薄板或薄铜板制作的模板或采用丝网来漏印贴片胶。

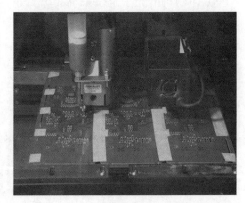

图 4.13　高速点胶机在工作

需要注意的关键是，印制电路板在印刷机上必须准确定位，保证贴片胶涂敷到指定的位置上，要特别避免贴片胶污染焊接面。

2. 贴片胶的固化

在涂敷贴片胶的位置贴装元器件以后，需要固化贴片胶，把元器件固定在电路板上。固化贴片胶可以采用多种方法，比较典型的方法有三种：

- 用电热烘箱或红外线辐射（可以用再流焊设备），对贴装了元器件的印制电路板加热一定时间。

- 在黏合剂中混合添加一种硬化剂，使黏接了元器件的贴片胶在室温中固化，也可以通过提高环境温度加速固化。
- 采用紫外线辐射固化贴片胶。

3. 装配流程中的贴片胶涂敷工序

在元器件混合装配结构的电路板生产中，涂敷贴片胶是重要的工序之一，它与前后工序的关系如图 4.14 所示。其中，图(a)是先插装引线元器件，后贴装 SMT 元器件的方案；图(b)是先贴装 SMT 元器件，后插装引线元器件的方案。比较这两个方案，后者更适合用自动生产线进行大批量生产。

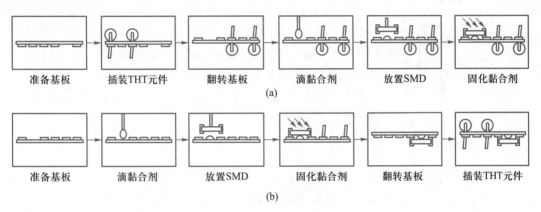

准备基板　插装THT元件　翻转基板　滴黏合剂　放置SMD　固化黏合剂

(a)

准备基板　滴黏合剂　放置SMD　固化黏合剂　翻转基板　插装THT元件

(b)

图 4.14　混合装配结构生产过程中的贴片胶涂敷工序

4. 涂敷贴片胶的技术要求

有通过光照固化或加热方法固化的两类贴片胶，光固型和热固型贴片胶的涂敷技术要求也不相同。如图 4.15 所示，图(a)表示光固型贴片胶的位置，因为贴片胶至少应该从元器件的下面露出一半，才能被光照射而实现固化；图(b)是热固型贴片胶的位置，因为采用加热固化的方法，所以贴片胶可以完全被元器件覆盖。

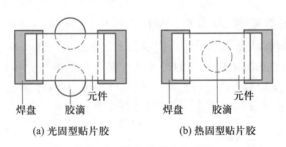

焊盘　胶滴　元件　　焊盘　胶滴　元件

(a) 光固型贴片胶　　　(b) 热固型贴片胶

图 4.15　贴片胶的点涂位置

贴片胶滴的大小和胶量，要根据元器件的尺寸和重量来确定，以保证足够的黏结强度为准：小型元器件下面一般只点涂一滴贴片胶，体积大的元器件下面可以点涂多个胶滴或一个比较大的胶滴；胶滴的高度应该保证贴装元器件以后能接触到元器件的底部；胶滴也不能太大，要特别注意贴装元器件后不要把胶挤压到元器件的焊端和印制电路板的焊盘上，造成妨碍焊接的污染。

4.3 贴片工艺与自动贴片机

在 PCB 上印好焊锡膏或贴片胶以后，用贴片机(也称贴装机)或人工的方式，将 SMC/SMD 准确地贴放到 PCB 表面相应位置上的过程，称作贴片(贴装)工序。

常见的贴片机以日本和欧美的品牌为主，主要有：Fuji、Siemens、Universal、Sumsung、Philips、Panasonic、Yamaha、Casio、Sony 等。根据贴装速度的快慢，可以分为高速机(通常贴装速度在 5 Chips/s 以上)与中速机，一般高速贴片机主要用于贴装各种 SMC 元件和较小的 SMD 器件(最大约 25 mm×30 mm)；而多功能贴片机(又称为泛用贴片机)能够贴装大尺寸(最大 60 mm×60 mm)的 SMD 器件和连接器(最大长度可达 150 mm)等异形元器件。

要保证贴片质量，应该考虑三个要素：贴装元器件的正确性、贴装位置的准确性和贴装压力(贴片高度)的适度性。

4.3.1 贴片机的工作方式和类型

按照贴装元器件的工作方式，贴片机有四种类型：顺序式、同时式、流水作业式和顺序-同时式。它们在组装速度、精度和灵活性方面各有特色，要根据产品的品种、批量和生产规模进行选择。目前国内电子产品制造企业里，使用最多的是顺序式贴片机。

所谓流水作业式贴片机，是指由多个贴装头组合而成的流水线式的机型，每个贴装头负责贴装一种或在电路板上某一部位的元器件，如图 4.16(a)所示。这种机型适用于元器件数量较少的小型电路。

顺序式贴片机如图 4.16(b)所示，是由单个贴装头顺序地拾取各种片状元器件，固定在工作台上的电路板由计算机进行控制，在 $X-Y$ 方向上的移动，使板上贴装元器件的位置恰位于贴装头的下面。

同时式贴片机，也称多贴装头贴片机，是指它有多个贴装头，分别从供料系统中拾取不同的元器件，同时把它们贴放到电路基板的不同位置上，如图 4.16(c)所示。

顺序-同时式贴片机，则是顺序式和同时式两种机型功能的组合。片状元器件的放置位置，可以通过电路板在 $X-Y$ 方向上的移动或贴装头在 $X-Y$ 方向上的移动来实现，也可以通过两者同时移动实施控制，如图 4.16(d)所示。

4.3.2 自动贴片机的主要结构

自动贴片机相当于机器人的机械手，能按照事先编制好的程序把元器件从包装中取出来，并贴放到电路板相应的位置上。贴片机的基本结构包括设备本体、片状元器件供给系统、电路板传送与定位装置、贴装头及其驱动定位装置、贴片工具(吸嘴)、计算机控制系统等。为适应高密度超大规模集成电路的贴装，比较先进的贴片机还具有光学检测与视觉对中系统，保证芯片能够高精度地准确定位。图 4.17 是多功能贴片机正在工作。

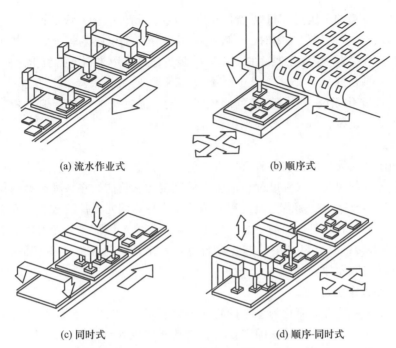

(a) 流水作业式　　　　　　　　　　　(b) 顺序式

(c) 同时式　　　　　　　　　　　　　(d) 顺序-同时式

图 4.16　SMT 元器件贴片机的类型

图 4.17　多功能贴片机正在工作

（1）设备本体

贴片机的设备本体用来安装和支撑贴片机的底座，一般采用质量大、震动小、有利于保证设备精度的铸铁件制造。

（2）贴装头

贴装头也称吸-放头，是贴片机上最复杂、最关键的部分，它相当于机械手，它的动作由拾取-贴放和移动-定位两种模式组成。第一，贴装头通过程序控制，完成三维的往复运动，实现从供料系统取料后移动到电路基板的指定位置上。第二，贴装头的端部有一

视频

贴片机吸嘴
工作原理

个用真空泵控制的贴装工具（吸嘴）。不同形状、不同大小的元器件要采用不同的吸嘴拾放：一般元器件采用真空吸嘴，异形元件（例如没有吸取平面的连接器等）用机械爪结构拾放。当

换向阀门打开时，吸嘴的负压把 SMT 元器件从供料系统(散装料仓、管状料斗、盘状纸带或托盘包装)中吸上来；当换向阀门关闭时，吸嘴把元器件释放到电路基板上。贴装头通过上述两种模式的组合，完成拾取-贴放元器件的动作。贴装头还可以用来在电路板指定的位置上点胶，涂敷固定元器件的黏合剂。

贴装头的 X-Y 定位系统一般用直流伺服电机驱动、通过机械丝杠传输力矩，磁尺和光栅定位的精度高于丝杠定位，但后者容易维护修理。

(3) 供料系统

适用于表面组装元器件的供料装置有编带、管状、托盘和散装等几种形式。供料系统的工作状态，根据元器件的包装形式和贴片机的类型而确定。贴装前，将各种类型的供料装置分别安装到相应的供料器支架上。随着贴装进程，装载着多种不同元器件的散装料仓水平旋转，把即将贴装的那种元器件转到料仓门的下方，便于贴装头拾取；纸带包装元器件的盘装编带随编带架(feeder)垂直旋转，直立料管中的芯片靠自重逐片下移，托盘料斗在水平面上二维移动，为贴装头提供新的待取元件。

(4) 印制电路板定位系统

印制电路板定位系统可以简化为一个固定了电路板的 X-Y 二维平面移动的工作台。在计算机控制系统的操纵下，印制电路板随工作台，沿传送轨道移动到工作区域内并被精确定位，使贴装头能把元器件准确地释放到一定的位置上。精确定位的核心是"对中"，有机械对中、激光对中、激光加视觉混合对中以及全视觉对中方式。

(5) 计算机控制系统

计算机控制系统是指挥贴片机进行准确有序操作的核心，目前大多数贴片机的计算机控制系统采用 Windows 界面。可以通过高级语言软件或硬件开关，在线或离线编制计算机程序并自动进行优化，控制贴片机的自动工作步骤。每个贴片元器件的精确位置，都要编程输入计算机。具有视觉检测系统的贴片机，也是通过计算机实现对印制电路板上贴片位置的图形识别。

4.3.3　贴片机的主要指标

衡量贴片机的三个重要指标是精度、速度和适应性。

(1) 精度

视频
贴片机的操作流程

精度是贴片机主要的技术指标之一。精度与贴片机的"对中"方式有关，其中以全视觉对中的精度最高。一般来说，贴片的精度体系应该包含三个项目：贴片精度、分辨率、重复精度，三者之间有一定的相关关系。贴片精度是指元器件贴装后相对于 PCB 上标准位置的偏移量大小，被定义为元器件焊端偏离指定位置的综合误差的最大值。贴片精度由两种误差组成，即平移误差和旋转误差，如图 4.18(a)、(b)所示。平移误差主要因为 X-Y 定位系统不够精确，旋转误差主要因为元器件对中机构不够精确和贴装工具存在旋转误差。定量地说，贴装 SMC 要求精度达到±0.01 mm，贴装高密度、窄间距的 SMD 至少要求精度达到±0.06 mm。

分辨率是贴片机分辨空间连续点的能力，表明贴片机能够分辨的最近两点之间的距离，是用来度量贴片机运行时的最小增量，衡量机器本身精度的重要指标。贴片机的分辨率取决于两个因素：一是由定位驱动电机的分辨率，二是传动轴驱动机构上的旋转位置或线性位置检测装置的分辨率。例如，丝杠的每个步进长度为 0.01 mm，那么该贴片机的分辨率为 0.01 mm。但是，实际贴片精度包括所有误差的总和。因此，描述贴片机性能时很少使用分辨率，一般在比较不同贴片机的性能时才使用它。

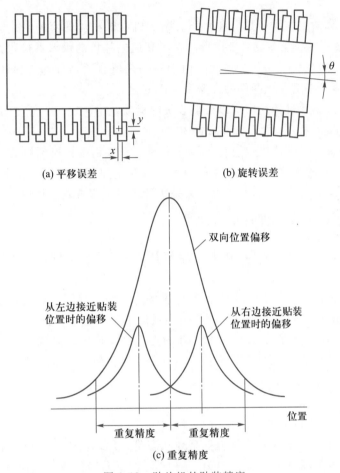

(a) 平移误差　　　　　　　　　　　　　(b) 旋转误差

(c) 重复精度

图 4.18　贴片机的贴装精度

重复精度是贴装头重复返回标定点的能力。通常采用双向重复精度的概念，它定义为"在一系列试验中，从两个方向接近任一给定点时，离开平均值的偏差"，如图 4.18(c) 所示。

（2）速度

有许多因素会影响贴片机的贴片速度，例如 PCB 的设计质量、元器件供料器的数量和位置等。一般高速机的贴片速度高于 5 Chips/s，目前最快的贴片速度已经达到 20 Chips/s 以上；高精度、多功能贴片机一般都是中速机，贴片速度为 2～3 Chips/s 左右。理论上每班的生产量可以根据贴装率来计算，但由于实际的生产量会受到许多因素的影响，与理论值有较大的差距。影响生产量的因素有生产时停机、更换供料器或重新调整印制电路板位置的时间等因素。

（3）适应性

适应性是贴片机适应不同贴装要求的能力，包括以下内容：

①　能贴装的元器件种类。决定贴装元器件类型的主要因素是贴片精度、贴装工具、定位机构与元器件的相容性，以及贴片机能够容纳供料器的数目和种类。一般，高速贴片机主要可以贴装各种 SMC 元件和较小的 SMD 器件（最大约 25 mm×30 mm）；多功能机可以贴装从

1.0 mm×0.5 mm ~ 54 mm×54 mm 的 SMD 器件(目前可贴装的元器件尺寸已经达到最小 0.6 mm×0.3 mm,最大 60 mm×60 mm),还可以贴装连接器等异形元器件,连接器的最大长度可达 150 mm 以上。

② 贴片机能够容纳供料器的数目和种类。贴片机上供料器的容纳量,通常用能装到贴片机上的 8 mm 编带供料器的最多数目来衡量。一般高速贴片机的供料器位置大于 120 个,多功能贴片机的供料器位置在 60 ~ 120 个之间。由于并不是所有元器件都能包装在 8 mm 编带中,所以贴片机的实际容量将随着元器件的类型变化而变化。

③ 贴装面积。由贴片机传送轨道以及贴装头的运动范围决定。一般可贴装的电路板尺寸,最小为 50 mm×50 mm,最大应大于 250 mm×300 mm。

④ 贴片机的调整。当贴片机从组装一种类型的印制电路板转换到组装另一种类型的电路板时,需要进行贴片机的再编程、供料器的更换、印制电路板传送机构和定位工作台的调整、贴装头的调整和更换等工作。高档贴片机一般采用计算机编程方式进行调整。

4.3.4 贴片工序对贴装元器件的要求

① 元器件的类型、型号、标称值和极性等特征标记,都应该符合产品装配图和明细表的要求。

② 被贴装元器件的焊端或引脚至少要有厚度的 1/2 浸入焊膏,一般元器件贴片时,焊膏挤出量应小于 0.2 mm;窄间距元器件的焊膏挤出量应小于 0.1 mm。

③ 元器件的焊端或引脚都应该尽量和焊盘图形对齐、居中。再流焊时,熔融的焊料使元器件具有自对中(或"自定位")效应,允许元器件的贴装位置有一定的偏差。

4.3.5 元器件贴装偏差与高度

(1) 矩形元器件允许的贴装偏差范围

如图 4.19(a)所示,贴装矩形元器件的理想状态是,焊端居中位于焊盘上。但在贴装时可能发生横向移位(规定元器件的长度方向为"纵向")、纵向移位或旋转偏移,合格的标准是:(横向)焊端宽度的 3/4 以上在焊盘上,即 D_1>焊端宽度的 75%;(纵向)焊端与焊盘必须交叠,即 D_2>0;(发生旋转偏移时)D_3>焊端宽度的 75%;元件焊端必须接触焊锡膏图形,即 D_4>0。任意一项不符合上述标准的,即为不合格。

(2) 小封装晶体管(SOT)允许的贴装偏差范围

允许有旋转偏差,但引脚必须全部在焊盘上。

(3) 小封装集成电路(SOIC)允许的贴装偏差范围

允许有平移或旋转偏差,但必须保证引脚宽度的 3/4 在焊盘上,如图 4.19(b)所示。

(4) 四边扁平封装器件和超小型器件(QFP,包括 PLCC 器件)允许的贴装偏差范围

要保证引脚宽度的 3/4 在焊盘上,允许有旋转偏差,但必须保证引脚长度的 3/4 在焊盘上。

(5) BGA 器件允许的贴装偏差范围

焊球中心与焊盘中心的最大偏移量小于焊球半径,如图 4.19(c)所示。

(6) 元器件贴片压力(贴装高度)

元器件贴片压力要合适,如果压力过小,元器件焊端或引脚浮放在焊锡膏表面,焊锡膏就不能粘住元器件,在电路板传送和焊接过程中,未粘住的元器件可能移动位置。

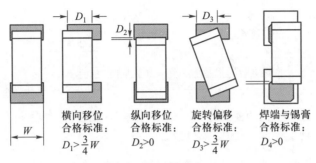

(a) 矩形元件贴装偏差

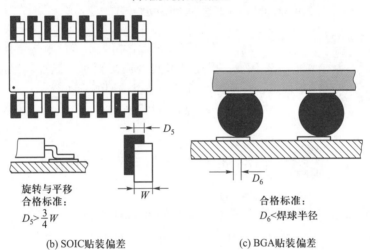

(b) SOIC贴装偏差   (c) BGA贴装偏差

图 4.19 元器件贴装偏差

  如果元器件贴装压力过大，焊膏挤出量过大，容易造成焊锡膏外溢，使焊接时产生桥接，同时也会造成元器件的滑动偏移，严重时会损坏元器件。

4.3.6   SMT 工艺品质分析

  SMT 的工艺品质，主要是以元器件贴装的正确性、准确性、完好性以及焊接完成之后元器件焊点的外观与焊接可靠性来衡量。

  SMT 的工艺品质与整个生产过程都有密切关联。例如，SMT 生产工艺流程的设置、生产设备的状况、生产操作人员的技能与责任心、元器件的质量、印制电路板的设计与制造质量、锡膏与黏合剂等工艺材料的质量、生产环境（温湿度、尘埃、静电防护）等，都会影响 SMT 工艺品质的水平。

  分析 SMT 的工艺品质，要用系统的眼光，可以采用如图 4.20 所示的因果分析法（鱼刺图），按照人员、机器、物料、方法、环境等各个因素去系统全面地检讨分析。

  ① 人员：是否有操作异常，是否按照工艺规程作业，是否得到足够培训。

  ② 机器：机器设备（包括各种配件，如印刷网板、上料架等）的运作是否有异常、各项参数设置是否合理、保养是否按照要求执行。

  ③ 物料：来料（含元器件、PCB、锡膏、黏合剂等）是否有品质异常、储存与使用方法是否按规定执行。

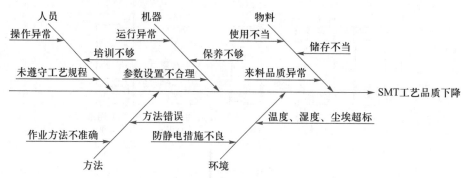

图 4.20   用因果分析法(鱼刺图)分析 SMT 工艺品质

④ 方法：作业方法是否含糊、不够清晰甚至有错误。

⑤ 环境：作业环境是否满足要求，温度、湿度、尘埃是否合乎规定，防潮湿、防静电是否按照要求执行。

SMT 贴片常见的品质问题有：漏件、侧件、翻件、偏位、损件等。

4.4 自动插装工艺与自动插件机

自动插件技术(auto-insert，AI)是通孔安装技术(through-hole technology，THT)的一部分；是运用自动插件设备将电子元器件插装在印制电路板的导电通孔内。自动插装的优点：① 提高安装密度；② 可靠性、抗震能力提高；③ 提高频特性增强；④ 提高自动化程度和劳动效率；⑤ 降低成本。

自动插件技术主要用于适合自动插件作业的印制电路板，如图 4.21 所示。

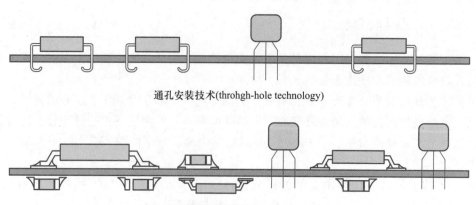

通孔安装技术(throhgh-hole technology)

混合组装技术(mixed technology)

图 4.21   适合自动插件作业的电路板

4.4.1   插件机的主要类型

（1）卧式插件机

卧式插件机又称为轴向插件机，用来将已经编好的宽编带卧式元器件(电阻，二极管等轴向 THT 元器件)和跳线按程序先后顺序自动准确地插入到 PCB 上,并折弯和剪脚,将元器件固定在 PCB 上,为高速度、高精度、高性能设备。其工作原理一般是插件头部分水平固定不动,由 X、Y 机构的移动,实现在 PCB 各区域精密插件,插件的角度由转盘转动实现。

　　依据物料的供给方式,又分为连体式和分体式。连体式类似贴片机的原理,直接将物料安装到供料器(feeder)上,如图 4.22 所示。分体式插件机与连体式类似,主要特点是有独立的物料编排机,提前按顺序将物料编排好;然后供给插件机使用,排料机如图 4.23 所示。

图 4.22　卧式连体插件机

图 4.23　卧式分体插件机的排料机

(2) 立式插件机

　　立式插件机又称为径向机,如图 4.24 所示。它用于插装晶体管、LED 灯、按键开关、电阻、连接器、线圈、电位器、保险丝座、熔断丝等立式编带封装料。

图 4.24　立式插件机

视频　THT整形插件产线作业

视频　AI自动插件机工作视频

视频　各种插件机作业视频

视频　空调制造过程

(3) 铆钉插件机

　　全自动铆钉插件机是一种高效率的全自动异型插件机,如图 4.25 所示。它主要用在电视机(CRT、LCD、PDP 等)显示器、洗衣机、空调、电磁炉、微波炉、节能灯、变压器等控制板的大电流连接点铆钉的自动铆接,从而做到吃锡均匀,防止电压大,电流高,频率强的点断裂，短路等灾难性后果。自动铆钉机机械化作业，加强了铜箔与 PCB 上铆接的牢固性和美观性。目前其插件速度在 0.30 s/点左右，大大提高了生产效率。

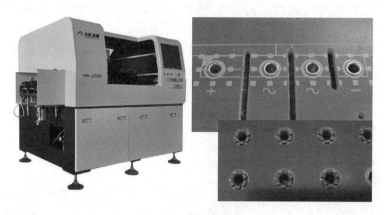

图 4.25　铆钉插件机

（4）LED 专用插件机

LED 专用插件机如图 4.26 所示，用于专打 LED 散装元件，如法兰圆形 LED（含平头和球头）、扁形 LED 等，应用于 LED 系列（照明、显示屏、控制系统、车灯、发光字、节能灯、高业照明、路灯、探照灯、镇流器）等产品。

图 4.26　LED 专用插件机

4.4.2　自动插件机功能结构与技术参数

以某国产卧式分体插件机为例，其核心部件包括移动工作台（X、Y 轴）、跳线送供给器（B 轴）、零件供给器（C 轴）、零件成型宽度调节器（U 轴）、插件主轴（H 轴）等，均采用交流伺服电机驱动。机器配置了"机器视觉"系统，通过自动光学检测实现在线编程、在线自动纠偏和辨识定位的 Mark 点。

（1）X-Y 工作台

待插件的每一个点的位置由代数数轴上的 X 和 Y 坐标唯一确定。待插件的 PCB 固定在移动的 X-Y 工作台上，在计算机和伺服系统的控制下，PCB 按设定的程序移动到插件头下，待插装。

机械原理方面，X 轴直线运动由固定在台面上的两套硬钢轴和它们之间安装的一套滚珠丝杠构成。工作台板与直线轴承、丝杠螺母相联结，伺服马达驱动丝杠旋转，从而驱动 X 工作台在 X 方向移动。极限位置有机械和电子限制。当 X 轴运行至光电开关信号检测板挡住正负极限开关时，伺服器就停止在该方向的运转，万一光电开关信号失灵，机械限制挡块阻止工作台在该方向移动。

Y 轴运动与 X 轴类似，只是多了一套转台机构，可以让其上固定的 PCB 作 $\pm 90°$、$\pm 180°$、$\pm 270°$ 旋转，以满足不同方向分布的电子元器件插装。转台由电机驱动其旋转，经转台锁定机构止动、定位。转台四周镶嵌了九个磁铁，利用霍尔传感器配合转台感应板，检测转台的回零和到位状态。转台锁定机构由锁舌和一对锁舌驱动气缸组成。当需要转台转动时，气缸伸出，锁舌缩回；当转台转到设定位置时，气缸缩回，锁舌伸出，前端和转台上固定的卡子紧紧咬合，将转台止动定位。

（2）插件头

插件头本体如图 4.27 所示，插件的工作过程如下：

① 送料伺服电机驱动送料齿轮逆时针旋转一次，送料卷轮将编带料中的一个电子元器件送到插件头下方。

② 插件主轴（H）中的齿轮轴在伺服电机的驱动下旋转，带动齿条向下运动。切刀也向下运动，将元器件引线切断，使元器件从编带中分离。

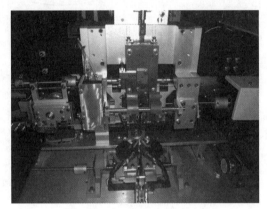

图 4.27 插件头本体

③ 成形刀随之向下运动，将元器件两端的引线折弯，把整个元器件折成 U 形。

④ 推刀再继续向下运动，将折弯的元器件插入 PCB 内。

⑤ 剪脚机构上下气缸驱动两个剪脚气缸伸出，将插入 PCB 内的引线折弯，并将多余引线剪断，电子元器件被固定在 PCB 上。

⑥ 底座下降回位，插件主轴向上回位。

⑦ 下一个指令到来，重复①～⑥动作。

（3）跳线机构

跳线不经顺序编排机编排，直接送到插件头下方插装。送线电机旋转，牵引导线由左向右运动，导线被拉直，再被送到插件头下方，等待插装，随后的动作同上述插电子元器件一样。

（4）机器视觉

机器视觉系统用来在线编程（自动测量插入点的坐标）和自动校正坐标，使插件编程变得简单、快捷，克服了由于 PCB 定位不准或 PCB 不标准而造成的插装不精准的难题。该系统的硬件由相机、LED 光源和电脑组成，相机经 USB 信号线和计算机相接。当启动相机时，LED光源会点亮，给相机提供足够的光源。

（5）工业控制计算机

插件机的控制核心是工业控制计算机，除了方便的人机交互系统，核心功能是实现对伺服电机系统的控制，插件机一共用了六套伺服系统，实现运动控制的恒转矩、宽速比、高速度、高精度。每一个伺服电机由一个伺服器控制，伺服减速、极限、编码器信号接入控制计算机；伺服器由运动控制卡和计算机控制。各种伺服参数可以直接在伺服器屏幕读取或调整，亦可通过专用软件，在计算机上读取或调整。伺服器屏幕上能够显示伺服系统的故障代码，实现伺服"自诊断"。

4.4.3　插件作业对印制电路板与元器件的要求

（1）印制电路板翘曲度的要求

印制电路板翘曲度的要求如图 4.28 所示。

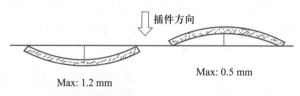

图 4.28　印制电路板翘曲度要求

（2）印制电路板定位孔的要求

机插板允许其中一个定位孔为长孔，但松下和环球插件机传板方向不一致，如需贴片翻板后孔位置也将变化，建议两定位孔参数一致，孔径均求为 $\phi 4+0.05$ mm 的圆孔，距两边距均为 5×5 mm。

（3）元器件引线孔的要求

① 铆钉孔的要求：大铆钉（$\phi 2.5$ mm）的孔径为：$\phi 2.7+0.1$ mm；小铆钉（$\phi 1.6$ mm）的孔径为：$\phi 1.8+0.1$ mm。

② 元器件引脚的直径和公差要求。

③ 一致性要求：为保证插件机的正常运转，对同种印制电路板（含不同模号）的一致性要求为任意两块印制电路板相同孔位的实际位置之差为 0.1 mm 之内。

（4）拼板及 V 形槽、邮票孔的要求

① 为提高机插效率，要求尽量将小块印制电路板拼接成大块印制电路板，拼板要求拼成矩形。

② 印制电路板的四个角要求倒圆角，且 $R>3$ mm，以保证自动传板机构的正常工作，避免卡板造成停机或损坏印制电路板。

③ 拼板加工后需分成小块印制电路板，故拼板之间开 V 形槽或邮票孔。V 形槽或邮票孔开得过深容易造成机插时折断，开得过浅又会分开时不易操作，故应按图 4.29 要求实施。

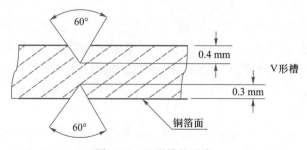

图 4.29　V 形槽的要求

邮票孔：圆孔直径为 1.0 mm，间距为 2.5 mm；开槽孔宽为 1.0 mm，长度为 $n×2.5$ mm。两端的倒角 $R=0.5$ mm。

（5）机插元器件的焊盘设计要求

① 跨接线和轴向元器件机插时引脚内弯方式，焊盘设计应为元器件孔靠焊盘外侧，如图 4.30 所示。

图 4.30　轴向元器件焊盘设计要求

② 径向元器件为 Ω 形打弯，焊盘设计应为元器件孔靠焊盘内侧，如图 4.31 所示。

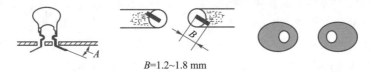

$B=1.2~1.8$ mm

图 4.31　径向元件焊盘设计要求

4.5 波峰焊工艺波峰焊机

4.5.1　波峰焊机结构及其工作原理

波峰焊是利用焊锡槽内的机械式或电磁式离心泵，将熔融焊料压向喷嘴，形成一股向上平稳喷涌的焊料波峰并源源不断地从喷嘴中溢出。装有元器件的印制电路板以平面直线匀速运动的方式通过焊料波峰，在焊接面上形成浸润焊点而完成焊接。图 4.32（a）是波峰焊机的焊锡槽示意图。

与浸焊机相比，波峰焊设备具有如下优点：

① 熔融焊料的表面漂浮一层抗氧化剂隔离空气，只有焊料波峰暴露在空气中，减少了氧化的机会，可以减少氧化渣带来的焊料浪费。

② 印制电路板接触高温焊料时间短，可以减轻翘曲变形。

③ 浸焊机内的焊料相对静止，焊料中不同比重的金属会产生分层现象（下层富铅而上层富锡）。波峰焊机在焊料泵的作用下，整槽熔融焊料循环流动，使焊料成分均匀一致。

④ 波峰焊机的焊料充分流动，有利于提高焊点质量。

现在，我国能够制造性能优良的波峰焊设备，波峰焊成为应用最普遍的一种焊接印制电路板的工艺方法。这种方法适宜成批、大量地焊接一面装有分立元件和集成电路的印制电路板。凡与焊接质量有关的重要因素，如焊料与焊剂的化学成分、焊接温度、速度、时间等，在波峰焊机上均能得到比较完善的控制。图 4.32（b）是一般波峰焊机的内部结构示意图。

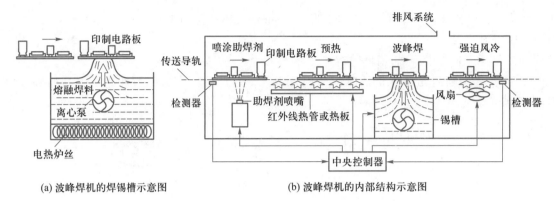

(a) 波峰焊机的焊锡槽示意图　　　　　(b) 波峰焊机的内部结构示意图

图 4.32　波峰焊机的工作原理与内部结构示意图

在波峰焊机内部，锡槽被加热使焊锡熔融，机械泵根据焊接要求工作，使液态焊锡从喷口涌出，形成特定形态的、连续不断的锡波；已经完成插件工序的印制电路板放在导轨上，以匀速直线运动的形式向前移动，顺序经过涂敷助焊剂和预热，印制电路板的焊接面在通过焊锡波峰时进行焊接，焊接面经冷却后完成焊接过程，被送出来。冷却方式大都为强迫风冷，正确的冷却温度与冷却速度，有利于改进焊点的外观与可靠性。

助焊剂喷嘴既可以实现连续喷涂，也可以被设置成检测到有印制电路板通过时才喷涂的经济模式。预热装置由热管组成，印制电路板在焊接前被预热，可以减小温差、避免热冲击。预热温度在 90～120 ℃ 之间，预热时间必须控制得当。预热使助焊剂干燥（蒸发掉其中的水分）并处于活化状态。焊料熔液在锡槽内始终处于流动状态，使喷涌的焊料波峰表面无氧化层。由于印制电路板和波峰之间处于相对运动状态，所以助焊剂容易挥发，焊点内不会出现气泡。

为了获得良好的焊接质量，焊接前应做好充分的准备工作，如保证产品的可焊性处理（预镀锡）等；焊接后清洗这些步骤也应按规定进行操作。

图 4.33 是国产波峰焊机的外观与工作状态。

图 4.33　国产波峰焊机的外观与工作状态

4.5.2　调整波峰焊工艺因素

在波峰焊机工作的过程中，焊料和助焊剂被不断消耗，需要经常对这些焊接材料进行监测。

（1）焊料

根据设备的使用频率，每周到 1 个月定期检测焊料的各成分比例和主要金属杂质含量。如果不符合要求，应该更换焊料或采取其他措施。例如当 Sn 的含量低于标准时，可以添加纯 Sn 以保证含量比例。需要注意的是，波峰焊机在工作的时候，假如印制电路板上的元器件不慎脱落掉入焊锡槽，将会使焊料发生杂质污染，操作者必须经常检查锡槽内的焊料是否纯净，必要时应当更换整槽焊料。

焊料的温度与焊接时间、波峰的形状与强度决定焊接质量。焊接时，Sn/Pb 焊料的温度一般设定为 245 ℃ 左右，焊接时间为 3 s 左右。随着无铅焊料的应用以及高密度、高精度组装的要求，新型波峰焊设备需要在更高的温度下进行焊接，焊料槽部位也将根据需要实行氮气保护。

（2）助焊剂

波峰焊使用的助焊剂，要求表面张力小，扩展率>85%；黏度小于熔融焊料，容易被置换；一般助焊剂的比重为 0.82 ~ 0.84 g/ml，可以用相应的溶剂来稀释调整，焊接后容易清洗。

假如采用免清洗助焊剂，要求比重<0.8 g/ml，固体含量<2.0 wt%，不含卤化物，焊接后残留物少，不产生腐蚀作用，绝缘性好，绝缘电阻>100 GΩ。

应该根据设备的使用频率，每天或每周定期检测助焊剂的比重，如果不符合要求，应更换助焊剂或添加新助焊剂保证比重符合要求。

（3）焊料添加剂

在波峰焊的焊料中，还要根据需要添加或补充一些辅料：防氧化剂可以减少高温焊接时焊料的氧化，不仅可以节约焊料，还能提高焊接质量。防氧化剂由油类与还原剂组成。要求还原能力强，在焊接温度下不会炭化。锡渣减除剂能让熔融的铅锡焊料与锡渣分离，起到防止锡渣混入焊点、节省焊料的作用。

另外，波峰焊设备的传送系统，即传送链/带的速度也要依据助焊剂、焊料等因素与生产规模综合选定与调整。传送链/带的倾斜角度在设备制造时是根据焊料波形设计的，但有时也要随产品的改变而进行微量调整。

4.5.3 几种波峰焊机

在采用一般的波峰焊机焊接 SMT 电路板时，有两个技术难点：

① 气泡遮蔽效应。在焊接过程中，助焊剂或 SMT 元器件的黏合剂受热分解所产生的气泡不易排出，遮蔽在焊点上，可能造成焊料无法接触焊接面而形成漏焊。

② 阴影效应。印制电路板在焊料熔液的波峰上通过时，较高的 SMT 元器件对它后面或相邻的较矮的 SMT 元器件周围的死角产生阻挡，形成阴影区，使焊料无法在焊接面上漫流而导致漏焊或焊接不良。

为克服这些 SMT 焊接缺陷，创造出空心波、组合空心波、紊乱波等新的波峰形式。新型的波峰焊机按波峰形式分类，可以分为单峰、双峰、三峰和复合峰四种波峰焊机。

（1）斜坡式波峰焊

这种波峰焊机的传送导轨可以调整为一定角度的斜坡方式，如图 4.34（a）所示。这样的好处是，增加了印制电路板焊接面与焊锡波峰接触的长度。假如印制电路板以同样速度通过波峰，等效增加了焊点浸润的时间，从而可以提高传送导轨的运行速度和焊接效率；不仅有利于焊点内的助焊剂挥发，避免形成夹气焊点，还能让多余的焊锡流下来。

（2）高波峰焊

高波峰焊机适用于 THT 元器件"长脚插焊"工艺，它的焊锡槽及其锡波喷嘴如图 4.34 (b)所示。其特点是，焊料离心泵的功率比较大，从喷嘴中喷出的锡波高度比较高，并且其高度 h 可以调节，保证元器件的引脚从锡波里顺利通过。一般，在高波峰焊机的后面配置砍腿机（也称剪腿机或切脚机），用来剪短元器件的引脚。

（3）电磁泵喷射波峰焊

在电磁泵喷射空心波焊接设备中，通过调节磁场与电流值，可以方便地调节特制电磁泵的压差和流量，从而调整焊接效果。这种泵控制灵活，每焊接完成一块印制电路板后，自动停止喷射，减少了焊料与空气接触的氧化作用。这种焊接设备多用在焊接贴片/插装混合组装的电路板中，图 4.34(c)是它的原理示意图。

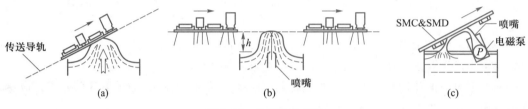

图 4.34　几种波峰焊机

（4）双波峰焊

双波峰焊机是随 SMT 发展起来的改进型波峰焊设备，特别适合焊接那些 THT+SMT 混合元器件的电路板。双波峰焊机的焊料波形如图 4.35 所示，使用这种设备焊接印制电路板时，THT 元器件要采用"短脚插焊"工艺。印制电路板的焊接面要经过两个熔融的铅锡焊料形成的波峰：这两个焊料波峰的形式不同，最常见的波形组合是"紊乱波"＋"宽平波"，"空心波"＋"宽平波"的波形组合也比较常见；焊料熔液的温度、波峰的高度和形状、印制电路板通过波峰的时间和速度这些工艺参数，都可以通过计算机伺服控制系统进行调整。

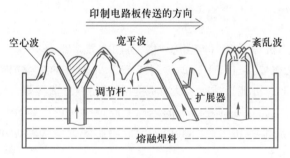

图 4.35　双波峰焊机的焊料波形

① 空心波

顾名思义，空心波的特点是在熔融铅锡焊料的喷嘴出口设置了指针形调节杆，让焊料熔液从喷嘴两边对称的窄缝中均匀地喷流出来，使两个波峰的中部形成一个空心的区域，并且两边焊料熔液喷流的方向相反。由于空心波产生的流体力学效应，它的波峰不会将元器件推离基板，相反使元器件贴向基板。空心波的波形结构，可以从不同方向消除元器件的阴影效应，有极强的填充死角、消除桥接的效果。它能够焊接 SMT 元器件和引线元器件混合装配的印制电路板，特别适合焊接极小的元器件，即使是在焊盘间距为 0.2 mm 的高密度 PCB 上，也不会产生桥接。空心波焊料熔液喷流形成的波柱薄、截面积小，使 PCB 基板与焊料的接触面减小，不仅有利于助焊剂热分解气体的排放，克服了气体遮蔽效应，还减少了印制电路板吸收的热量，降低了元器件损坏的概率。

② 紊乱波

在双波峰焊接机中，用一块多孔的平板去替换空心波喷口的指针形调节杆，就可以获得由很多小的子波构成的紊乱波。看起来像平面涌泉似的紊乱波，也能很好地克服一般波峰焊的遮蔽效应和阴影效应。

③ 宽平波

在焊料的喷嘴出口处安装了扩展器，熔融的铅锡从倾斜的喷嘴喷流出来，形成偏向宽平波（也称片波）。逆着印制电路板前进方向的宽平波的流速较大，对印制电路板有很好的擦洗作用；在设置扩展器的一侧，熔化的焊料的波面宽而平，流速较小，使焊接对象可以获得较好的后热效应，起到修整焊接面、消除桥接和拉尖、丰满焊点轮廓的效果。

4.5.4 选择焊与选择性波峰焊设备

选择焊的工作原理是：在由印制电路板设计文件转换的程序控制下，小型波峰焊锡槽和喷嘴移动到印制电路板需要补焊的位置，顺序、定量喷涂助焊剂并喷涌焊料波峰，进行局部焊接，如图 4.36(a)、(b)所示。

在进行选择焊时，每一个焊点的焊接参数都可以"量身定制"，通过足够的工艺调整空间，把每个焊点的焊接条件（助焊剂的喷涂量，焊接时间和焊接波峰高度）调至最佳，缺陷率由此降低，甚至有可能做到通孔器件焊接的零缺陷。选择焊技术是焊接工艺进步的重要标志之一。

选择焊能够根据不同情况，对不同焊点的焊接时间、焊接位置和波峰高度进行个性化的焊接参数设定，这让操作工程师有足够的空间来进行工艺调整从而使每个焊点的焊接效果达到最佳。有的选择焊甚至还能通过控制焊点的形状来达到避免桥接的效果，如图 4.36(c)所示。

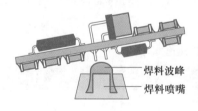

焊料波峰
焊料喷嘴

(a) 选择焊示意图

(b) 从印制电路板下方观察选择焊

(c) 焊点形状控制

图 4.36 选择性波峰焊

4.5.5 波峰焊的温度曲线及工艺参数控制

理想的双波峰焊的焊接温度曲线如图 4.37 所示。从图中可以看出，整个焊接过程被分为三个温度区域：预热、焊接、冷却。实际的焊接温度曲线可以通过对设备的控制系统编程进行调整。

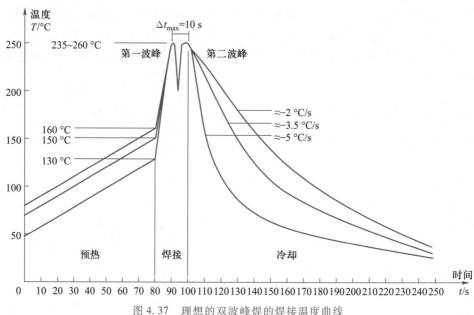

图 4.37   理想的双波峰焊的焊接温度曲线

在预热区内，喷涂到印制电路板上的助焊剂中的水分和溶剂被挥发，可以减少焊接时产生气体。同时，松香和活化剂开始分解活化，去除焊接面上的氧化层和其他污染物，并且防止金属表面在高温下再次氧化。印制电路板和元器件被充分预热，可以有效地避免焊接时急剧升温产生的热应力损坏。印制电路板的预热温度及时间，要根据印制电路板的大小、厚度、元器件的尺寸和数量，以及贴装元器件的多少而确定。在 PCB 表面测量的预热温度应该在 90 ~ 130 ℃之间，多层板或贴片元器件较多时，预热温度取上限。预热时间由传送带的速度来控制。如果预热温度偏低或预热时间过短，助焊剂中的溶剂挥发不充分，焊接时就会产生气体，引起气孔、锡珠等焊接缺陷；如预热温度偏高或预热时间过长，焊剂被提前分解，使焊剂失去活性，同样会引起毛刺、桥接等焊接缺陷。为恰当控制预热温度和时间，达到最佳的预热温度，可以参考表 4.1 内的数据，也可以从波峰焊前涂覆在 PCB 底面的助焊剂是否有黏性来进行经验性判断。

表 4.1   不同印制电路板在波峰焊时的预热温度

PCB 类型	元器件种类	预热温度/℃
单面板	THC+SMD	90 ~ 100
双面板	THC	90 ~ 110
双面板	THC+SMD	100 ~ 110
多层板	THC	110 ~ 125
多层板	THC+SMD	110 ~ 130

焊接过程，是焊接金属表面、熔融焊料和空气等之间相互作用的复杂过程，同样必须控制好焊接温度和时间。如焊接温度偏低，液体焊料的黏性大，不能很好地在金属表面浸润和扩散，就容易产生拉尖和桥接、焊点表面粗糙等缺陷；如焊接温度过高，容易损坏元器件，还会

由于焊剂被炭化失去活性、焊点氧化速度加快，焊点就会失去光泽、不饱满。测量铅锡焊料的波峰表面温度，一般应该在 250±5 ℃ 的范围之内。因为热量、温度是时间的函数，在一定温度下，焊点和元件的受热量随时间增加而增加。波峰焊的焊接时间可以通过调整传送系统的速度来控制，传送带的速度，要根据不同波峰焊机的长度、预热温度、焊接温度等因素统筹考虑，进行调整。以每个焊点接触波峰的时间来表示焊接时间，一般焊接时间约为 2~4 s。

综合调整控制工艺参数，对提高波峰焊质量非常重要。焊接温度和时间，是形成良好焊点的首要条件。焊接温度和时间，与预热温度、焊料波峰的温度、导轨的倾斜角度、传输速度都有关系。双波峰焊的第一波峰一般调整为 235~240 ℃/s 左右，第二波峰一般设置在 240~260 ℃/3 s。

4.5.6　波峰焊质量分析及对策

波峰焊常见的品质问题有：沾锡不良、有锡柱、搭连、光泽性差、虚焊与气泡、电路板翘曲等。详细见表 4.2。

表 4.2　波峰焊质量分析及对策

焊接问题	原　因	对　策
沾锡不良	铜箔表面，元件脚氧化	清洁被氧化器件
	助焊剂比重不对	重新调配助焊剂
	锡焊性差	避免 PCB 长期存放
	焊剂与铜箔发生化学反应	检查焊剂有无问题
	焊剂变质	更换焊剂
	浸锡不足	调配锡波
	印制电路板翘曲	调整锡波及其温度
有锡柱	焊剂氧化影响其流动性	检查焊剂
	PCB 预热不够	调整预热温度
	助焊剂比重不对	调整、检查锡炉温度
	焊锡温度低	检查助焊剂
	传送速度太低	调整传送速度
	PCB 浸锡过深	调整波峰高度
	铜箔面积、孔径过大	改善 PCB 的设计
	PCB 焊锡性不良	避免 PCB 长期存放
搭连	PCB 浸锡时间短	调整波峰与运送速度
	PCB 预热不足	调整预热温度
	助焊剂比重不对	检查助焊剂
	印制电路板设计不良	改善 PCB 的设计
光泽性差	焊锡中杂质过多	检查焊锡纯度
	铜箔表面，元器件脚氧化	清洁被氧化器件
	焊剂焊锡性差	检查焊剂
	焊锡温度不适合	调整、检查锡炉温度

续表

焊接问题	原　因	对　策
虚焊与气泡	焊锡温度低	调整、检查锡炉温度
	焊剂焊锡性差	检查焊剂
	传送速度过快	调整传送速度
	PCB 受潮产生气泡	干燥 PCB
	铜箔面积、孔径过大	改善 PCB 的设计
电路板翘曲	焊锡温度过高	调整、检查锡炉温度
	传送速度过慢	调整传送速度

4.6　再流焊工艺和再流焊机

4.6.1　再流焊工艺概述

再流焊又称为回流焊，是让贴装好元器件的印制板进入再流焊设备。传送系统带动印制电路板通过设备里各个设定的温度区域，焊锡膏经过干燥、预热、熔化、润湿、冷却，将元器件

视频
回流焊机作业视频

焊接到印制电路板上。再流焊的核心环节是利用外部热源加热，使焊料熔化而再次流动浸润，完成印制电路板的焊接过程。

再流焊操作方法简单，效率高、质量好、一致性好，节省焊料(仅在元器件的引脚下有很薄的一层焊料)，是一种适合自动化生产的电子产品装配技术。再流焊工艺是 SMT 印制电路板组装技术的主流。

再流焊工艺的一般流程如图 4.38 所示。

图 4.38　再流焊工艺的一般流程

4.6.2　再流焊工艺的特点与要求

（1）再流焊工艺的特点

视频
回流焊的焊接过程动态演示

视频
BGA芯片MARK点选取对中过程

与波峰焊技术相比，再流焊工艺具有以下技术特点：

① 元器件不直接浸渍在熔融的焊料中，所以元器件受到的热冲击小(由于加热方式不同，有些情况下施加给元器件的热应力也会比较大)。

② 能在前导工序里控制焊料的施加量，减少了虚焊、桥接等焊接缺陷，所以焊接质量好，焊点的一致性好，可靠性高。

③ 假如前导工序在 PCB 上施放焊料的位置正确而贴放元器件的位置有一定偏离，在再流焊过程中，当元器件的全部焊端、引脚

及其相应的焊盘同时浸润时，由于熔融焊料表面张力的作用，产生自定位效应（也称"自对中效应"），能够自动校正偏差，把元器件拉回到近似准确的位置。

④ 再流焊的焊料是商品化的焊锡膏，能够保证正确的组分，一般不会混入杂质。

⑤ 可以采用局部加热的热源，因此能在同一基板上采用不同的焊接方法进行焊接。

⑥ 工艺简单，返修的工作量很小。

（2）焊接温度曲线

控制与调整再流焊设备内焊接对象在加热过程中的时间–温度参数关系（焊接温度曲线），是决定再流焊效果与质量的关键。各类设备的演变与改善，其目的也是更加便于精确调整温度曲线。

再流焊的加热过程可以分成预热、焊接（再流）和冷却三个最基本的温度区域，一般是沿着传送系统的运行方向，让印制电路板顺序通过隧道式炉内的各个温度区域；温度曲线主要反映印制电路板组件的受热状态，再流焊的理想焊接温度曲线如图4.39所示。

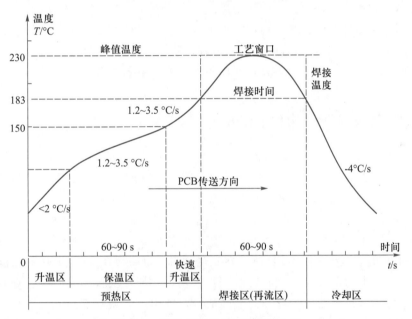

图4.39　再流焊的理想焊接温度曲线

典型的温度变化过程通常由三个温区组成，分别为预热区、焊接区（再流区）与冷却区。

① 预热区：焊接对象从室温逐步加热至150 ℃左右的区域，缩小与再流焊的温差，焊膏中的溶剂被挥发。

② 焊接区（再流区）：温度逐步上升，超过焊膏熔点温度30% ~ 40%（一般Sn–Pb焊锡的熔点为183 ℃，比熔点高约47 ~ 50 ℃），峰值温度达到220 ~ 230 ℃的时间短于10 s，焊膏完全熔化并湿润元器件焊端与焊盘。这个范围一般被称为工艺窗口。

③ 冷却区：焊接对象迅速降温，形成焊点，完成焊接。

由于元器件的品种、大小与数量不同以及印制电路板尺寸等诸多因素的影响，要获得理想而一致的曲线并不容易，需要反复调整设备各温区的加热器，才能达到最佳温度曲线。有很多企业将焊接温度曲线视为公司机密。

为调整最佳工艺参数而测定焊接温度曲线,是通过温度测试记录仪进行的,这种记录测试仪,一般由多个热电偶与记录仪组成。5~6个热电偶分别固定在小元件、大器件、BGA 芯片内部、电路板边缘等位置,连接记录仪,一起随电路板进入炉膛,记录时间-温度参数。在炉子的出口处取出后,把参数送入计算机,用专用软件并描绘曲线。

视频
回流焊测温仪

(3)再流焊工艺的要求

再流焊的工艺要求有以下几点:

① 要设置合理的温度曲线。再流焊是 SMT 生产中的关键工序,假如温度曲线设置不当,会引起焊接不完全、虚焊、元件翘立("竖碑"现象)、锡珠飞溅等焊接缺陷,影响产品质量。

② SMT 电路板在设计时就要确定再流焊时在设备中的运行方向(称作"焊接方向"),并应当按照设计的方向进行焊接。一般,应该保证主要元器件的长轴方向与电路板的运行方向垂直。

③ 在焊接过程中,要严格防止传送带震动。

④ 必须对第一块印制电路板的焊接效果进行判断,实行首件检查制。检查焊接是否完全、有无焊膏熔化不充分、虚焊或桥接的痕迹、焊点表面是否光亮、焊点形状是否向内凹陷、是否有锡珠飞溅和残留物等现象,还要检查 PCB 的表面颜色是否改变。在批量生产过程中,要定时检查焊接质量,及时对温度曲线进行修正。

4.6.3 再流焊炉的主要结构和工作方式

再流焊炉主要由炉体、上下加热源、PCB 传送装置、空气循环装置、冷却装置、排风装置、温度控制装置以及计算机控制系统组成。按照加热区域,可以分为对 PCB 整体加热和局部加热两大类:整体加热的方法主要有红外线加热法、气相加热法、热风加热法、热板加热法;局部加热的方法主要有激光加热法、红外线聚焦加热法、热气流加热法。

涂敷了膏状焊料并贴装了元器件的电路板随传动机构直线匀速进入炉膛,顺序通过预热、再流(焊接)和冷却这三个基本温度区域。在预热区内,电路板在 100~160 ℃ 的温度下均匀预热 2~3 min,焊膏中的低沸点溶剂和抗氧化剂挥发,化成烟气排出;同时,焊膏中的助焊剂浸润,焊膏软化塌落,覆盖了焊盘和元器件的焊端或引脚,使它们与氧气隔离;并且,电路板和元器件得到充分预热,以免它们进入焊接区因温度突然升高而损坏。在焊接区,温度迅速上升,比焊料合金的熔点高 20~50 ℃,膏状焊料在热空气中再次熔融,浸润焊接面,时间大约 30~90 s。当焊接对象从炉膛内的冷却区通过,焊料冷却凝固以后,全部焊点同时完成焊接。

再流焊设备可用于单面、双面、多层电路板上 SMT 元器件的焊接,以及在其他材料的电路基板(如陶瓷基板、金属芯基板)上的再流焊,也可以用于电子器件、组件、芯片的再流焊,还可以对印制电路板进行热风整平、烘干,对电子产品进行烘烤、加热或固化黏合剂。再流焊设备既能够单机操作,也可以连入电子装配生产线配套使用。

再流焊设备还可以用来焊接电路板的两面:先在电路板的 A 面漏印焊膏,粘贴 SMT 元器件后入炉完成焊接;然后在 B 面漏印焊膏,粘贴元器件后再次入炉焊接。这时,电路板的 B 面朝上,在正常的温度控制下完成焊接;A 面朝下,受热温度较低,已经焊好的元器件不会从板上脱落下来。这种工作状态如图 4.40 所示。

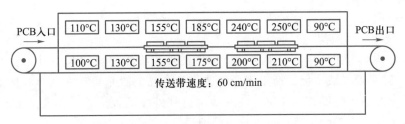

图 4.40 再流焊时电路板两面的温度不同

4.6.4 再流焊设备的种类与加热方法

经过近四十年的发展，再流焊设备的种类及加热方法经历了气相法、热板传导、红外线辐射、全热风等几种。近年来新开发的激光束逐点式再流焊机，可实现极其精密的焊接，但成本很高。

（1）气相再流焊

这是美国西屋公司于 1974 年首创的焊接方法，曾经在美国的 SMT 焊接中占有很高比例。其工作原理是利用加热传热介质氟氯烷系溶剂，使之沸腾产生饱和蒸气来完成焊接的。气相再流焊的缺点是介质液体及设备的价格高，介质液体是典型的臭氧层损耗物质，在工作时会产生少量有毒的全氟异丁烯（PFIB）气体，因此在应用上受到极大限制。图 4.41 是气相再流焊的工作原理示意图。溶剂在加热器作用下沸腾产生饱和蒸气，图中，电路板从左往右进入炉膛，受热进行焊接。炉子上方与左右都有冷凝管，将蒸气限制在炉膛内。

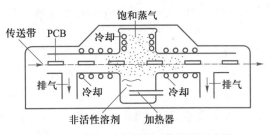

图 4.41 气相再流焊的工作原理示意图

（2）热板传导再流焊

利用热板传导来加热的焊接方法称为热板传导再流焊。热板传导再流焊的工作原理示意图如图 4.42 所示。

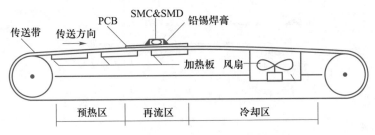

图 4.42 热板传导再流焊的工作原理示意图

热板传导再流焊的发热器件为板型，放置在薄薄的传送带下，传送带由导热性能良好的聚四氟乙烯材料制成。待焊电路板放在传送带上，热量先传送到电路板上，再传至铅锡焊膏与 SMC/SMD 元器件，焊膏熔化以后，再通过风冷降温，完成电路板焊接。这种再流焊的热板表面温度不能大于 300 ℃，早期用于导热性好的高纯度氧化铝基板、陶瓷基板等厚膜电路单面焊接，随后也用于焊接初级 SMT 产品的单面电路板。其优点是结构简单，操作方便；缺点是热效率低，温度不均匀，电路板若导热不良或稍厚就无法适应，对普通覆铜箔电路板的焊接效果不好。故很快被取代。

（3）红外线辐射再流焊

使用远红外线辐射作为热源的加热炉，称作红外线再流焊炉（IR），其工作原理示意图如图 4.43 所示。这种设备成本低，适用于低组装密度产品的批量生产，调节温度范围较宽的炉子也能在点胶贴片后固化贴片胶。有远红外线与近红外线两种热源。一般，前者多用于预热，后者多用于再流加热。整个加热炉可以分成几段温区，分别控制温度。

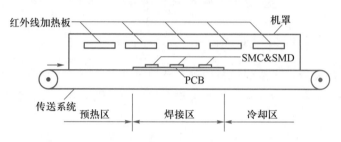

图 4.43   红外线辐射再流焊的工作原理示意图

红外线辐射再流焊炉的优点是热效率高，温度变化梯度大，温度曲线容易控制，焊接双面电路板时，上、下温度差别大。缺点是电路板同一面上的元器件受热不够均匀，温度设定难以兼顾周全，阴影效应较明显：当元器件的颜色深浅、材质差异、封装不同时，各焊点所吸收的热量不同；体积大的元器件会对小元器件造成阴影使之受热不足。

（4）热风对流再流焊

单纯热风对流再流焊是利用加热器与风扇，使炉膛内的空气不断加热并强制循环流动，焊接对象在炉内受到炽热气体的加热而实现焊接，其工作原理示意图如图 4.44 所示。这种再流焊设备的加热温度均匀但不够稳定，焊接对象容易氧化，电路板上、下的温差以及沿炉长方向的温度梯度不容易控制，一般不单独使用。

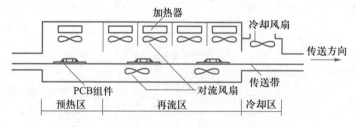

图 4.44   热风对流再流焊的工作原理示意图

（5）激光再流焊

激光再流焊是利用激光束良好的方向性及功率密度高的特点，通过光学系统将 CO_2 或 YAG 激光束聚集在很小的区域内，在很短的时间内使焊接对象形成一个局部加热区，图 4.45 是激光再流焊的工作原理示意图。激光再流焊的加热具有高度局部化的特点，不产生热应力，热冲击小，热敏元器件不易损坏。但是设备投资大，维护成本高。

图 4.46 是红外线热风再流焊设备。

图 4.47 是简易红外线热风再流焊设备。

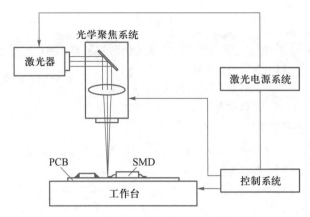

图 4.45　激光再流焊的工作原理示意图

图 4.46　红外线热风再流焊设备

图 4.47　简易红外线热风再流焊设备

为适用无铅环保工艺，一些高性能的再流焊设备带有加充氮气和快速冷却的装置。氮气可以加大焊料的表面张力，使企业选择超细间距器件的余地更大；在氮气环境中，电路板上的焊盘与线路的可焊性得到较好的保护，快速冷却可以增加焊点表面的光亮度。采用氮气保护的问题主要是氮气的成本、管理与回收。所以，焊膏制造厂家也在研究改进焊膏的化学成分，以便再流焊工艺中不必再使用氮气保护。

在无铅焊接时代，使用无铅锡膏使再流焊的焊接温度提高、工艺窗口变窄，除了要求再流焊炉的技术性能进一步提高之外，还必须通过自动温度曲线预测工具结合实时温度管理系统，进行连续的工艺过程监测，精确控制通过再流焊炉的温度传导。

4.6.5　再流焊常见的质量缺陷及解决方法

在排除了锡膏印刷工艺与贴片工艺的品质异常之后，再流焊工艺本身导致的品质异常的主要因素有：

- 冷焊：通常是再流焊温度偏低或再流区的时间不足。
- 锡珠：预热区温度爬升速度过快(一般要求，温度上升的斜率小于 3°/s)。
- 连焊：电路板或元器件受潮，含水分过多易引起锡爆产生连焊。
- 裂纹：通常是降温区温度下降过快(一般有铅焊接的温度下降斜率要求小于 4°/s)。

表 4.3 给出了 SMT 再流焊常见的质量缺陷及解决方法。

表 4.3　SMT 再流焊常见的质量缺陷及解决方法

序号	缺陷	原因	解决方法
1	元器件移位	（1）贴片位置不对 （2）焊膏量不够或贴片的压力不够 （3）焊膏中焊剂含量太高，在焊接过程中焊剂流动导致元器件移位	（1）校正定位坐标 （2）加大焊膏量，增加贴片压力 （3）减少焊膏中焊剂的含量
2	焊膏不能再流，以粉状形式残留在焊盘上	（1）加热温度不合适 （2）焊膏变质 （3）预热过度，时间过长或温度过高	（1）改造加热设施，调整再流焊温度曲线 （2）注意焊膏冷藏，弃掉焊膏表面变硬或干燥部分
3	焊点锡量不足	（1）焊膏不够 （2）焊盘和元器件焊接性能差 （3）再流焊时间短	（1）扩大漏印丝网和模板的孔径 （2）改用焊膏或重新浸渍元器件 （3）加长再流焊时间
4	焊点锡量过多	（1）漏印丝网或模板孔径过大 （2）焊膏黏度小	（1）扩大漏印丝网和模板孔径 （2）增加焊膏黏度
5	元件竖立，出现"立碑"现象	（1）贴片位置移位 （2）焊膏中的焊剂使元器件浮起 （3）印刷焊膏的厚度不够 （4）加热速度过快且不均匀 （5）焊盘设计不合理 （6）采用 Sn63/Pb37 焊膏 （7）元器件可焊性差	（1）调整印刷参数 （2）采用焊剂含量少的焊膏 （3）增加锡膏印刷厚度 （4）调整再流焊温度曲线 （5）严格按规范进行焊盘设计 （6）改用含 Ag 或 Bi 的焊膏 （7）选用可焊性好的焊膏
6	焊料球	（1）加热速度过快 （2）焊膏受潮吸收了水分 （3）焊膏被氧化 （4）PCB 焊盘污染 （5）元器件贴片压力过大 （6）焊膏过多	（1）调整再流焊温度曲线 （2）降低环境湿度 （3）采用新的焊膏，缩短预热时间 （4）换 PCB 或增加焊膏活性 （5）减小贴片压力 （6）减小模板孔径，降低刮刀压力
7	虚焊	（1）焊盘和元器件可焊性差 （2）印刷参数不正确 （3）再流焊温度和升温速度不当	（1）加强对 PCB 和元器件的检验 （2）减小焊膏黏度，检查刮刀压力及速度 （3）调整再流焊温度曲线
8	桥接	（1）焊膏塌落 （2）焊膏太多 （3）在焊盘上多次印刷 （4）加热速度过快	（1）增加焊膏金属含量或黏度、换焊膏 （2）减小丝网或模板孔径，降低刮刀压力 （3）改用其他印刷方法 （4）调整再焊温度曲线

续表

序号	缺陷	原因	解决方法
9	塌落	(1) 焊膏黏度低触变性差 (2) 环境温度高	(1) 选择合适焊膏 (2) 控制环境温度
10	可洗性差，在清洗后留下白色残留物	(1) 焊膏中焊剂的可清洗性差 (2) 清洗剂不匹配，清洗溶剂不能渗入细孔隙 (3) 不正确的清洗方法	(1) 采用可清洗性良好的焊剂配制焊膏 (2) 改进清洗溶剂 (3) 改进清洗方法

4.7　芯片的邦定工艺

4.7.1　邦定（COB）的概念与特征

1. 邦定的概念

通常见到的集成电路是用陶瓷、环氧树脂（塑料）等材料封装好引脚的商品化通用产品，可以根据电路的设计要求装配焊接到印制板上去。如果是没有封装的 IC 管芯，称作"裸片"。把体积微小的 IC 裸片直接组装到 PCB 上，用很细的金属丝（多用金丝或铝丝）把芯片的电极逐一连接到印制板的金手指上，连接引线、实现电气与机械连接的工艺过程，称作邦定（bounding）。在微电子技术中，这种封装方式称作 COB（chips on board）。其实，邦定也称作"软封装"，采用标准封装的集成电路称作"硬封装"。邦定工艺广泛应用在那些对成本控制比较严格的廉价产品中，可以省掉 IC 封装的成本（显然，如果芯片损坏或者邦定工艺存在缺陷，IC 是无法通过常规手段更换的，这是邦定工艺的不足之处）。芯片邦定示意图如图 4.48 所示。

视频
芯片邦定工艺介绍

视频
集成电路封装

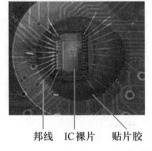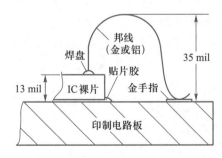

邦线　IC裸片　贴片胶

图 4.48　芯片邦定示意图

邦定工艺也是一种焊接，由邦定机把金属细丝一端连在"裸片"的电极触点上，另一端连到 PCB 引脚焊盘（金手指）上，属于局部加热到熔化的接触焊。在显微镜下可以看到焊点的形状：铝线的焊点为椭圆形，金线的焊点为球形。焊点的长度在金属丝线径的 1.5 ~ 5.0 倍之间，焊点的宽度在线径的 1.2 ~ 3.0 倍之间。图 4.49 是 IC 邦定机。

(a) 邦定机外观   (b) 邦定机在工作

图 4.49   邦定机

2. 邦定工艺的主要特征

邦定工艺不能手工操作，由邦定机完成；邦定的对象是微小的 IC 裸片；邦定用的 PCB，一般在铜箔表面镀金或镀亚金（镍金，水金），不能镀锡；裸片组装到印制板上的位置（衬底）一般是 GND，也有小部分是 VCC；邦定工艺会有一定的次品率：一般不超过 2%；邦定一旦出现故障，无法更换 IC，只能换掉整个印制板。

在邦定工艺的术语中，IC 裸片上的可焊接位置称作 PAD，也称为焊盘；PCB 上的焊接位置称作金手指。邦定是实现焊盘与金手指连接的过程。图 4.50 是几幅邦定的照片。

邦定完成(封胶前)   邦线与焊点特写   邦定完成(封胶后)

图 4.50   几幅邦定的照片

4.7.2   COB 技术及流程简介

邦定的工艺流程图如图 4.51 所示。

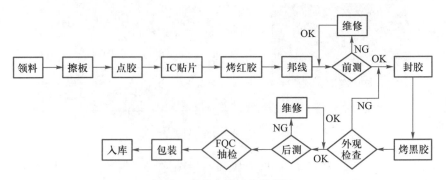

图 4.51   邦定的工艺流程图

计算机集成制造系统 CIMS

计算机集成制造系统(computer integrated manufacturing system，CIMS)是将设计、管理工程及生产工程有机地连接到一起的系统工程，也称作计算机综合生产系统。它是利用现代信息技术、自动化技术与制造技术，通过计算机软硬件，将企业的经营、管理、计划、产品设计、加工制造、销售服务等环节和人力、财力、设备等生产要素有机地结合起来，以形成适应于小批量、多品种生产需求并能实现总体高效益的智能化制造系统。

4.8.1 CIMS 功能

（1）CAD/CAM 的集成

CIMS 最基本的功能就是 CAD/CAM 的集成，实现 CAD 数据到生产设备所需制造数据的自动转换，即实现自动编程，很容易地实现产品转换。产品一旦发生变化，便可自动地反映到机器程序、测试数据和文档之中，而不需要对每台设备编程。联系设计和制造两个"自动化"孤岛。

（2）提供可制造性分析和可测试性分析工具

（3）管理信息系统(ERP)

计划、库存、采购、销售等计划经营模块；财务模块；ERP 质量管理模块(ISO9000)；C/S/Web；ERP 产品数据管理模块[与 PDM(产品数据管理)商品软件有些功能相似、重叠]。

（4）产品数据管理系统(PDM)

通过企业最基础的产品数据将工程数据和管理数据连接起来，将所有与产品相关的信息和与产品有关的过程集成到一起。

（5）生产线的平衡与工艺优化

通过自动平衡产品的装载、排序、元器件的分配与贴装、设备的速度来达到装配的最优化，能合理分配部件到合适的机器或采用手工装配工艺。

4.8.2 CIMS 软件

（1）Mitron

Mitron 功能最全，它主要包括七大模块：CB/EXPORT，可制造性分析；CB/PLAN，生产计划；CB/PRO，生产评估、生产优化、生产数据文件生成；CB/TEST/INSPECTION，生产检查测试；CB/TRACE，生产过程跟踪；CB/PQM，生产质量管理；CB/DOC，生产报告生成及生产文档管理。

Mitron 支持的贴片机厂家有：Fuji、Siemens、Philips、Universal、Panasonic 等，支持的测试设备厂家有：GenRd、HP、Takaya、Teradyne 等，基本覆盖了主要的设备制造商。Mitron 软件支持的 CAD 厂家有 Mentor、Cadence、Zuken、Pcad、Protel、Pads 等几十种。

① Mitron 可制造性分析工具：包括通孔工艺规则；焊接工艺规则；焊盘规则，尺寸允差，再流/波峰焊方向规则；SMD/SMC 定位规则，元件高度规则等多种规则检查。

② Mitron 可测试性分析：包括测试焊盘直径、探针位置规则、探针接近密度及标出不可测试的元器件等检查项。

③ 对几条生产线进行能力平衡，通过对关键设备(贴片机)的优化，可精确地确定工时定额产量。

(2) Fabmaster

Fabmaster 在测试方面具有优势，主要功能有：可测率分析、SMD 生产制造工时平衡、人工插件作业文件生成、针床夹具设计、故障零件显示与线路跟踪。

(3) Unicam

Unicam 在功能上与 Mitron 不相上下，只不过其公司规模较 Mitron 小，在产品宣传上做得不够。主要功能模块有：UNICAM、UNIDOC、U/TEST、FACTORY ADVISOR、PROCESS TOOLS。

在电子产品制造的整个过程中，用到的设备和装置还很多，将目前的主流归纳见表 4.4。

表 4.4   电子制造各环节用到的主要设备和装置

电子制造	材料工程	基体工程	装配工程	测试工程
电子元件制造	浆料制备 球磨机 超细粉碎机 黏合剂制备 振动筛 丝网印刷机	挤制设备 送片印刷机 切块机 排粘机 烧结炉 激光调阻机 涂端头机 烧银炉	导线成形机 自动插片机 焊接机 模塑包封机 激光打标机 装袋机 编带机	自动测试机 容量分类机 综合测量仪 老练机 温测仪
集成电路制造	单晶炉 划片机 研磨机 等离子清洗机	气相磊晶 光刻机 电子束曝光机 扩散炉 等离子体硅刻蚀 反应离子刻蚀 晶圆挂/喷镀设备 引线框架电镀线	芯片切割机 贴膜机 固晶机 引线键合机 载带键合机 倒装焊接键合机 平行封焊机 真空液晶灌注机 整平封口设备 激光打标机	自动探针测试 测试分选机 可焊性测试仪 老练机 AOI AXI
电子整机产品制造	与电子元件制造中的材料工程相似	PCB 曝光机 贴膜机 热压机 PCB 钻孔机 电镀系统 热风整平机 裁板机	印刷机 自动插件机 贴片机 波峰焊 选择性波峰焊 再流焊 通孔回流焊	ICT 飞针 ICT AOI SPI AXI 测厚仪 可焊性测试仪
厚膜混合集成电路制造	与电子元件制造中的材料工程和基体工程相似		采用 SMT/THT 组装装配工程	同上
微组装技术	与集成电路制造中的材料工程和基体工程相似		采用 SMT/THT 组装装配工程	同上

4.9　技 能 训 练

4.9.1　了解 SMT 生产线

视频

学生在SMT
作业现场

了解 SMT 生产线实训项目报告见实训表 4.1。

实训表 4.1　了解 SMT 生产线实训项目报告

评语 Comment	教师签字		日期		成绩 Score	
学号 Student No.		姓名 Name		班级 Class		组别 Group	
项目编号 Item No.		项目名称 Item		SMT 生产线设备		

实验记录：（不够请写在背面或附页）

一、实训内容

　　通过老师的讲解和自己的观察了解实训室生产线的设备名称、功能、电–气的要求、功能等内容。

　　1. 了解 SMT 生产线的基本设备组成。

　　2. 了解每个工序设备的基本功能。

　　3. 掌握生产线组建和安装的基本方法。

二、实训记录

　　设备记录：

　　工序一：

设备名称		设备型号	
设备功能		设备所需电压、电流	
对气源要求		设备功率	
设备加工 PCB 尺寸范围		其他	

　　工序二：

设备名称		设备型号	
设备功能		设备所需电压、电流	
对气源要求		设备功率	
设备加工 PCB 尺寸范围		其他	

　　工序三：

设备名称		设备型号	
设备功能		设备所需电压、电流	
对气源要求		设备功率	
设备加工 PCB 尺寸范围		设备加工速度（点/小时）	

续表

三、评分方法

  1. 准确描述 SMT 三大设备各部分名称、功能及工作原理(70 分)。

  2. 报告中，设备要点描述(10 分)，典型工艺流程(20 分)。

4.9.2　贴片机作业

     贴片机作业步骤见配套教学视频。贴片机作业实训项目报告见实训表 4.2。

实训表 4.2　贴片机作业实训项目报告

评语 Comment		教师签字		日期		成绩 Score	
学号 Student No.		姓名 Name		班级 Class		组别 Group	
项目编号 Item No.		项目名称 Item	SMT 贴片机编程及操作				

实验记录：(不够请写在背面或附页)

一、实训内容

  1. 掌握料盘在供料架上的安装方法。

  2. 掌握贴片机使用及程序编制方法。

  3. 掌握贴片机常见故障处理及调试方法。

    参考本章 4.3 节中贴片机相关内容及上述操作要点。在练习板指定的位置上贴上相应元器件。要求：不追求速度，体会要领。

二、实训步骤

  1. 将各种贴片元器件料盘安装在供料架上。

  2. 根据贴装元器件及位置要求，仔细查看电路板。

  3. 开启贴片机电源及气源，并检查气压压力。

  4. 根据操作步骤，在贴片机操作电脑中编制好贴片程序。

  5. 将印刷好锡膏的电路板送入贴片机传送入口处，并按下贴片机开始键。

  6. 结合贴片品质分析方法，自己评价贴片质量。

三、实训报告

  1. 说明元器件料盘参数识别方法。

  2. 阐述贴片机编程主要步骤。

  3. 操作方法，说明操作内容及要点。

  4. 谈谈实训的体会及所学到的知识，以及自己在操作中遇到的问题及解决办法。

  5. 附上自己的实物。

四、评分方法

  1. 部分的操作方法是否正确，是否完成操作要求(70 分)。

  2. 报告中，要点描述(10 分)，问题及解决方法(20 分)。

4.9.3 自动插件机作业

操作步骤见教学视频。自动插件机作业实训项目报告见实训表4.3。

实训表 4.3 自动插件机作业实训项目报告

评语 Comment		教师签字		日期		成绩 Score	
学号 Student No.		姓名 Name		班级 Class		组别 Group	
项目编号 Item No.		项目名称 Item		自动插件机编程及操作			

实验记录：（不够请写在背面或附页）

一、实训内容

1. 掌握料盘在供料架上的安装方法。

2. 掌握自动插件机使用及程序编制方法。

3. 掌握插件机常见故障处理及调试方法。

参考本章4.4节中自动插件机相关内容及上述操作要点。在练习板上指定的位置上插装相应元器件。要求：不追求速度，体会要领。

二、实训步骤

1. 将各种需要插装的元器件料盘安装在供料架上，学习物料编带过程与方法。

2. 根据插装元器件及位置要求，仔细查看电路板。

3. 开启插件机电源及气源，并检查气压压力。

4. 根据操作步骤，在插件机操作电脑中编制好程序。

5. 将电路板装入插件机处，开始进行插件作业。

6. 结合插件品质分析方法，自己评价贴片质量。

三、实训报告

1. 说明元器件料盘参数识别方法。

2. 阐述插件机编程主要步骤。

3. 操作方法，说明操作内容及要点。

4. 谈谈实训的体会及所学到的知识，以及自己在操作中遇到的问题及解决办法。

5. 附上自己的实物。

四、评分方法

1. 部分的操作方法是否正确，是否完成操作要求(70分)。

2. 报告中，操作要点描述(10分)，问题及解决方法(20分)。

4.9.4 波峰焊作业

波峰焊过程：治具安装→喷涂助焊剂系统→预热→一次波峰→二次波峰→冷却。本节以国产日东 PEAK-2008 无铅波峰焊机为例说明其运行软件的操作及调试过程，其操作步骤见教学视频。波峰焊机作业实训项目报告见实训表4.4。

实训表 4.4 波峰焊机作业实训项目报告

评语 Comment		教师签字		日期		成绩 Score	
学号 Student No.		姓名 Name		班级 Class		组别 Group	
项目编号 Item No.		项目名称 Item		波峰焊机编程及操作			

实验记录：（不够请写在背面或附页）

一、实训内容

1. 掌握波峰焊机的参数设置方法。

2. 掌握波峰焊机输入点查询方法。

3. 掌握波峰焊机输出状态查询方法。

4. 掌握波峰焊机焊接电路板操作。

参考本章 4.5 节中波峰焊机相关内容及上述操作要点。将练习电路板用波峰焊机焊接。要求：不追求速度，体会要领，尽量提升焊接效果。

二、实训步骤

1. 运输参数设置。

2. 喷雾参数设置。

3. PCB 基本参数设置。

4. 预热参数设置。

5. 锡炉参数设置。

6. 将电路板送入波峰焊机入口，进行焊接。

7. 结合焊接品质分析方法，自己评价焊接质量。

三、实训报告

1. 说明波峰焊机参数识别方法。

2. 波峰焊机焊接主要步骤，说明操作内容及要点。

3. 谈谈实训的体会及所学到的知识，以及自己在操作中遇到的问题及解决办法。

4. 附上自己的实物。

四、评分方法

1. 部分的操作方法是否正确，是否完成操作要求(70 分)。

2. 报告中，操作要点描述(10 分)，问题及解决方法(20 分)。

4.9.5 再流焊设备作业

再流焊设备焊接原理：当 PCB 基板进入预热区时使无铅焊膏的水分、气体蒸发掉，同时，焊膏中的助焊剂润湿焊盘、元件引脚、焊膏软化、塌落、覆盖了焊盘，将焊盘、元器件引脚与氧气隔离，PCB 在预热时得到充分的预热；当 PCB 进入焊接区，温度迅速上升使得焊膏达到熔化状态，对 PCB 的焊盘、元器件引脚润湿，扩散，漫流或回流混合形成锡焊接头，实现再流焊接。最后 PCB 经过冷却区冷却后从出口处被送出机

视频

电脑主板制造过程

器。其操作步骤见教学视频。再流焊机作业实训项目报告见实训表 4.5。

实训表 4.5　再流焊机作业实训项目报告

评语 Comment		教师签字		日期		成绩 Score	
学号 Student No.		姓名 Name		班级 Class		组别 Group	
项目编号 Item No.		项目名称 Item		再流焊机编程及操作			

实验记录：(不够请写在背面或附页)

一、实训内容

　1. 掌握再流焊机的参数设置方法。

　2. 掌握再流焊机温度曲线查询方法。

　3. 掌握再流焊机温度曲线测试方法。

　4. 掌握再流焊机焊接电路板操作。

　参考本章 4.6 节中再流焊机相关内容及上述操作要点。将练习电路板用再流焊机焊接。要求：不追求速度，体会要领，尽量提升焊接效果。

二、实训步骤

　1. 运行参数设置：设定或修改各温区加热温度、冷却温度、运输速度、风机速度等。

　2. 焊接温度曲线查询。

　3. 焊接温度曲线测试。

　4. 将电路板送入再流焊机入口，进行焊接。

　5. 结合焊接品质分析方法，自己评价焊接质量。

三、实训报告

　1. 说明再流焊机参数设置方法。

　2. 再流焊机焊接主要步骤，说明操作内容及要点。

　3. 谈谈实训的体会及所学到的知识，以及自己在操作中遇到的问题及解决办法。

　4. 附上自己的实物。

四、评分方法

　1. 部分的操作方法是否正确，是否完成操作要求(70 分)。

　2. 报告中，操作要点描述(10 分)，问题及解决方法(20 分)。

思考与习题

1.　(1) 什么叫浸焊，什么叫波峰焊？

　　(2) 画出自动焊接工艺流程图。

　　(3) 什么叫再流焊？主要用在什么元器件的焊接上？

2.　(1) 什么叫气泡遮蔽效应？什么叫阴影效应？SMT 采用哪些新型波峰焊接技术？

　　(2) 请说明双波峰焊接机的特点。

　　(3) 请叙述再流焊的工艺流程和技术要点。

（4）请叙述气相再流焊的工艺过程。

3.（1）什么叫 AOI 检测技术？AOI 检测技术有哪些优点？

（2）AXI 检测设备有哪些种类？它为什么检验 BGA 等集成电路的焊接质量？

4.（1）请说明焊接残留污物的种类，以及每种残留污物可能导致的后果。

（2）请说明清洗溶剂的种类。选择清洗溶剂时应该考虑哪些因素？

（3）免清洗焊接技术有哪两种？请详细说明。

　　产品质量形成于市场调研、开发设计、制定标准、制定工艺、原材料采购、配备生产设备与工装、加工制造、工序控制与检验、销售与售后服务的全过程，而不是仅仅依靠事后把关的检验，但在产品形成的各个环节，通过各种方式的检验与测试来验证质量的符合性又是必不可少的。为此，电子企业通常会设置相关的质量控制岗位并明确其职责。

　　产品认证是为确认不同产品与其标准规定符合性的活动，是对产品进行质量评价、检查、监督和管理的一种有效方法，通常也作为一种产品进入市场的准入手段，被许多国家采用。产品认证分为强制性认证（如我国的 3C 认证、欧盟的 CE 认证）和自愿性认证（如美国的 UL 认证、我国的 CQC 认证）。

5.1　电子企业质量控制方法

5.1.1　电子企业质量控制工作岗位与职责

　　产品质量是企业的生命，产品质量控制与质量检验是电子产品制造企业生产过程的重要内容。因此，为了保证生产出符合质量标准和客户要求的产品，在企业内部，设立了许多与质量相关的工作岗位。以下是对电子产品制造企业品质相关的工作岗位分析。

1. QC

　　品质控制（quality control，QC）是产品的质量检验，发现质量问题后的分析、改善和不合格品控制相关人员的总称。一般包括来料检验（incoming quality control，IQC），制程检验（in-process quality control，IPQC），成品检验（final quality control，FQC），出货检验（out-going quality control，OQC），也有的公司将整个质控部全部都称之为 QC。QC 所关注的是产品，而非系统（体系），这是它与 QA 的主要差异，目的与 QA 是一致的，都是"满足或超越顾客要求。"

　　（1）IQC

　　IQC 即进料品质控制，也称来料检验。IQC 一般主要负责对购进的材料进行质量控制，包括检验和各种数据统计分析等。常用的报表一般有检验报告，月度或年度的来料检验结果汇总。

　　（2）IPQC

　　IPQC 是指产品从物料投入生产到最终包装过程的品质控制，也称巡回检查或现场品质稽查。IPQC 的工作内容包括：

　　① 根据产品品质状况的需求，设立适当控制点，控制点的效果要定期检查并决定增减。

② 制程检验人员的检验水准不得受外来因素影响而降低。

③ 了解作业规范所列的工作重点与控制要领、条件、设备。

④ 了解制程检验所列的管制频率，确实依规定频率抽查，抽查记录要确实记载。如未能照频率进行，应向主管反应，不得擅自改变抽查频率与伪造记录。

⑤ 制程记录定期交给数据汇总人员。

⑥ 发现制程品质问题应迅速反应。

⑦ 问题反应后要注意是否有对策，有对策之后要注意对策是否有效；注意防止问题重复发生的措施是否得当。

⑧ 生产前了解类似(或相同)产品的质量缺失，列入管制重点。

⑨ 随时提醒作业人员及其单位主管注意质量上的缺失。

⑩ 和生产线人员保持良好的人际关系，协助他们解决问题，避免造成敌对的态度。

⑪ 制程异常资料统计。

⑫ 注意生产在线良品与不良品区别，以防止不良品被误用。

(3) FQC

FQC 是指生产过程终端的成品检验；是交 QA 抽检前的最后一级 QC 检验，检验的项目和标准由 QA 制订。

(4) OQC

OQC 是成品出货检验。成品出厂前必须进行出货检验，才能达到产品出厂零缺陷、客户满意零投诉的目标。OQC 的检验项目包括：

① 成品包装检验：包装是否牢固，是否符合运输要求等。

② 成品标识检验：如商标批号是否正确。

③ 成品外观检验：外观是否破损、开裂、划伤等。

④ 成品功能性能检验：批量合格则放行，不合格应及时返工或返修，直至检验合格。

2. QA

品质保证(quality assurance，QA)是通过建立和维持质量管理体系来确保产品质量没有问题。一般包括体系工程师，供应商质量工程师(supplier quality engineer，SQE)，客户技术服务人员(customer technical service，CTS)，6sigma 工程师，计量器具的校验和管理等方面的人员。QA 不仅要知道问题出在哪里，还要知道这些问题解决方案如何制订，今后该如何预防，QC 要知道仅仅是有问题就去控制，但不一定要知道为什么要这样去控制。

QC 与 QA 的区别：QC 主要是事后的质量检验类活动为主，默认错误是允许的。期望发现并选出错误；而 QA 主要是事先的质量保证类活动，以预防为主，期望降低错误的发生概率。QC 是为使产品满足质量要求所采取的作业技术和活动，它包括检验、纠正和反馈，比如 QC 进行检验发现不良品后将其剔除，然后将不良信息反馈给相关部门采取改善措施。因此 QC 的控制范围主要是在工厂内部，其目的是防止不合格品投入、转序、出厂，确保产品满足质量要求及只有合格品才能交付给客户。QA 主要是提供确信，因此需对了解客户要求开始至售后服务的全过程进行管理，这就要求企业建立品管体系，制订相应的文件规范各过程的活动并留下活动实施的证据。

QA 的岗位职责主要包括：

① 根据公司整体质量状况拟定质量控制方案，全过程的监控产品质量，令顾客信任。

② 评估工艺方案，监控工艺状态，因工艺参数的改变对产品的影响进行认定。

③ 制定产品质量检验标准。

④ 发现产品质量问题并推动相关部门及时解决。

⑤ 协助工艺部门分析工序能力，进行质量改进。

⑥ 工程变更通知单的处置监控。

⑦ 对不合格产品作处理判定。

⑧ 协助上级分析、处理和解决客户质量问题，满足内、外部客户的质量需求。

⑨ 制订新产品质量管理计划，并监控实施，使新产品质量水平达到预定目标。

⑩ 配合技术部门进行新产品试制试产总结，评审质量风险与质量控制措施的可行性。

⑪ 分析最终产品及过程产品失效原因，并提出改进方案。

⑫ 如有开发新供货商，协助相关部门对其进行品质方面的稽查。

3. QE

QE(Quality Engineer)是指品质工程师。

QE 的主要职责如下：

① 负责从样品到批量生产整个过程的产品质量控制，寻求通过测试、控制及改进流程的方法以提升产品质量。

② 负责解决产品生产过程中所出现的质量问题，处理品质异常及品质改善。

③ 产品的品质状况跟踪，处理客户投诉并提供解决措施。

④ 制定各种与品质相关的检验标准与文件。

⑤ 指导外协厂商的品质改善，分析与改善不良材料。

⑥ 客诉处理中的对策分析。

⑦ 持续改善中的主导跟踪。

⑧ 品管手法中的宣传推广。

⑨ 供方管理中的审核辅导。

⑩ 作业管理中的工业工程(industrial engineering,IE)手法。

5.1.2 静电对电子产品的危害与防护

1. 静电的产生

静电即相对静止不动的电荷，是指因不同物体之间相互摩擦而产生的在物体表面所带的正负电荷，两个不同材质的物体接触后再分离，也可产生静电。静电的产生通常有三种方式：

① 摩擦：在日常生活中，任何两个不同材质的物体接触后再分离，即可产生静电，而产生静电的最常见方法，就是摩擦生电。材料的绝缘性越好，越容易摩擦生电。另外，任何两种不同物质的物体接触后再分离，也能产生静电。

② 感应：针对导电材料而言，因电子能在它的表面自由流动，如将其置于一电场中，由于同性相斥，异性相吸，正负离子就会转移。

③ 传导：针对导电材料而言，因电子能在它的表面自由流动，如与带电物体接触，将发生电荷转移。

2. 静电的危害

集成电路元器件因线路缩短、耐压降低、线路面积减小，使得器件耐静电冲击能力的减弱，静电电场（static electric field）和静电电流（ESD current）成为这些高密度元器件的致命杀手。同时，大量的塑料制品等高绝缘材料的普遍应用，导致产生静电的机会大增。日常生活中如走动、空气流动、搬运等都能产生静电。人们一般认为只有 CMOS 类的晶片才对静电敏感，实际上，集成度高的元器件电路都很敏感。

要解决静电对电子产品的损坏问题，可以采取以下各种静电防护措施：

① 操作现场静电防护。对静电敏感器件应在防静电的工作区域内操作。

② 人体静电防护。操作人员穿戴防静电工作服、手套、工鞋、工帽、手腕带。

③ 储存运输过程中静电防护。静电敏感器件的储存和运输不能在有电荷的状态下进行。

3. 静电的防护

（1）静电防护的三种方式

① 接地

接地就是直接将静电通过一条线的连接泄放到大地，这是防静电措施中最直接最有效的，对于导体通常用接地的方法，如人工佩戴防静电手腕带及工作台面接地等。

接地可以通过以下方法实施：

- 人体通过手腕带接地。
- 人体通过防静电鞋（或鞋带）和防静电地板接地。
- 工作台面接地。
- 测试仪器，工具夹，烙铁接地。
- 防静电地板，地垫接地。
- 防静电周转车，箱，架尽可能接地。
- 防静电椅接地。

② 静电屏蔽

静电敏感元器件在储存或运输过程中会暴露于有静电的区域中，用静电屏蔽的方法可削弱外界静电对电子元器件的影响，最通常的方法是用静电屏蔽袋和防静电周转箱作为保护。另外防静电衣对人体的衣服具有一定的屏蔽作用。

③ 离子中和

使用除静电离子风机检测仪，定期对离子风机平衡度和衰减时间进行检测及校验，以确保离子风机工作在安全的指标范围。

（2）静电防护的基本原则

自然界的所有物质都是由原子组合而成，原子中的质子（正电荷）与电子（负电荷）存在于我们生活中的每个角落，可以这样说：静电是无处不有，无时不在，时时刻刻存在于我们生活中的周围一切。在静电防护过程中打算将静电完全消除是非常困难的，但是可以采取防护措施，将静电的产生与积聚控制在最小的限度之内，经过科学家和工程技术人员多年的研究和实践，得出两个防护静电危害的基本原则：

- 在静电安全区域内使用或安装静电敏感元器件。
- 用静电屏蔽容器运送静电敏感元器件。

（3）静电防护的材料与设施

① 人体防静电服饰

a. 防静电腕带

如图 5.1 所示，防静电腕带的材料是弹性编织物，佩戴在操作人员的手腕上，内侧材料具有导电性，与人的皮肤接触，可以把人体积累的静电通过一个 1 MΩ 的电阻，沿自由伸缩的导线释放到保护零线上。

图 5.1　防静电腕带

按照防静电的安全要求，所有在电子产品插装生产线上工作的操作者必须佩戴防静电腕带。佩戴防静电腕带必须注意：

● 防静电腕带必须与手腕紧密接触并避免松脱，不要把它套在衣袖上。

● 防静电腕带导线另一端的夹头必须在保护零线上固定妥当。安全管理人员要经常检测人手和地面之间的电阻，应该在 0.5 ~ 50 MΩ 之间。

b. 防静电工作服、手套和鞋

防静电的工作服如图 5.2（a）所示，其作用是尽量减少静电场效应或者避免工作服积累电荷。工作服两只袖子之间的电阻约在 100 kΩ ~ 1 000 MΩ 范围。

防静电手套如图 5.2（b）所示，其作用是尽量减少静电场效应或者避免人体带电对电子元器件的损害。

如图 5.2（c）所示，防静电鞋提供人体和防静电地面保持必要的静电释放接触，人脚和地面之间的电阻应该在 0.5 ~ 50 MΩ 范围。

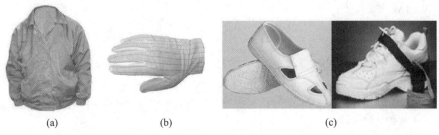

(a)　　　　　　(b)　　　　　　　　(c)

图 5.2　防静电工作服、手套和鞋

② 防静电包装材料

防静电包装材料包括各种包装电子元器件和产品的袋、管、管塞与盒等。

③ 抗静电材料

在材料上喷涂抗静电液体，使材料自身不会产生静电或仅产生微量静电（≤100 V）。这类材料的表面电阻率应该在 $10^9 ~ 10^{11}$ Ω 之间，静电消散时间<2 s。图 5.3（a）、（b）分别是防静电网格包装袋和防静电海绵的照片。

使用抗静电材料要注意：

- 抗静电材料仅能防止自身产生静电，而却无法防止静电场对元器件的破坏。
- 必须考虑表面涂层的有效期。
- 一般供货商的习惯是把这些产品制成粉红色。

④ 静电屏蔽材料

这种材料一般由 2 层或 3 层复合而成，2 层的内层和 3 层的中间层是薄的金属箔（电阻率 $<10^3$ Ω），其他是抗张力强的抗静电化学合成物质（电阻率：$10^9 \sim 10^{11}$ Ω）。静电屏蔽包装袋如图 5.3（c）、（d）所示。

|(a) 抗静电网格包装袋|(b) 抗静电海绵|(c) 静电屏蔽防潮袋|(d) 静电屏蔽袋|

图 5.3　防静电包装材料

使用静电屏蔽包装材料时需要注意：

- 避免尖锐物刮坏金属层。
- 这种材料还不能彻底消除静电威胁，只有封闭的导电包装袋或容器才能起到完全保护的作用。

⑤ 防静电台垫与地板

- 防静电台垫：用于各工作台表面的铺设，各台垫串上 1 MΩ 电阻后与防静电地可靠连接。
- 防静电地板分为：PVC 地板、聚氨酯地板、活动地板。
- 防静电蜡和防静电油漆：防静电蜡可用于各种地板表面增加防静电功能及使地板更加明亮干净。
- 防静电油漆可用于各种地板表面，也可涂于各种货架、周转箱等容器上。

5.1.3　现场质量管理

1. 现场质量管理的概念

现场质量管理又称制造过程质量管理、生产过程质量管理，是全面质量管理中一种重要的方法。它是从原材料投入产品形成整个生产现场所进行的质量管理。搞好现场质量管理可以确保生产现场生产出稳定和高质量的产品，使企业增加产量，降低消耗，提高经济效益。

要点提示：生产现场是影响产品质量的 4M1E（人、机器、材料、方法、环境）诸要素的集中点。

2. 现场质量管理的对象

现场质量管理以生产现场为对象，以对生产现场影响产品质量的有关因素和质量行为的控制和管理为核心，通过建立有效的管理点，制定严格的现场监督、检验和评价制度以及现场信息反馈制度，进而形成强化的现场质量保证体系，使整个生产过程中的工序质量处在严格的控制状态下，从而确保生产现场能够稳定地生产出合格品和优质品。

3. 现场质量管理要求

现场质量管理法对操作者和检验员有特别的要求：

（1）对操作者的要求

① 学习并掌握现场质量管理的基本知识，了解现场与工序所用数据记录表和控制图或其他控制手段的用法及作用，懂计算数据和打点。

② 清楚地掌握所操作工序管理点的质量要求。

③ 熟记操作规程和检验规程，严格按操作规程（作业指导书）和检验规程（工序质量管表）的规定进行操作和检验，做到以现场操作质量来保证产品质量。

④ 掌握本人操作工序管理点的支配性工序要素，对纳入操作规程的支配性工序要素认真贯彻执行；对由其他部门或人员负责管理的支配性工序要素进行监督。

⑤ 积极开展自检活动，认真贯彻执行自检责任制和工序管理点管理制度。

⑥ 牢固树立下道工序是用户、用户第一的思想，定期访问用户，采纳用户正确意见，不断提高本工序质量。

⑦ 填好数据记录表、控制图和操作记录，按规定时间抽样检验、记录数据并计算打点，保持图、表和记录的整洁、清楚和准确，不弄虚作假。

⑧ 在现场中发现工序质量有异常波动（点越出控制限或有排列缺陷），应立即分析原因并采取措施。

（2）对检验员的要求

① 应把建立管理点的工序作为检验的重点，除检验产品质量外，还应检验监督操作工人执行工艺及工序管理点的规定，对违章作业的工人要立即劝阻，并作好记录。

② 检验员在现场巡回检验时，应检查管理点的质量特性及该特性的支配性工序要素，如发现问题应帮助操作工人及时找出原因，并帮助采取措施解决。

③ 熟悉所负责检验范围现场的质量要求及检测试验方法，并按检验指导书进行检验。

④ 熟悉现场质量管理所用的图、表或其他控制手段的用法和作用，并通过抽检来核对操作工人的记录以及控制图点是否正确。

⑤ 做好检查操作工人的自检记录，计算他们的自检准确率，并按月公布和上报。

⑥ 按制度规定参加管理点工序的质量审核。

4. 现场质量管理要点

要强化班组的质量管理，必须抓住下面几个要点：

① 是否按操作标准操作。操作人员确实按照操作标准操作，且于每一批的第一件加工完成后，必须经过有关人员实施首件检查，待检查合格后，才能继续加工，各组组长并应实施随机检查。

② 是否按检查标准检查。检查站人员确实按照检查标准检查，不合格品检修后须再经检查合格后才能继续加工。

③ 抽检资料是否回馈班组。质量管理部制程科派员巡回抽验，并做好制程管理与分析，以及将资料回馈有关单位。

④ 是否做好异常处理。发现质量异常应立即处理，追查原因，并矫正及做成记录防止再发生。

⑤ 是否做好检查仪器量规的管理与校正。仪器量规要注重管理并按期校正。

5.1.4　精益生产总结的七大浪费

1. 敏捷制造

敏捷制造（AM）是美国于 1991 年正式提出来的一种新型生产模式。该生产模式一经公开

后，立即受到世界各国的关注和重视。敏捷制造企业采用现代通信技术，以敏捷、动态、优化的形式，组织新产品开发，通过动态联盟、先进生产技术和高素质员工的全面集成，快速响应客户需求，及时将开发的新产品投放市场，从而赢得竞争的优势。敏捷制造企业的敏捷性主要反映在市场/客户、企业能力和合作伙伴这三个方向。敏捷制造体系如图 5.4 所示。

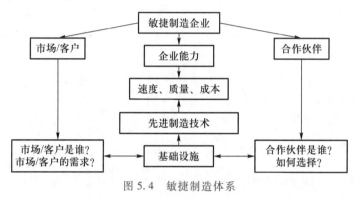

图 5.4　敏捷制造体系

2. 七大浪费

在竞争激烈的环境中，企业需要更高的利润才能取得竞争优势，在生产过程中不能有丝毫的浪费。在生产现场、管理部门都存在着一些问题需要改善。企业管理过程中要真正从思想上认清"浪费"带来的危害，真正在行动上消除"浪费"，降低成本，提高效率，增加效益。工厂中的七大浪费如图 5.5 所示，主要表现在：

图 5.5　七大浪费示意图

① 等待的浪费：作业不平衡，安排作业不当、待料、品质不良等。

② 运输的浪费：车间布置采用批量生产，依工作站为区别的集中的水平式布置所致（也就

是分工艺流程批量生产），无流线生产的观念。

③ 不良品的浪费：工序生产无标准确认或有标准确认未对照标准作业，管理不严密、松懈所导致。

④ 动作的浪费：生产场地不规划，生产模式设计不周全，生产动作不规范统一。

⑤ 加工的浪费：制造过程中作业加工程序动作不优化，可省略、替代、重组或合并的未及时检查。

⑥ 库存的浪费：管理者为了自身的工作方便或本区域生产量化控制一次性批量下单生产，而不结合主生产计划需求流线生产所导致局部大批量库存。

⑦ 制造过多（早）的浪费：管理者认为制造过多与过早能够提高效率或减少产能的损失和平衡车间生产力。

3. 有效解决各种浪费的精益对策

"零浪费"为精益生产终极目标，具体表现在 PICQMDS 七个方面，目标细述为：

① "零"转产工时浪费（products，多品种混流生产）。将加工工序的品种切换与装配线的转产时间浪费降为"零"或接近为"零"。

② "零"库存（inventory，消减库存）。将加工与装配相连接流水化，消除中间库存，变市场预估生产为接单同步生产，将产品库存降为零。

③ "零"浪费（cost，全面成本控制）。消除多余制造、搬运、等待的浪费，实现零浪费。

④ "零"不良（quality，高品质）。不良不是在检查位检出，而应该在产生的源头消除它，追求零不良。

⑤ "零"故障（maintenance，提高运转率）。消除机械设备的故障停机，实现零故障。

⑥ "零"停滞（delivery，快速反应、短交期）。最大限度地压缩前置时间（Lead time）。为此要消除中间停滞，实现"零"停滞。

⑦ "零"灾害（safety，安全第一）。

5.1.5 全面质量管理

1. 什么是 TQM

全面质量管理（TQM）就是从消费者完全满意角度出发，企业各部门综合进行开发、保持、改进质量的努力，以便能最为经济地进行生产和服务的有效体系。

根据 ISO 9000 的定义，质量管理是指一个组织以质量为中心，以全员参与为基础，目的在于通过让顾客满意和本组织所有成员以及社会受益而达到长期成功的管理途径。由此可见，质量管理的全过程应该包括产品质量的产生、形成和实现的过程。因此，要保证产品的质量，不仅要管理好生产过程，还需要管理好设计和使用的过程。

通常认为，影响质量的因素主要有五个，即人员、机器、材料、方法和环境，简称人、机、料、法和环，如图 5.6 所示。为了保证和提高产品质量，既要管理好生产过程，还必须管理好设计和使用的过程，要把所有影响质量的环节和因素控制起来，形成综合性的质量体系。因此，全面质量管理不仅要求有全面的质量概念，还需要进行全过程的质量管理，并强调全员参与，即"三全"的 TQM。

图 5.6 影响产品质量的五大因素图

2. TQM 的基本特点

TQM 不仅要求质量管理部门进行质量管理，它还要求从企业最高决策者到一般员工均应参加到质量管理过程中。TQM 还强调，质量控制活动应包括从市场调研、产品规划、产品开发、制造、检测到售后服务等产品寿命循环的全过程。可以看出，TQM 的基本特点是全员参加、全过程、全面运用一切有效方法、全面控制质量因素、力求全面提高经济效益的质量管理模式。

要点提示：TQM 的核心思想是，企业的一切活动都围绕着质量来进行。

① 全员参加意味着质量控制由少数质量管理人员扩展到企业的所有人员。

无论高层管理者还是普通办公职员或一线工人，都要参与质量改进活动。参与"改进工作质量管理的核心机制"，是 TQM 的主要原则之一。

② 全过程是指将质量控制从质量检验和统计质量控制扩展到整个产品寿命周期。

③ 全面运用一切有效方法是指应用一切可以运用的方法，而不仅仅是数理统计法。

④ 全面控制质量因素意味着把影响质量的人、机器设备、材料、工艺、检测手段、环境等全部予以控制，以确保质量。

全面的质量包括产品质量、工作质量、工程质量和服务质量。

事实证明，产品的质量与制造成本的关系很大，为了保证产品质量并降低生产成本，要取得全面经济效益，就必须进行 TQM。

3. TQM 的关键点

① 质量第一。始终把质量放在第一位。

② 为顾客服务。一切围绕顾客的需要。

③ 质量形成于生产全过程。产品质量形成于生产的全过程，这一过程是由若干个相互联系的环节所组成的，从供应商提供原料、进厂检验控制、上线生产、质量检验，直到合格品入库，每一个环节都或大或小地影响着产品质量的最终状况。这样也就决定了 TQM 的管辖范围。

④ 质量具有波动的规律。掌握质量变化的波动性。

⑤ 质量控制以自检为主。在 TQM 过程中，对质量的控制应该以自检为主。这样的质量管理方式也就意味着我们在全过程的生产制造中必须树立强烈的自我质量意识，而不是等到质量部门检验以后才形成质量的概念。

⑥ 质量的好坏用数据来说话。一是平常有记录；二是以记录为依据。

⑦ 质量以预防为主。在传统的质量管理中，往往是通过产品生产后的检验来控制产品的质量，这种质量保证方式并不能防止缺陷的产生，仅仅是一种补救措施。在 TQM 中，必须意识到质量应该以预防为主，通过事前管理的方式来降低产品的成本。

⑧ 科学技术、经营管理和统计方法相结合。注重科学技术的应用，科学统计样本，不断提高管理水平。

 5.2   电路板组件 PCBA 的检测

5.2.1   AOI 光学检测仪工作原理

AOI 检测是将 AOI 系统中存储的标准数字化图像与实际检测到的图像进行比较，从而获得检测结果。例如，检测某个焊点时，将完好的焊点建立起标准数字化图像与实测图像进行比较。图形识别中会用到各种算法，如计算黑点与白点的比例、彩色、合成、求平均、求和、求差、求平面、求边角等。

AOI 的光线照射有白光和彩色光两类设备，白光是用 256 层次的灰度，彩色是用红光、绿光、蓝光，光线照射至焊锡/元器件的表面，之后光线反射到镜头中，产生二维图像的三维显示，来反映焊点/元器件的高度和色差。人看到和认识物体是通过光线反射回来的量进行判断，反射量多为亮，反射量少为暗。AOI 与人眼判断的原理相同。

目前 PCB AOI 检测算法大概分为 3 类：① 基于设计规则的检测算法；② 基于图像处理的检测算法；③ 上述二者的结合。AOI 报告缺点的逻辑，总的来说分两种：设计规范（DRC）和母板（CAM reference）比对。

（1）设计规范

AOI 根据设定的参数判断，违反参数的报告为缺点。这类缺点主要为最小线宽、最小间距、针孔和铜渣。

（2）母板比对

AOI 根据用 CAM 资料学习出来的母板资料与实际扫描出来的影像进行比对，把不在容差范围内的缺点报告出来。这类缺点主要为开路、短路、焊盘、针孔。

设计规范和母板比对有机结合，做到只报告想找出来的缺点，尽量减少误报点数。

AOI 检测原理与 AOI 设备如图 5.7 所示。

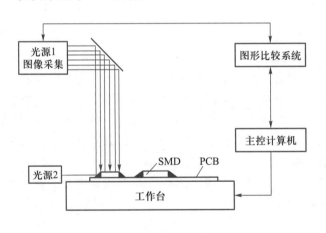

(a) AOI 检测原理示意图

(b) 国产 AOI 设备照片

图 5.7　AOI 检测原理与 AOI 设备

5.2.2　X 射线检测设备（AXI）

组装有 PLCC、SOJ、BGA、CSP 和 FC 等集成电路的电路板，在焊接完成以后，由于焊点在芯片的下面，依靠人工目检或 AOI 系统都无法发现焊接缺陷，因此，用 X 射线（X-ray）检测就成为判断这些器件焊接质量的主要方法。

这种设备采用密封微焦 X 射线管与高分辨率增强显示屏组合的结构，用 X 射线非破坏性地透视检查，用于电子零件内部缺陷检测以及 BGA、CSP 等集成电路焊接质量的最优化检测，能够实时观察到清晰的图片。另外，采用强大的软件测量功能，可用于研究分析的测量工具标准配置，使检查效率大大提高。

典型 AXI 检查设备的技术指标有：X 光管类型：密封反射型；焦点尺寸：5 μm；X 光管功率：130 keV；最高输出功率：39 W；几何放大倍率：120（综合放大倍率：960）；可检测面积：380 mm×508 mm；软件界面：Windows XP Pro，配合可编程工作台可以实现自动检测；样件夹具：360°旋转，+/−90°内倾斜；X 射线泄漏：小于 $2.5×10^{-4}$ 伦琴/小时（国际标准为 0.1 伦琴/小时）。

电路板沿导轨进入 AXI 机器后，上方有 X 射线发射管，X 射线穿过电路板后被置于下方的探测器接收，X 射线在穿过不同密度的材质时被吸收和反射的比率不同，在屏幕上留下的影响就会有不同的灰度，密度高的材质吸收由于焊料中金属成分与穿过 IC 封装材料玻璃纤维、铜、硅等其他材料的 X 射线相比，照射在焊点上的 X 射线被吸收，在屏幕上的图像中呈现黑点，使对焊点的检测变得直观而简单，利用图像分析算法就能自动且可靠地发现焊接缺陷。图 5.8 为 AXI 设备。

图 5.8　AXI 设备

现在的 X 射线检测设备大致可以分成以下三种：

① X 射线传输（2D）测试系统——适用于检测单面贴装了 BGA 等芯片的电路板，缺点是不能区分垂直重叠的焊点。

② X 射线断面测试或三维（3D）测试系统——它克服了上述缺点，可以进行分层断面检测，相当于工业 CT 机。X 射线光束聚焦到任何一层并将相应图像投射到一个高速旋转的接受面上。由于接受面高速旋转，使位于焦点处的图像非常清晰，而其他层的图像则被消除。所以，3D 检验法可对电路板两面的焊点独立成像。X 射线 3D 检测技术除了可以检验双面贴装的 SMT 电路板外，还能对那些不可见焊点进行多层图像"切片"检测，即对 BGA 焊点的顶部、中部和底部进行彻底检验。同时，利用此方法还可以检测通孔（THT）焊点，检查通孔中的焊料是否充实，从而及时发现焊接缺陷，极大地改善焊点的连接质量。

③ X 射线和 ICT 结合的检测系统——用 ICT 在线测试补偿 X 射线检测的不足之处，适用于高密度、双面贴装 BGA 等芯片的电路板。

5.2.3　在线检测

1. ICT 的概念

ICT 是在线测试技术的缩写，ICT 通常在生产线上进行操作，是生产工艺流程中的一道工序；它把电路板接入电路，使被测产品成为检测线路的一个组成部分，对电路板以及组装到电路板上的元器件进行测试，判断组装是否正确、焊接是否良好或参数是否正确。ICT 的应用极其广泛，最简单的如元器件制造厂家对电子元器件的测试或印制电路板制造厂家对 PCB 的测试，复杂的如计算机或各种智能化的电子产品，从部件到整机，在自动化生产过程中都要

视频

ICT/FCT/AOI 检测

使用 ICT。ICT 是一项技术性很强的工作，它要求操作者具有很好的理论基础和技术能力。

ICT 分为静态测试和动态测试。静态 ICT 只接通电源，并不给电路板注入信号，在产品的总装或动态测试之前首先保证电路板的组装焊接没有问题，以便安全地转入下一道工序；而动态 ICT 在接通电源的同时，还要给被测电路板注入信号，模拟产品实际的工作状态，测试它的功能与性能。

大多数 ICT，特别是对复杂产品的在线测试都要利用计算机技术，以便保证测试的准确性和可靠性，提高测试效率。ICT 的基本结构如图 5.9 所示。它的硬件主要由计算机、测试电路、压板、针床和显示、机械传动系统等部分组成。软件由操作系统和 ICT 测试软件组成。

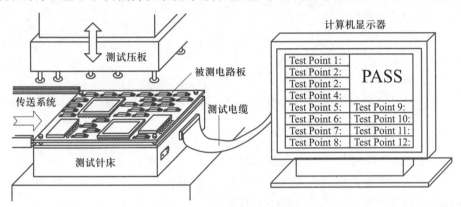

图 5.9　ICT 的基本结构

ICT 专用的测试软件要根据具体的产品编程，通过接口在屏幕上显示或在打印机上输出测试结果，还能完成对测试结果的数据分析与统计等功能。

测试电路是被测电路板与计算机的接口，它可以分成两部分：开关电路由继电器或半导体开关电路组成，把电路板组件(PCBA)上需要测试的元器件接入测试电路；控制电路根据软件的设定，选中相应的元器件并测试其参数，例如对电阻测试其阻值，对电容测试其容量，对电感测其电感量等。

测试针床是一块专为被测产品设计的工装电路，用来接通 ICT 系统和被测电路板。针床上，根据被测电路板上每一个测试点的位置，安装了一根测试顶针，测试针是带弹性的，可以伸缩。被测电路板压到测试针床上的时候，测试顶针和针床通过测试电缆的连接，把被测电路板上每一个测试点连接到测试系统中。图 5.10 是测试针床的示意图，其中图(a)~(c)是顶针的形式，图(d)是顶针的内部结构。

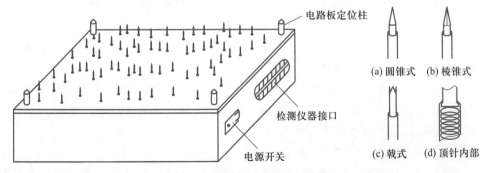

图 5.10　测试针床和顶针示意图

当压板向下移动一段距离，上面的塑料棒压住电路板往下压的时候，针床上的测试顶针受到压缩，保证测试点与测试电路良好连接，使被测元器件接入测试电路。

ICT 的机械部分包括传送系统、气动压板、行程开关等机构。高档的 ICT 带有传送系统，能够自动把被测产品顺序送到 ICT 设备上；压缩空气通过汽缸驱动压板上升或下降，当压板下降到指定的位置，行程开关把气路断开，使压板停止下压的动作。

2. ICT 测试原理

（1）电阻测试

测试电阻的阻值，其原理很简单，就是通过电阻的测试顶针注入一个电流，测试这个电阻两端的电压，利用欧姆定律

$$R = U / I$$

计算出该电阻的阻值。

（2）电容测试

对电容器测量其容量。测试小电容的方法与电阻类似，不同之处是注入交流信号，利用

$$X_C = \frac{U}{I} \text{、} \quad X_C = \frac{1}{\omega C} \quad \text{和} \quad C = \frac{I}{\omega U} = \frac{I}{2\pi f U}$$

进行测量，其中 f 是测试频率，U、I 是测试信号电压和电流的有效值。

测试大容量的电容器采用直流电流（DC）法，即把直流电压加在电容器两端，因为充电电流随时间按指数规律减少，在测试时加一定的延时时间，就能测出其电容量。

（3）电感测试

电感的测试方法和电容的测试方法类似，也用交流信号进行测试。

（4）二极管测试

正向测试二极管时，加入一个正向电流，硅二极管的正向压降约为 0.6 ~ 0.7 V；若加一个反向电流，二极管的压降会很大。

（5）晶体管测试

分三步测试晶体管：先测试它的集电结和发射结，看 B–C 极、B–E 极之间的正向压降，这和二极管的测试方法相同。再测试晶体管的电流放大作用，在 B–E 极之间加入基极电流，测试 C–E 极之间的电压；例如当 B–E 极之间加入 1 mA 电流时，若 C–E 极之间的电压由原来的 2 V 降到 0.5 V，则晶体管处于正常的放大工作状态。

（6）跳线测试

跳线（jumper）作为连线，跨接印制板上的两点，只有通、断两种情况。测试跳线的电阻值就可以判断其好坏，测试方法和测试电阻相同。

（7）测试集成电路

通常，对集成电路只测试其引脚是否会有连焊（短路）或虚焊的情况，集成电路的内部性能一般无法通过 ICT 系统进行测试。

测试方法是，以电源 V_{cc} 的引脚作为参考点，将集成电路各引脚的正向电压和反向电压顺序测试一遍，再将各引脚对接地端 GND 引脚的正向、反向电压测试一遍。与正常值进行比较，若有不正常的，可以判断该引脚连焊或虚焊。

3. ICT 编程与调试

测试软件可以分为测试统计资料、开路–短路测试、元件数值测试等。测试统计资料是

ICT 在产品测试中的质量统计表，会显示测试产品的总数、不合格数、合格数、产品合格率以及问题最多的几个元器件等数据，提供给品质检验人员分析；元器件数值测试表则要由技术人员填写并编辑、调试。测试表的栏目及表中各项标识的意义见表 5.1。

表 5.1 ICT 测试表的栏目及表中各项标识的意义

标识	意义	标识	意义
B–S	测试序号	Pin2	测试低电位端的顶针号
%	测试误差	W	测试方式
means	实际测试值	Rg	测试量程
learn	学习值	—	测试结果取平均值
T+	正向误差范围	dms	设定延时时间
T–	负向误差范围	Ima	设定测试电流
T	元器件类型	Freq	设定测试频率
Part name	元器件图号	Offset	设定调零值
LC	元器件所在位置	G	功能调节
Ideal	元器件标称值	$G_{1/4} \sim G_5$	隔离点填写框
Pin1	测试高电位端的顶针号	…	…

下面介绍对电阻的 ICT 编程及调试方法。

电阻元件编程：在"T"栏输入"R"；在"Part name"栏输入元器件图号，如 R1；在"Ideal"栏输入标称值，如 R1 是 1 kΩ；在"Pin1""Pin2"栏输入其引脚相对应的顶针号；"%""T+""T–"栏输入该电阻的误差范围，"W"栏输入测试方法"I"（普通测试方法），如果电阻在电路中与一个电解电容器并联［如图 5.11（a）所示］，则因测试方法"I"的测试时间很短，电容器充电需要一定时间，将会出现测试误差，只要将"W"栏中的"I"改为"V"，再加一定的延时时间"dms"，如 20 ms，则测试结果就与实际值相同了。

测量电阻时，有时因为电路关系，需增加一个隔离点，如图 5.11（b）所示：电阻 R_1 和 R_2、R_3 并联，当在顶针 1、2 位测试 R1 的阻值时，测试结果不是 1 kΩ，而是 500 Ω。这是由于从 1 号顶针位流入的电流 I 有一部分流入了 R_2、R_3 支路了。要解决这一问题，可以选择在 3 号位增加一支顶针 3，使 3 号顶针的电位和 1 号顶针的电位相等。那么，R_2、R_3 支路就不会使 1 号顶针的电流分流，测试结果也就准确了。3 号顶针就叫隔离点。编程对"G"处填入"Y"，表示启动隔离功能。在"$G_{1/4} \sim G_5$"处填入"3"，表示"3"是隔离点。

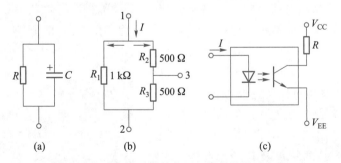

图 5.11 对各类元器件的 ICT 编程及调试方法

　　限于篇幅，这里不再一一列举其他元器件的编程及测试原理。因电路设计的缘故，有些元器件使用 ICT 测试并不方便，例如图 5.12 所示的几种情况：图(a)是两个阻值不同的电阻并联，只能测出其并联后的阻值，不能分别测出各自的阻值；图(b)是一个小电容和一个大电容(电解电容器)并联，不能测出小电容的容量；图(c)是一个电感和一个电阻并联，不能测出电阻的阻值；图(d)是一个电容和一个电感并联，不能测出电感和电容的数值。

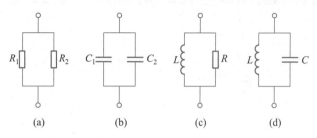

(a)　　　　　　(b)　　　　　　(c)　　　　　　(d)

图 5.12　不能用 ICT 测试的部分元件

　　在经过对单个元件的测试以后，ICT 再通过对某些关键点的电压测试，判断整块电路板是否组装合格。

5.2.4　功能检测（FCT）

1. 消费类产品的功能检测

　　目前，绝大多数消费类电子产品电路均以单片机或专用集成电路(ASIC)作为核心控制器件，整机的功能也体现在单片机及其控制程序上。在产品研制的初期，设计部门要根据其功能和性能编制"产品技术规格书"，这种规格书相当于"产品标准"，主要内容是产品的技术指标及软件的控制功能。电子产品的检测，以单元电路板(PCBA)的检测为基础，对整机产品的检测，主要集中在对控制电路板的检测上。

　　电路板在大批量生产时，不可能将每块电路板都安装到整机上以后才进行测试。在实际生产中，工艺部门会设计制作一种测试工装(或叫测试架)来模拟电路板接入整机的状态。测试工装的工作原理是：用一个测试针床来模拟整机与电路板相连。将电路板上的电源、地线、输入/输出信号端连接到针床的弹性测试顶针上，再用一些开关来控制工装上的电源和输入信号，用指示灯、蜂鸣器或电动机来模拟整机上相应的输出负载。当将被测试电路板压(卡)到测试工装上的时候，工装上的输入端、输出端、电源及地线接到电路板上，使电路板正常工作。扳动工装上的开关或启动测试程序，电路板即可按其控制功能，输出相应的信号给工装上的负载，测试人员就能根据输出信号判断电路板是否正常工作。专用的调试工装能够极大地提高测试的工作效率，绝大多数电子企业都是用这种方法对产品进行模拟测试。

　　图 5.13 所示是洗碗机控制主板功能测试装置。

　　为实现对电子产品的功能和性能检测，检验技术人员需要做好下列工作：

　　① 根据具体产品的特点及其设计资料，确定检测方案。

图 5.13　洗碗机控制主板功能测试装置

② 确定模拟输入信号和输出负载，设计并制作检测工装。

③ 编制检测岗位的作业指导书，确定操作步骤和检验方法，培训检测人员。

作业指导书应当详尽准确，尽量将产品的功能检测完全。有些测试工装安装有模拟检测软件，能快速完整地检测到产品的所有功能和性能。

2. 产品的电路调试

电子整机产品的调试工作，在生产过程中分为两个阶段：一是电路板的调试，作为板级产品流水线上的工序，安排在电路板装配、焊接的工序后面；二是在整机产品的总体装配流水线上，把各个部件单元连接起来以后，必须通过系统调试才能形成整机。在这两个阶段，调试工作的共同之处是包括调整和测试两个方面。即用测试仪表测量产品并调整各个单元电路的参数，使之符合预定的性能指标要求。

（1）调试工艺方案

调试工艺方案是指一整套适用于调试某产品的具体内容与项目（例如工作特性、测试点、电路参数等）、步骤与方法、测试条件与测试仪表、有关注意事项与安全操作规程。同时，还包括调试的工时定额、数据资料的记录表格、签署格式与送交手续等。制订调试工艺方案，要求调试内容具体、切实、可行，测试条件仔细、清晰，测试仪器和工装选择合理，测试数据尽量表格化，以便从数据结果中寻找规律。

（2）整机产品调试的步骤

整机产品的调试步骤，应该在调试工艺文件中明确、细致地规定出来，使操作者容易理解并遵照执行。产品调试的大致步骤如下。

① 在整机装配性连接之前，各部件必须分别调试；在整机通电调试之前，必须先通过装配检验。

② 检查确认产品的供电系统（如电源电路）的开关处于"关"的位置，用万用表等仪表判断并确认电源输入端无短路或输入阻抗正常，然后顺序接上地线和电源线，插好电源插头，打开电源开关通电。接通电源后，此时要观察电源指示灯是否点亮，注意有无异样气味，产品中是否有冒烟的现象；对于低压直流供电的产品，可以用手触摸一下，判断有无温度超常。如有这些现象，说明产品内部电路存在短路，必须立即断开电源检查故障。如果看来正常，可以用仪器仪表（万用表或示波器）检查供电系统的电压和纹波系数。

③ 按照电路的功能模块，根据调试的方便，从前往后或者从后往前地依次把它们接通电源，分别测量各电路（或电路各级）的工作点和其他工作状态。注意：应该调试完成一部分以后，再接通下一部分进行调试。不要一开始就把电源加到全部电路上。这样，不仅使工作有条有理，还能减少因电路接错而损坏元器件，避免扩大事故。

④ 在对产品进行测试的时候，可能需要对某些元器件的参数做出调整。调整参数的方法一般有"选择法"和"调节可调元件法"。

● 选择法。通过替换元件来选择合适的电路参数。电路原理图中，在这种元件的参数旁边通常标注有"＊"号，表示需要在调整中才能准确地选定。因为反复替换元件很不方便，一般总是先接入可调元件，待调整确定了合适的元件参数值后，再换上与选定参数值相同的固定元件。

● 调节可调元件法。在电路中已经装有可调整元件，如电位器、微调电容器或微调电感器等。其优点是调节方便，并且电路工作一段时间以后如果状态发生变化，还可以随时调整；

但可调元件的可靠性较差，体积也常比固定元件大。可调元件的参数调整确定以后，必须用黏合胶或快干漆把调整端固定住。

⑤ 当各级电路模块调试完成以后，把它们连接起来，测试相互之间的影响，排除影响性能的不利因素。

⑥ 如果调试高频部件，要采取屏蔽措施，防止工业干扰或其他电磁场的干扰。

⑦ 测试整机的消耗电流和功率。

⑧ 对整机的其他性能指标进行测试，例如运行软件，观察图形、图像、声音的效果。

⑨ 对产品进行老化和环境试验。

（3）电路调试的经验与方法

电子产品调试的经验与方法，可以归纳为四句话：电路分块隔离，先直流后交流，注意人机安全，正确使用仪器。

① 电路分块隔离，先直流后交流。

在比较复杂的电子产品中，整机电路通常可以分成若干个功能模块，相对独立地完成某个特定的电气功能；其中每一个功能模块，往往又可以进一步细分为几个具体电路。细分的界限，对于分立元件电路来说，是以某一、两只晶体管为核心的电路；对于集成元件的电路来说，是以某个芯片为核心的电路。例如一个多媒体音响电路，可以分成音频输入、音量控制、前置放大、分频电路、均衡电路、功率放大、电源等几个功能电路模块；对于电源电路来说，还可以进一步细分为整流滤波、基准电路、误差取样、比较放大、输出调整电路。在这几个电路中，都有一、两个核心元件。

所谓"电路分块隔离"，是指在调试电路的时候，对各个功能电路模块分别加电，逐块调试。这样做，可以避免模块之间电信号的相互干扰；当电路工作不正常时，大大缩小了搜寻原因的范围。实际上，有经验的设计者在设计电路时，往往都为各个电路模块设置了一定的隔离元件，例如电源插座、跨接导线或接通电路的某一电阻（SMT 产品往往采用"0 Ω"电阻作为隔离元件）。电路调试时，除了正在调试的电路，其他各部分都被隔离元件断开而不工作，因此不会产生相互干扰和影响。当每个电路模块都调整完毕以后，再接通各个隔离元件，使整个电路进入工作状态。对于职业技术院校进行电子工艺实训选择的产品电路，或许没有设置隔离元件，可以在装配的同时逐级调试，调好一级以后再装配下一级。当直流工作状态调试完成之后，再进行交流通路的调试，检查并调整有关的元件，使电路完成其预定的电气功能。这种方法就是"先直流后交流"，也称作"先静态后动态"。

② 注意人机安全，正确使用仪器。

在电路调试时，由于可能接触到危险的高电压，要特别注意人机安全，采取必要的防护措施。近年来一般都采用高压开关电源，由于没有电源变压器的隔离，220 V 交流电的相线可能直接与整机底板相通，如果通电调试电路，很可能造成触电事故。为避免这种危险，在调试、维修这些设备时，应该首先检查底板是否带电。必要时，可以在电气设备与电源之间使用变比为 1 : 1 的隔离变压器。

正确使用仪器，包含两方面的内容：一方面，能够保障人机安全，否则不仅可能发生如上所说的触电事故，还可能损坏仪器设备。例如，初学者错用了万用表的电阻挡或电流挡去测量电压，使万用表被烧毁。另一方面，正确使用仪器，才能保证正确的调试结果，否则，错误的接入方式或读数方法会使调机陷入困境。例如，当示波器接入电路时，为了不影响电路的幅频特性，不要用塑料导线或电缆线直接从电路引向示波器的输入端，而应当采用衰减探头；在测量小信号的波形时，要注意示波器的接地线不要靠近大功率器件，否则波形可能出现干扰。又如，在使用频率特性测试仪（扫频仪）测量检波器、鉴频器，或者当电路的测试点位于晶体管的发射极时，由于这些电路本身已经具有检波作用，就不能使用检波探头，而在测量其他电路时均应使用检波探头；扫频仪的输出阻抗一般为 75 Ω，如果直接接入电路，会短路高阻负载，因此在信号测试点需要接入隔离电阻或电容；仪器的输出信号幅度不宜太大，否则将使被测电路的某些元器件处于非线性工作状态，造成特性曲线失真。

3. 故障查找与排除

在生产过程中，直接通过装配调试、一次检验合格的产品在批量生产中所占的比率，称为"直通率"。直通率是考核产品设计、生产、工艺、管理质量的重要指标。在整机生产装配的过程中，经过层层检查、严格把关，可以大大减少整机调试中出现故障。尽管如此，产品装配好以后，往往还不能保证一通电就全都能正常工作，由于元器件和工艺等原因，会遗留一些有待调试中排除的故障。另外，测试仪表在调试工作中发生故障的情况也是屡见不鲜的。

电子产品在生产过程中出现故障仍是不可避免的，检修必然成为调试工作的一部分。如果掌握了一定的检修方法，就可以很快找到产生故障的原因，使检修过程大大缩短。当然，检修工作主要依靠实践。一个具有相当电路理论知识、积累了丰富经验的调试人员，往往不需要经过死板、烦琐的检查过程，就能根据现象很快判断出故障的大致部位和原因。而对于一个缺乏理论水平和实践经验的人来说，若再不掌握一定的检修方法，则会感到如同大海捞针，不知从何入手。因此，研究和掌握一些故障的查找程序和排除方法，是十分有益的。

（1）故障发生的三个阶段

电子产品的故障有两类：一类是刚刚装配好而尚未通电调试的故障；另一类是正常工作过一段时期后出现的故障。由于电子产品的种类、型号和电路结构各不相同，故障现象又多种多样，因此只能介绍一般性的检修程序和基本的检修方法。

分析故障发生的概率，电子产品在生产完成后的整个工作过程中，可以分为三个阶段。

① 早期失效期：指电子产品生产合格后投入使用的前几周，在此期间内，电子产品的故障率比较高。可以通过对电子产品的老化来解决这一问题，即加速电子产品的早期老化，使早期失效发生在产品出厂之前。

② 老化期：经过早期失效期后，电子产品处于相对稳定的状态，在此期间内，电子产品的故障率比较低，出现的故障一般称为偶然故障。这一期间的长短与电子产品的设计使用寿命相关，以"平均无故障工作时间"作为衡量的指标。

③ 衰老期：电子产品经老化期后进入衰老期，在此期间中，故障率会不断持续上升，直至产品失效。

（2）引起故障的原因

总体说来，电子产品的故障多是由于元器件、连接线路和装配工艺三方面的因素引起的。常见的故障大致有如下几种：

① 焊接工艺不善，虚焊造成焊点接触不良。

② 由于环境潮湿，导致印制板或元器件受潮、发霉、绝缘能力降低甚至损坏。

③ 元器件筛选检查不严格或由于使用不当、超负荷而失效。

④ 开关或接插件接触不良。

⑤ 可调元器件的调整端接触不良，造成开路或噪声增加。

⑥ 连接导线接错、漏焊或由于机械损伤、化学腐蚀而断路。

⑦ 由于电路板排布不当或组装不当，元器件相碰而短路；焊接连接导线时剥皮过长或因热后缩，与其他元器件或机壳相碰引起短路。

⑧ 因为某些原因造成产品原先调谐好的电路严重失谐。

⑨ 电路设计不善，允许元器件参数的变动范围过窄，以至元器件的参数稍有变化，电路就不能正常工作。

⑩ 橡胶或塑料材料制造的结构部件老化引起元件损坏。

（3）排除故障的一般程序和方法

排除故障的一般程序可以概括为三个过程：

① 调查研究是排除故障的第一步，应该仔细地摸清情况，掌握第一手资料。

② 对产品进行有计划的检查，并作详细记录，根据记录进行分析和判断。

③ 查出故障原因，修复损坏的元件和线路。最后，再对电路进行一次全面的调整和测定。

有经验的调试维修技术工人归纳出以下十二种比较具体的排除故障的方法。对于某一产品的调试检修而言，要根据需要选择、灵活组合使用这些方法。

① 断电观察法。在不通电的情况下，打开产品外壳进行观察。用直接观察的办法和使用万用表电阻挡检查有无断线、脱焊、短路、接触不良，检查绝缘情况、保险丝通断、变压器好坏、元器件情况等。如果电路中有改动过的地方，还应该判断这部分的元器件和接线是否正确。因为很多故障往往是由于工艺上的原因，特别是刚装配好还未经过调试的产品或者装配工艺质量很差的产品。而这种故障原因大多数单凭眼睛观察就能发现。盲目地通电检查有时反而会扩大故障范围。

② 通电观察法。注意：只有当采用上述的断电观察法不能发现问题时，才可以采用通电观察法。

打开产品外壳，接通电源进行观察，这仍属于直接观察的方法。通过观察，有时能直接发现故障的原因。例如，是否有冒烟、烧断、烧焦、跳火、发热的现象。如遇到这些情况，必须立即切断电源分析原因，再确定检修部位。如果一时观察不清，可重复开机几次；但每次时间不要长，以免扩大故障。必要时，断开可疑的部位再行试验，看故障是否消除。

③ 信号替代法。利用不同的信号源加入待修产品有关单元的输入端，替代整机工作时该级的正常输入信号，以判断各级电路的工作情况是否正常，从而可以迅速确定产生故障的原因和所在单元。检测的次序是，从产品的输出端单元电路开始，逐步移向最前面的单元。这种方法适用于各单元电路是开环连接的情况，缺点是需要各种信号源，还必须考虑各级电路之间的阻抗匹配问题。

④ 信号寻迹法。用单一频率的信号源加在整机的输入单元的入口，然后使用示波器或万用表等测试仪器，从前向后逐级观测各级电路的输出电压波形或幅度。

⑤ 波形观察法。用示波器检查整机各级电路的输入和输出波形是否正常，是检修波形变换电路、振荡器、脉冲电路的常用方法。这种方法对于发现寄生振荡、寄生调制或外界干扰及噪声等引起的故障，具有独到之处。

⑥ 电容旁路法。在电路出现寄生振荡或寄生调制的情况下，利用适当容量的电容器，逐级跨接在电路的输入端或输出端上，观察接入电容后对故障现象的影响，可以迅速确定有问题

的电路部分。

⑦　部件替代法。利用性能良好的部件（或器件）来替代整机可能产生故障的部分，如果替代后整机工作正常了，说明故障就出在被替代的那个部分里。这种方法检查简便，不需要特殊的测试仪器，但用来替代的部件应该尽量是不需要焊接的可插接件。

⑧　整机比较法。用正常的同样整机，与待修的产品进行比较，还可以把待修产品中可疑部件插换到正常的产品中进行比较。这种方法与部件替代法很相似，只是比较的范围更大。

⑨　分割测试法。这种方法是逐级断开各级电路的隔离元件或逐块拔掉各块印制电路板，使整机分割成多个相对独立的单元电路，测试其对故障现象的影响。例如，从电源电路上切断它的负载并通电观察，然后逐级接通各级电路测试，这是判断电源本身故障还是某级负载电路故障的常用方法。

⑩　测量直流工作点法。根据电路的原理图，测量各点的直流工作电位并判断电路的工作状态是否正常，是检修电子产品的基本方法，这在“电子技术”基础课程实验中已经反复练习，不再赘述。

⑪　测试电路元件法。把可能引起电路故障的元器件从整机中拆下来，使用测试设备（如万用表、晶体管图示仪、集成电路测试仪、万用电桥等）对其性能进行测量。

⑫　变动可调元件法。在检修电子产品时，如果电路中有可调元件，适当调整它们的参数以观测对故障现象的影响。注意，在决定调节这些可调元件的参数以前，一定要对其原来的位置做好记录，以便一旦发现故障原因不是出在这里时，还能恢复到原先的位置上。

5.3　电子产品检验与试验

检验与试验都是保证电子产品质量的不可或缺的重要手段。检验，是对产品本身所具有的一种或多种特性进行测量、检查、试验或计量，并将这些特性与规定的标准进行比较，以确定其符合性的活动。也就是说，使用规定的方法测量产品的特性，并将结果与规定的要求比较，对产品质量是否合格做出判定。可以说，检验是检测、比较和判定的统称。

在很多情况下，检验、调试与试验，这三个名词带有相近的含义，但它们在电子产品制造过程中的概念又是有所区别的：检验不仅是对具体产品的质量检查，还能判定生产过程或某一具体加工环节（如组装、焊接等）的工作质量；调试包括调整与测试——产品电路、元器件参数的离散性要求通过对某些元器件的参数进行调整，使电路整体参数匹配，实现特定功能，测试对调整做出认定；试验通常是生产企业模拟产品的工作条件，对产品整体参数进行验证，同时考察设计方案的正确性和生产加工过程的质量。

5.3.1　检验的意义与作用

（1）检验的意义

检验是确保产品质量符合规定要求的不可缺少的重要环节。如果由于漏检或错检，使不合格的电子产品经流通渠道到达用户，不仅会影响到用户的正常作业和生活、造成人身伤害，还直接关系到生产企业的生存和发展。因此，生产企业应当建立一个有效的、严密的检验体系——设立专职或兼职的检验部门，建立业务熟练的检验技术队伍，配备足够的、满足检验精度要求的测试仪器及设备，才能确保做出真实、完整、有效的检验判定结果和记录，确定产品的符合性。

（2）检验的作用

在现代电子企业中，检验是必不可少的产品质量监控手段，其主要作用有：

① 符合性判定——通过检验确认产品合格与否，对用户（或下道工序）提供质量保证。

② 质量把关——严格区分合格产品与不合格产品，确保不合格产品不能出厂。

③ 过程控制——通过对在制产品进行检验，发现生产过程中的异常情况，及时做出工艺调整，确保对不合格产品的追溯。

④ 提供信息——通过对检验数据进行分析，及时发现潜在不合格原因，调整生产工艺，防止不合格发生。

⑤ 出具符合性证据——检验结果形成检验记录和报告，是判定产品符合的证实性材料。

5.3.2   检验的依据和标准

检验是对产品的符合性做出判定，其"符合性"中所包含的具体内容及要求，就是检验的依据。因此，在检验过程中必须具备用于符合性比较的标准文本文件，如标准、规定、要求等。目前电子行业所使用的各级标准主要分为以下几类：

国际标准——国际标准化组织发布的标准（ISO 标准）、国际电工委员会发布的标准（IEC 标准）。

国家标准——强制性标准（GB 标准），属于必须执行的标准；推荐性标准（GB/T 标准），属于自愿采用的标准。国家标准采用国际标准时，均注明"idt"表示等同采用或注明"mod"表示修改采用。

行业标准——行业范围内统一的技术要求。对电子产品来说，主要是部颁标准及相关检验、监督机构颁布的标准。

企业标准——对没有国家标准和行业标准的产品所制定的、作为组织生产依据的标准，只在生产企业内部使用，须经主管部门审批。按照常规，企业标准应当不低于国家标准和行业标准的要求。

此外，产品设计、合同附件、用户协议、产品图纸、资料、技术文件等，也可以作为有效的产品检验依据。

5.3.3   检验的类别与形式

按照检验的阶段、检验的场所及检验的方式分别进行控制，以便快速、准确、经济、合理地判定产品缺陷。检验有以下分类方法。

1. 按检验的阶段分类

（1）采购检验

采购检验即进货检验，由生产厂对外购件及外协件等采购物料进行检验或试验。

电子行业采购的物料有分立电子元器件、集成电路、印制板、开关、接插件、线材、结构件、外壳等零部件以及各种辅料。一些采购品由于供货方出厂时本身固有的隐含缺陷，经过包装、储存和运输等过程后，缺陷就可能显现出来。所以，在采购物料进货后，应当按照相应的标准、图纸、技术要求等进行检验或验证。检验是对产品全项目或部分项目进行检验，验证是对产品供货方提交的检验证明或检测报告进行查验,经检验确认合格后方可入库和投产,这是把好产品质量的第一关。对采购产品检验有以下两种方式:

① 首件(或首批)检验

对首件(或首批)产品检验,对供货方产品与标准或技术文件要求是否符合做出评价,通常在首次向供货方购买产品或产品的设计及工艺有重大变化时采用,对采购产品做一次全项目或部分项目的检测,全面了解产品的质量状况,确定能否投入批量生产使用。可逐件检验或抽样检验。

② 批次检验

按采购进货的批次检验是为防止不合格的原材料、元器件、零部件、外购件及外协件流入生产过程中,控制好每一批采购产品的质量,确保采购物料的质量能够持续地符合生产要求。通常,电子产品生产企业是将采购物料按其重要程度进行分类,再按采购批次及物料的类别分别进行质量控制,例如可以分为下列三类:

A 类——对产品质量或安全性能有重大影响的采购物料,如产品的主要材料、部件及安全关键原材料和部件,一般要进行全检或抽检;

B 类——对产品质量有一定影响的采购物料,一般进行全检或抽检;

C 类——对产品质量影响较小的采购物料,如辅助材料、包装材料等,一般只对外观、规格、数量进行检查和核实,并对供货方提交的产品出厂合格证、检测报告等进行验证。

电子产品完成采购检验的项目,是由各企业所具备的检测能力来决定的,主要包括装配结构及尺寸、外观、产品性能参数等。检测设备齐全、检测能力强的企业可以进行全项目或主要项目检验,检测设备不足或不具备检测条件的企业对部分项目进行检验,或委托其他具备检测能力的单位或机构进行检验,可以是全数检验或抽检。

(2)过程检验

过程检验是对生产过程中的一个或多个工序的在制品、半成品或成品进行检验。电子行业中,主要有焊接检验、单元电路板调试检验、整机组装后系统联调检验等。在生产过程中,由于操作人员的技术水平、生产工艺及设备的运行状况等因素的影响,都可能产生不良产品,这就需要对在制产品进行控制,及时发现生产过程中的不合格品,并确保不合格品不转入下道工序。此外,过程检验也能够反映出某一工序的受控状态是否正常,以便及时做出工艺调整。过程检验一般由生产工序的作业人员自检或互检,或由专职检验人员完成。通常有以下两种方法:

① 首件(或首批)检验

对新品投产的第一件(或第一批)的检验,为下一步产品的批量投产奠定基础。

② 工序检验

工序检验是按规定的时间间隔或工序对生产过程中的半成品、成品进行检验,防止因一个(或几个)工序生产状态的变化造成产品性能不合格或参数不稳定,以便及时做出工艺调整、剔除不合格品,防止不合格品转入下道工序,避免因后续返工造成损失。工序检验由生产现场操作人员或专职检验人员完成,检验数量可全数检验或抽检。

在 3C 强制性产品认证的《工厂保证能力要求》及产品实施规则中,明确规定了对生产工序的末端、即将进行包装的产品进行 100% 的例行检验,对产品逐一进行主要安全项目测试,确保剔除在生产过程中安全性能不合格的产品。

（3）成品检验

成品检验包括对设计制作的样品检验以及在生产的全部工序完成后的成品检验。成品检验是为全面考核产品满足标准、设计、合同等要求的重要环节，主要包括对产品外观、结构、功能、主要技术性能及安全、电磁兼容、环境适应等性能进行全方位的检验和试验。成品检验过程中所记载的检验记录和出具的检测结果或检验报告是产品符合性的证据，也是产品合格出厂的依据。成品检验有以下几种形式：

① 定型试验

定型试验，主要目的是考核设计、试制阶段中的产品样品是否已经达到标准或相关技术要求，一般是对设计完成后的样品或在试制阶段或小批量生产阶段进行；同时，定型试验也可以验证企业是否具备生产符合标准要求产品的能力。定型试验的结果，可以作为产品鉴定的主要依据。通常，电子产品定型试验与产品例行试验的内容相同，可以是全项目或部分主要项目检验，包括外观、结构、功能、主要技术性能及安全、电磁兼容性能。如果需要，还可以按照规定的方法对产品进行可靠性试验。

② 老化试验

老化试验，是在尚未包装、入库前对产品整体工作稳定性的检查，是为确保产品的设计、采购的材料以及生产全过程的质量检验，通过试验发现产品在制造过程中存在的潜在缺陷，把故障消灭在出厂之前。与电子元器件的老化筛选相同，每一件电子产品在出厂前都要进行通电老化试验，老化试验合格后方可包装、入库或出厂。老化试验也可以作为一个生产过程的常规工序。

老化试验一般在室温下进行，属于非破坏性试验，可分为动态老化试验和静态老化试验：

动态老化试验——是将产品接通电源或输入工作信号，使产品按规定的时间连续工作。老化试验的主要条件是时间和温度的设定，根据产品的不同需要，在室温下可以选择 8 h、24 h、48 h、72 h 或 168 h 的连续老化时间；在产品批量大的情况下也可以改变试验条件，如采取提高试验环境温度、缩短老化试验时间的办法。在老化时，应该密切注意产品的工作状态，如果发现个别产品出现异常情况，要立即退出通电老化。

静态老化试验——是将产品接通电源而不给产品输入工作信号，使产品按规定的时间连续工作。

以电视机为例，静态老化时显像管上只有光栅；而动态老化时从天线输入端送入信号，屏幕上显示图像，喇叭里发出声音。又如，计算机在静态老化时只接通电源，不运行程序；而动态老化时要持续运行测试程序。

③ 最终产品检验

最终产品检验是针对批次产品入库前的整体质量检验，是为确保经过生产全过程的产品符合标准要求，判定批次产品的符合性，经检验确认合格的产品方可入库和出厂，这也是控制出厂产品质量的最后环节。电子企业最终产品检验的主要项目有：

外观检验——产品表面涂层是否均匀、有无划伤、磕碰、金属件有无锈蚀、塑料件有无裂纹等可见损伤，控制件是否灵活、准确，铭牌或标识是否清晰、准确，说明书及附件是否齐全。

功能检查及性能测试——使用相应的产品测试仪器进行测试，以符合产品标准及技术文件的要求。

④ 例行试验

例行试验是对连续批量生产的产品进行周期性的检验和试验，以确认生产企业是否能持续、稳定地生产符合要求的产品。一般，在电子产品连续批量生产时，每年进行一次；若生产间断的时间超过半年，要对每批产品进行试验；若产品的设计、工艺、结构、材料及功能发生重大变更时，也应当进行试验。例行试验与定型试验的内容基本相同，包括外观、结构、功能、主要技术性能及安全、电磁兼容性能检验。根据需要，还可以按照规定的方法对产品进行环境试验。

在 3C 强制性产品认证的《工厂保证能力要求》及产品实施规则中，明确规定了对连续批量生产的产品定期进行安全项目测试，也称为确认检验，按产品的不同，确认试验半年或一年进行一次。按照试验要求，对产品的安全性能项目进行试验，确保产品安全性能的持续稳定性。

2. 按检验的地点分类

（1）固定场所检验

固定场所检验，是在生产现场的指定检验工位或检验部门的检测室进行检验，适用于测试仪器不便于移动或对检测的环境条件有要求的检验活动。

（2）巡检

巡检，是由专职检验人员按照规定的时间到生产或操作现场进行检验。这种方法能够节省生产人员或检验人员传递样品的时间，也可以随时发现产品质量随生产时间变化而变化的规律，便于及时调整工艺参数。巡检适用于检测设备便于移动以及无特定环境条件要求的检验。

3. 按检验的方法分类

（1）全数检验

全数检验是在制造产品的全过程中，对全部半成品或成品进行逐一的、100% 的检验，对每个产品的合格与否做出评定结论。全数检验的主要优点是，能够最大限度地减少本批产品中的不合格品。当需要保证每个单位的产品都达到规定的要求时，还可以反复多次进行。这种检验的主要缺点是检验费用比较高，还有可能造成一种错觉，即认为产品质量是由检验人员的检验筛选过程来控制的，生产过程中的操作人员反而可以不承担质量责任。这种观念不利于提高产品质量在生产全过程的控制地位。全数检验适用于以下情况：

- 如果出现不合格品漏检，可能造成重大损失的。
- 批量小，质量尚无可靠保障措施的。
- 检验的自动化程度较高、较为经济的。
- 用户有全检要求的。

全数检验不适用于破坏性的检验。例如，一些超负荷的指标考核肯定会造成产品的严重破坏，经过检验后的产品只能报废，是不经济的；全数检验是对每个产品的每一项指标逐个进行检查，对于批次数量大的、标准化的产品，例如，阻容元件等，其工作量很大。

（2）抽样检验

统计抽样检验避免了全数检验的缺点，将产品的质量责任公平地转向应当承担责任的生产全过程，使生产过程各环节的责任人都要关注产品质量，因为对于批量大、成本高的批量产品，如果经过检验后被判定为不可接收，将会造成经济和效益上的很大损失，这与生产全过程各环节的质量控制都是分不开的。

抽样方法始于 20 世纪 20 年代，美国贝尔实验室的专家提出了称为"统计抽样"的检验方法，这一方法被美国军用标准（MIL-STD-105）所采纳，随后被国际电工委员会（IEC）采用，国际标准化委员会（ISO）于 1974 年将其推荐为 ISO 标准。按照统计抽样标准，只需从一定批次的产品中随机抽取很少的样本进行检验，减少了工作量、降低了费用，就可以做出接受与否的判定结论，是检验产品质量的一种科学的、经济的方法。我国普遍采用的是 GB/T 2828 计数抽样标准，它与美国军用标准（MIL-STD-105E）及国际标准化组织的 ISO2859（计数型）、ISO3951（计量型）抽样标准相对应。

4. 抽样检验的方法与应用

（1）抽样检验的概念

在抽样检验中，由于检验方法与判定方法不同，可以划分为计数抽样和计量抽样两类。计数抽样检验是，关于规定的一个（或一组）要求，仅将产品划分为合格或不合格，或者仅计算不合格数的检验。计量抽样检验既包括产品是否合格的检验，又包括每百个单位产品不合格数的检验，一般是按"过或不过""达到或没有达到标准"做出结论。

（2）抽样检验的适用场合

GB/T 2828.1 是计数抽样标准，适用于计数抽样的检验场合，主要用于连续批的逐批检验和孤立批的检验，是目前比较普遍采用的抽样方法。该标准规定的抽样方案适用于零部件和原材料、半成品、成品以及具体的生产、维修操作或记录等。

（3）随机抽样

GB/T 2828.1 采用随机抽样的方法。即保证在抽取样本过程中，排除一切主观意向，使批中的每个单位产品都有同等被抽取的机会。因为，任何一批产品，即便是优质批，也有存在极少数不合格品的可能，如果在抽样过程中有意挑选，或者只从某一个局部抽取，就会使样本失去代表性。

（4）抽样表中所采用的参量

GB/T 2828.1 抽样标准中定义了抽样表中所采用的参量：

产品的批量 N——标准中所提供的产品是以组来接收的，并不针对某个单一产品，每组产品成为一个批。每批应该由在基本相同的时段和一致的条件下生产的产品组成，批的确定可由检验部门和生产部门协商确定。从抽样的观点来看，大批量是有利的，因为对于大批量来说，抽取大的样本是经济的，但也不能过分强调大批量，应当统筹考虑。

样本的数量 n——在抽样检验中，取一批（并且能够提供有关该批的信息，例如生产条件、生产时间等）中的一个或一组单位产品成为样本，样本中单位产品的数量即为样本量。标准中的样本量以 2 为首项，以等比数列形式排列，即 2、3、5、8、13、20、32、50、80、125、200、315、500、800、1 250、2 000、3 150 共 17 个数，分别与批量范围相对应。

检验水平——规定了批量与样本之间的关系，是用于表示抽样检验方案判断能力的指标，所选取的检验水平越高，则抽样检验方案的判断能力越高。检验水平有三个一般水平和四个特殊水平：

• 一般检验水平：分别是水平Ⅰ、Ⅱ、Ⅲ，数码越大，等级越高。在开始生产时或以前的生产记录不能利用、不能令人满意的时候，为了确定生产过程的质量保证能力，选用较高水平；产品质量已经达到较好水平，生产处于受控状态，可选择较低水平。水平Ⅱ最为常用，除非专门规定，一般使用水平Ⅱ。

- 特殊检验水平：分别是水平 S-1、S-2、S-3、S-4，数码越大，判断能力的等级越高。特殊检验水平用于样本量很小的情况，以及检验成本较高或者进行破坏性试验；也适用于工艺比较简单、质量保证条件较好的产品。

接收质量限 AQL——即产品可接受的质量水平。AQL 决定了批次产品的质量标准，取值范围为 $0.01\% \sim 1\,000\%$，可根据产品的重要程度、实际价值、生产厂的质量保证能力、产品成本等统筹选择。GB/T 2828.1 中规定："当以不合格百分数表示质量水平时，AQL 值不应超过 10% 不合格品；当以每百单位产品不合格数表示质量水平时，可以使用的 AQL 值最高可达每百单位产品中有 1 000 个不合格。"所以，当 AQL 值不大于 10 的时候，应该明确它是不合格百分数还是每百单位产品中的不合格数，否则，容易混淆接收数和拒收数的概念。

接收数 A_e——对批次做出接收判定时，样本中发现的不合格品（或不合格数）的上限值。只要样本中发现的不合格品（或不合格数）等于或小于 A_e 时，就可以判定接收。

拒收数 R_e——对批次做出不接收判定时，样本中发现的不合格品（或不合格数）的下限值。只要样本中发现的不合格品（或不合格数）等于或大于 R_e 时，就可以判定拒绝接收。

（5）抽样方案

抽样方案是一组特定的规则，用于对批进行检验、判定。它包括样本量 n 和判定数组（A_e，R_e）。GB/T 2828.1 提供了一次抽样方案、二次抽样方案和五次抽样方案，可以选择。

- 一次抽样方案用三个数描述：样本量、接收数和拒收数；
- 二次抽样方案由两个样本和判定数组构成；
- 五次抽样方案由五个样本和判定数组构成。

（6）检验的严格性

检验的严格性反映在抽样方案的样本量、接收数和拒收数上。GB/T 2828.1 规定了严格程度不同的抽样方案：

- 正常和加严检验抽样方案；
- 正常、加严和放宽检验抽样方案。

（7）抽样检验的程序

应该按照以下程序实施 GB/T 2828.1 抽样检验：

- 规定产品的质量标准；
- 确定产品的批量 N；
- 规定检验水平；
- 规定接收质量限 AQL；
- 确定抽样方案的类型和抽样方案；
- 提交能满足质量要求规定的批；
- 检验的判定；
- 对已拒收批的不合格品，在进行返修或更换后再次提交。

（8）抽样检验应用举例

例：某集团一批产品共 38 100 件，由于来自五个不同的班组，故分为五层，假定整批的检验条件是：检验水平 Ⅱ，AQL 为 0.65——一次正常抽样方案为（500 | 7，8），所需样本量为 500。由表 5.2 得到每层的数量和样品，在样本中所占比例以及分层抽样结果见分层抽样表，可以由每层的数据及总体数据判断是否合格。

表 5.2 分层抽样表

分层序号	单位产品数	每层的样品比例与所需样本量的乘积	抽取样品数
1	30 000	315÷740×500	213
2	4 000	200÷740×500	135
3	3 000	125÷740×500	85
4	1 000	80÷740×500	54
5	100	20÷740×500	13
总计	38 100		500

查表步骤：

① 依指定的送验批量 N 选择批量范围。

② 确定抽取样本大小(先根据批量和检验水平确定样本量字码，见表 5.3)

表 5.3 样本量字码

批量	特殊检验水平				一般检验水平		
	S-1	S-2	S-3	S-4	I	II	III
2 ~ 8	A	A	A	A	A	A	B
9 ~ 15	A	A	A	A	A	B	C
16 ~ 25	A	A	B	B	B	C	D
26 ~ 50	A	B	B	C	C	D	E
51 ~ 90	B	B	C	C	C	E	F
91 ~ 150	B	B	C	D	D	F	G
151 ~ 280	B	C	D	E	E	G	H
281 ~ 500	B	C	D	E	F	H	J
501 ~ 1 200	C	C	E	F	G	J	K
1 201 ~ 3 200	C	D	E	G	H	K	L
3 201 ~ 10 000	C	D	F	G	J	L	M
10 001 ~ 35 000	C	D	F	H	K	M	N
35 001 ~ 150 000	D	E	G	J	L	N	P
150 001 ~ 500 000	D	E	G	J	M	P	Q
500 001 及其以上	D	E	H	K	N	Q	R

③ 按指定的接收质量限 AQL 对应下来查 A_c、R_e(见表 5.4)，得到抽样方案见表 5.5。

注意：

① 一般检验水平有 I、II、III 三级，除非有特别规定，都采用 II 级水平。

② 使用箭头下第一个抽样计划，如样本大小等于或超过批量时，则用 100% 检验。

③ 使用箭头上第一个抽样计划。

表 5.4　正常检验一次抽样计划表（A）GB/T 2828.1—2012

正常检验一次抽样计划表（A）

接收质量限（AQL）

样本量字码	样本量	0.010		0.015		0.025		0.040		0.065		0.10		0.15		0.25		0.40		0.65		1.0		1.5		2.5		4.0		6.5		10		15		25		40		65		100		150		250		400		650		1000	
		Ac	Re	Ac	Re	Ac	Re	Ac	Re	Ac	Re	Ac	Re	Ac	Re	Ac	Re	Ac	Re	Ac	Re	Ac	Re	Ac	Re	Ac	Re	Ac	Re	Ac	Re	Ac	Re	Ac	Re	Ac	Re	Ac	Re	Ac	Re	Ac	Re	Ac	Re	Ac	Re	Ac	Re	Ac	Re	Ac	Re
A	2	↓		↓		↓		↓		↓		↓		↓		↓		↓		↓		↓		↓		↓		↓		↓		↓		0	1	1	2	2	3	3	4	5	6	7	8	10	11	14	15	21	22	30	31
B	3	↓		↓		↓		↓		↓		↓		↓		↓		↓		↓		↓		↓		↓		↓		↓		0	1	1	2	2	3	3	4	5	6	7	8	10	11	14	15	21	22	30	31	44	45
C	5	↓		↓		↓		↓		↓		↓		↓		↓		↓		↓		↓		↓		↓		↓		0	1	1	2	2	3	3	4	5	6	7	8	10	11	14	15	21	22	30	31	44	45	↑	
D	8	↓		↓		↓		↓		↓		↓		↓		↓		↓		↓		↓		↓		↓		0	1	1	2	2	3	3	4	5	6	7	8	10	11	14	15	21	22	30	31	44	45	↑		↑	
E	13	↓		↓		↓		↓		↓		↓		↓		↓		↓		↓		↓		↓		0	1	1	2	2	3	3	4	5	6	7	8	10	11	14	15	21	22	30	31	44	45	↑		↑		↑	
F	20	↓		↓		↓		↓		↓		↓		↓		↓		↓		↓		↓		0	1	1	2	2	3	3	4	5	6	7	8	10	11	14	15	21	22	30	31	44	45	↑		↑		↑		↑	
G	32	↓		↓		↓		↓		↓		↓		↓		↓		↓		↓		0	1	1	2	2	3	3	4	5	6	7	8	10	11	14	15	21	22	30	31	44	45	↑		↑		↑		↑		↑	
H	50	↓		↓		↓		↓		↓		↓		↓		↓		↓		0	1	1	2	2	3	3	4	5	6	7	8	10	11	14	15	21	22	30	31	44	45	↑		↑		↑		↑		↑		↑	
J	80	↓		↓		↓		↓		↓		↓		↓		↓		0	1	1	2	2	3	3	4	5	6	7	8	10	11	14	15	21	22	30	31	44	45	↑		↑		↑		↑		↑		↑		↑	
K	125	↓		↓		↓		↓		↓		↓		↓		0	1	1	2	2	3	3	4	5	6	7	8	10	11	14	15	21	22	30	31	44	45	↑		↑		↑		↑		↑		↑		↑		↑	
L	200	↓		↓		↓		↓		↓		↓		0	1	1	2	2	3	3	4	5	6	7	8	10	11	14	15	21	22	30	31	44	45	↑		↑		↑		↑		↑		↑		↑		↑		↑	
M	315	↓		↓		↓		↓		↓		0	1	1	2	2	3	3	4	5	6	7	8	10	11	14	15	21	22	30	31	44	45	↑		↑		↑		↑		↑		↑		↑		↑		↑		↑	
N	500	↓		↓		↓		↓		0	1	1	2	2	3	3	4	5	6	7	8	10	11	14	15	21	22	30	31	44	45	↑		↑		↑		↑		↑		↑		↑		↑		↑		↑		↑	
P	800	↓		↓		↓		0	1	1	2	2	3	3	4	5	6	7	8	10	11	14	15	21	22	30	31	44	45	↑		↑		↑		↑		↑		↑		↑		↑		↑		↑		↑		↑	
Q	1250	↓		↓		0	1	1	2	2	3	3	4	5	6	7	8	10	11	14	15	21	22	30	31	44	45	↑		↑		↑		↑		↑		↑		↑		↑		↑		↑		↑		↑		↑	
R	2000	↓		0	1	1	2	2	3	3	4	5	6	7	8	10	11	14	15	21	22	30	31	44	45	↑		↑		↑		↑		↑		↑		↑		↑		↑		↑		↑		↑		↑		↑	

注：

⇩ —— 使用箭头下面的第一个抽样方案。如果样本量等于或超过批量，则执行 100% 检验。

⇧ —— 使用箭头上面的第一个抽样方案。

A_c —— 接收数。

R_e —— 拒收数。

表 5.5　正常检验一次抽样方案　　　　　　　　　　　ZX-WI-004-02

某集团		正常检验一次抽样方案												批准	审核
		接收质量限（AQL）													
批量范围	样本大小	0.04		0.065		0.1		0.25		0.4		0.65		1.0	
		A_c	R_e	A_c	R_e	A_c	R_e	A_c	R_e	A_c	R_e	A_c	R_e	A_c	R_e
1~8	2	↓		↓		↓		↓		↓		↓		↓	
9~15	3														
16~25	5														
26~50	8														
51~90	13													0	1
91~150	20											0	1	↑	
151~280	32									0	1	↑		↓	
281~500	50							0	1	↑		↓		1	2
501~1200	80							↑		↓		1	2	2	3
1201~3200	125					0	1	↓		1	2	2	3	3	4
3201~10000	200			0	1	↑		1	2	2	3	3	4	5	6
10001~35000	315	0	1	↑		↓		2	3	3	4	5	6	7	8
35001~150000	500	↑		↓		1	2	3	4	5	6	7	8	10	11
150001~500000	800	↓		1	2	2	3	5	6	7	8	10	11	14	15
≥500001	1250	1	2	2	3	3	4	7	8	10	11	14	15	21	22

注：↓——使用箭头下第一个抽样计划，如样本大小等于或超过批量时，则用 100% 检验。

　　↑——使用箭头上第一个抽样计划。

　　A_c——接收数。

　　R_e——拒收数。

本抽样表按 GB/T 2828.1—2012《按接收质量限（AQL）检索的逐批检验抽样计划》，采用加严检查一次抽样方案 II 进行随机抽样。

视频
环境与老化试验

5.3.4　电子产品的可靠性试验

1. 产品的可靠性

产品的可靠性，是指"产品在规定的条件下和规定的时间内达到规定功能的能力"。其中"规定的条件"是指产品工作时所处的全部环境条件，包括自然因素（温度、湿度、气压等），机械受力（振动、冲击、碰撞等），辐射（电磁辐射等），使用因素（工作时间、频次、供电等）。电子产品的可靠性是产品的内在质量特性，这种特性是在设计中奠定的、在生产中保证的、由试验加以承认的，在使用中考验并得到验证的。

2. 可靠性试验的分类与方法

检验电子产品的可靠性，通常是通过对电子产品进行可靠性试验来完成的。可靠性试验主要有以下形式：

① 按试验项目分类，有环境试验、寿命试验、特殊试验及现场使用试验。

② 按对产品的损坏性质分类，有破坏性和非破坏性试验。

③ 按产品种类分类，有元器件试验和整机试验。

当对某一已知的电子产品进行试验时，可按照第①种形式进行。

3. 环境试验

电子产品的环境适应性是研究可靠性的主要内容之一。要在产品可能遇到的各种外界因素、影响规律以及如何从产品的设计、制造和使用等各个环节的研究中，改进和提高产品的环境适应能力；并且研究相应的试验技术、试验设备、测量方法和测量仪表。

（1）电子产品的环境要求

产品的环境适应能力是通过环境试验得到评价和认证的，环境试验一般在产品的定型阶段进行。

无论是储存、运输还是在使用过程中，电子产品所处的环境条件是复杂多变的，除了自然环境以外，影响产品的因素还包括振动、辐射和人为因素等。我国颁布了环境要求及其试验方法的标准。以电子测量仪器产品为例，将产品按照环境要求分为三组，即：

Ⅰ组：在良好环境中使用的仪器，操作时要细心，只允许受到轻微的振动。这类仪器都是精密仪器。

Ⅱ组：在一般环境中使用的仪器，允许受到一般的振动和冲击。试验室中常用的仪器，一般都属于这一类。

Ⅲ组：在恶劣环境中使用的仪器，允许在频繁的搬动和运输中受到较大的振动和冲击。室外和工业现场使用的仪器都属于这一类。

（2）影响产品的主要环境因素

① 气候因素

气候因素主要包括温度、湿度、气压、盐雾、大气污染及日照等因素，对电子产品的影响，主要表现在电气性能下降、温升过高、运动部位不灵活、结构损坏，甚至不能正常工作。减少气候因素对电子产品影响的方法有：

- 在产品设计中采取防尘、防潮措施，必要时可以在电子产品中设置驱潮装置。
- 采取有效的散热措施，控制温度的上升。
- 选用耐蚀性良好的金属材料、耐湿性高的绝缘材科以及化学稳定性好的材料等。
- 采用电镀、喷漆、化学涂覆等防护方法，防止潮湿、盐雾等因素对电子产品的影响。

案例：某北方企业生产的著名品牌电冰箱，在南方销售的时候，客户反映总有水沿着电冰箱的门流下来，严重时甚至在电冰箱门前的地板上积水。仔细研究的结果是，由于电冰箱门内外的温差较大，门边的密封条安装不够平整，内部温度传递到箱体上的门边部位，使门边部位的温度远低于环境温度，假如空气的湿度大，就会在门边部位结露，结露严重时露珠就将汇成水沿着门边流下来。因为该企业在北方，北方的气候干燥，一般不会发生这种情况，故此问题一直没有发现。现在产品销往气温高、湿度大的南方，原来被掩盖着的设计问题和工艺问题就暴露出来了。企业为解决这个问题，从设计上采取了在冰箱门边内增加了电热丝的方案，电冰箱接通电源后，电热丝产生的热量使门边部位适当加热，空气中的水汽就不会在这里结露；从工艺上加强了对门边密封条安装平整的检查措施，减少了冰箱内冷气的逸出。后来，这个品牌的电冰箱在南方打开了销路，受到了客户的好评。

② 机械因素

电子产品在使用、运输过程中，所受到的振动、冲击、离心加速度等机械作用，都会对电子产品发生影响：元器件损坏、失效或电气参数改变；结构件断裂或过大变形；金属件的疲劳破坏等。下列方法可以减少机械因素对电子产品的影响：

- 在产品结构设计和包装设计中采取提高耐振动、抗冲击能力的措施。对电子产品内部的零、部件必须严格工艺要求，加强连接结构；在运输过程中采用软性内包装及强度较大的硬性外包装进行保护。

- 采取减振缓冲措施，例如加装防振垫圈等，保证产品内部的电子元器件和机械零部件在外界机械条件作用下不致损坏和失效。

③ 电磁干扰因素

电磁干扰在生活空间中无处不在，比如，来自空间的电磁干扰、来自大气层的闪电、工业和民用设备所产生的无线电能量释放以及生活中的静电等。由于电磁干扰因素的存在，随时可能造成电子产品的工作不稳定，使其性能降低直至功能失效。另外，电子设备本身在工作中也发出电磁干扰信号，对其他电子产品形成干扰，各种干扰重叠后又形成新的干扰源，对设备造成更大危害。这就需要在设计产品时考虑如何将电磁干扰信号抑制到最小，减少电磁干扰因素对电子产品影响，减少电磁干扰的方法主要有：

- 电磁场屏蔽法，防止或抑制高频电磁场的干扰，将辐射能量限制在一定的范围内，减少对外界的影响。

- 采取有效的接地措施，屏蔽外部的干扰信号。

（3）电子产品的环境试验

为了通过试验验证环境因素对电子产品造成的影响，我国现行的国家标准对环境试验的要求进行了规定：

- 气候和机械环境试验方法：国家标准 GB/T 2421 ~ GB/T 2424 对电工电子产品环境试验做出了规定。其中 GB/T 2423 由 51 个标准组成，规定了包括高低温、恒定湿热、交变湿热、冲击、碰撞、倾跌与翻倒、自由跌落、振动、稳态加速度、长霉、盐雾、低气压及腐蚀等试验的方法；GB/T 2421、GB/T 2422、GB/T 2424 则明确了电工电子产品基本环境试验的术语和导则，此外，不同电子产品的环境试验在相关产品系列标准中也进行了规定。

- 电磁干扰的试验方法：根据不同的产品有不同的规定，详见相关标准。

① 环境试验与老化试验的区别

电子产品的老化试验和环境试验都属于试验的范畴，但它们又有所区别：

- 老化试验通常在室温下进行；环境试验在实验室模拟的环境极限条件下进行。所以，老化试验属于非破坏性试验，而环境试验往往会使受试产品受到损伤。

- 电子产品在出厂以前通常对每一件产品都要进行老化试验；而环境试验只抽取少量产品进行试验，当生产过程（工艺、设备、材料、条件）发生较大改变、需要对生产技术和管理制度进行检查评判、同类产品进行质量评比的时候，都应该对随机抽样的产品进行环境试验。

- 老化试验是企业的常规工序；而环境试验一般要委托具有权威性的检测机构和试验室、使用专门的设备才能进行，需要对试验结果出具证明文件。

② 环境试验的分类

气候环境试验可分为自然环境试验、现场运行试验和人工模拟试验。自然环境试验是将受试样品暴露在自然环境条件下定期进行观察和测试。现场运行试验是将受试样品安装在使用现场，并在运行环境下进行观察和测试。这两种方法虽然能够反映出产品的实际使用情况，但试验的周期较长、选择适合的环境也比较困难。

人工模拟试验，是用气候和机械环境试验的专用设备模拟试验条件，对受试样品进行试验，这是由人工控制设备的环境参数（如温度、湿度和时间等）并使其加速改变的方法，分为单因素试验和多因素试验。由于影响产品性能的环境因素很多，对所有环境条件都进行模拟试验也是不可能的，只能模拟其中的主要项目。下面对人工模拟试验的方法进行简要介绍。

③ 环境试验的分组和顺序

一般电子产品通常要进行多个项目的环境试验，如高温、低温及温度变化、湿热及交变湿热、冲击、碰撞、振动、低气压等，才能充分反映出产品的实际使用情况。在试验过程中，合理的分组和顺序的排列非常重要，应该按照产品要求进行试验，否则，试验的结果将会产生差异，形成不同严酷程度的效果。

例如，要对某产品进行两项环境试验：交变湿热试验和温度变化试验。从两项试验的先后顺序看，先交变湿热后温度变化的试验顺序就比先温度变化后交变湿热的试验顺序的效果更严酷一些。这是因为，交变湿热试验的温度变化速率很小，而温度变化试验的温度变化速度与大的温差结合所产生的热应力大，严酷程度是逐渐提高的。

（4）环境试验的内容及方法

按照 GB/T 2423 规定的环境试验方法和试验标准进行电子产品的试验室模拟环境试验。由于不同产品所处环境条件各不相同，所选择的环境试验方法也就不同，还可根据不同产品及使用环境的特点进行针对性的试验。电子产品的种类很多，许多产品标准都规定了其特殊的试验项目要求，如长霉、盐雾、密封、防尘、噪声、耐热、耐燃及模拟汽车运输试验等，具体试验方法及要求可参见相关标准。以下介绍 GB/T 2423 标准推荐的几种试验方法。

① 低温试验

对产品进行低温试验，属于单因素的气候环境试验，用于考核产品在储存、运输和使用过程中，其材料、工艺和结构的物理、机械、电气性能等方面受低温气候影响的变化。本方法不能用于试验样品在温度变化期间的耐抗性和工作能力，如属于这种情况，应采用温度变化试验方法。低温试验方法分为温度突变和温度渐变试验。按产品划分，适用于非散热性样品的温度突变和温度渐变试验以及散热性样品的温度渐变试验。

* 试验设备：对于非散热性的试验样品，温度突变和温度渐变试验设备应能满足试验温度所要求的温度值；对于散热性的试验样品，温度渐变试验设备应带有温度传感装置。图 5.14 是低温试验设备。

* 试验方法：试验样品进行初始检测后，将具有室温的试验样品在不包装、不通电的状态下，按正常使用位置放入与室温相同的试验设备内，调整设备温度至严酷等级规定的温度并设定持续时间，使试验样品达到稳定状态。

图 5.14　低温试验设备

* 试验温度：可按产品的严酷度要求，在-65 ℃、-55 ℃、-40 ℃、-25 ℃、-10 ℃、-5 ℃、+5 ℃中选择。温度允许偏差±3 ℃。温度渐变设备的温度变化速率不大于 1 K/min（不超过 5 min 的平均值）。

* 持续时间：从试验样品到达稳定后开始计算，可在 2 h、16 h、72 h、96 h 中选择。

* 功能试验：如果试验目的是检查样品在低温时能否正常工作，试验时须使试验样品达到稳定。对于需要考核产品功能的试验样品，应该通电或加电气负载，并检查其是否达到规定

功能。

● 中间测试：如果需要在试验中间测试，测试时不要将试验样品从试验设备内取出，应按规定的项目对试验样品进行测试，例如外观、电气和机械性能等。

● 恢复：对于温度突变或温度渐变的试验，都应将试验样品在室温条件下解冻，除去水滴，使样品达到温度稳定，最少 1～2 h。

● 最终检测：应按规定的项目对试验样品进行测试，例如外观、电气和机械性能等。

② 高温试验

对产品进行高温试验，也属于单因素的气候环境试验，用于评定产品在储存、运输和使用过程中，其材料、工艺和结构的物理、机械、电气性能等方面受高温气候影响的变化。本方法不能用于试验样品在温度变化期间的耐抗性和工作能力，如属于这种情况，应采用温度变化试验方法。高温试验方法分为温度突变和温度渐变试验。按产品的不同，分别适用于非散热性样品和散热性样品。

● 试验设备：对于非散热性的试验样品，温度突变和温度渐变试验设备的温度值应能满足试验温度的要求，并且保持温度均匀；温度在 35 ℃ 时绝对湿度不超过 50%，温度低于 35 ℃ 时相对湿度不超过 50%。对于散热性的试验样品，温度渐变试验设备还应带有温度传感装置，其他要求与散热性的样品一致。图 5.15 是高温试验设备。

● 试验方法：试验样品进行初始检测后，将具有室温的试验样品在不包装、不通电的状态下，按正常使用位置放入与室温相同的试验设备内，调整设备温度至严酷等级规定的温度并设定持续时间，使试验样品达到稳定状态。

图 5.15　高温试验设备

● 试验温度：可按产品的严酷度要求，在 +200 ℃、+175 ℃、+155 ℃、+125 ℃、+100 ℃、+85 ℃、+70 ℃、+55 ℃、+40 ℃、+30 ℃ 中选择。温度允许偏差 ±2 ℃。温度渐变设备的温度变化速率不大于 1 K/min（不超过 5 min 的平均值）。

● 持续时间：从试验样品到达稳定后开始计算，可在 2 h、16 h、72 h、96 h 中选择。

● 功能试验：如果试验目的是检查样品在高温时能否正常工作，试验时须使试验样品达到稳定。对于需要考核产品功能的试验样品，应该通电或加电气负载，并检查其是否达到规定功能。

● 中间测试：如果需要在试验中间测试，测试时不要将试验样品从试验设备内取出，应按规定的项目对试验样品进行测试，例如外观、电气和机械性能等。

● 恢复：对于温度突变或温度渐变的试验，都应将试验样品在室温条件下恢复到温度稳定，最少 1～2 h。

● 最终检测：应按规定的项目对试验样品进行测试，例如外观、电气和机械性能等。

③ 温度变化试验

温度变化试验，用于评定产品在储存、运输和使用过程中，其材料、工艺和结构的物理、机械、电气性能等方面受气候温度快速变化影响的适应性，考核试验样品在温度迅速变化期间的耐抗性和工作能力。高温试验方法分为温度突变和温度渐变试验。按产品的不同，分别适用于非散热性样品和散热性样品。

- 试验设备：需要低温试验设备和高温试验设备各一台，两台设备放置的位置应能使试验样品在规定的时间内相互转移，并保持温度均匀，35 ℃时绝对湿度不超过 50%。
- 试验方法：将具有室温的试验样品在不包装、不通电的状态下进行初始检测。然后将试验样品按正常使用位置放入预先调节到一定温度的低温设备内，并按转换时间存放。再将试验样品按正常使用位置放入预先调节到一定温度的高温设备内，并按转换时间存放。如此重复循环试验 5 次，转换时间 2～3 min。在两台设备之间的暴露时间(含转移时间)可选择 3 h、2 h、1 h、30 min、10 min，小型样品可选择 10 min，如无特殊规定可选择 3 h。
- 试验温度：低温设备可按产品的严酷度要求，在 -65 ℃、-55 ℃、-40 ℃、-25 ℃、-10 ℃、-5 ℃、+5 ℃中选择，温度允许偏差 ±3 ℃；高温设备可按产品的严酷度要求，在 +200 ℃、+175 ℃、+155 ℃、+125 ℃、+100 ℃、+85 ℃、+70 ℃、+55 ℃、+40 ℃、+30 ℃中选择，温度允许偏差 ±2 ℃。温度升降变化速率不大于 1 K/min(不超过 5 min 的平均值)。
- 暴露(含转移)时间：在两台设备之间的暴露(含转移)时间，可选择 3 h、2 h、1 h、30 min、10 min。小型样品适合于 10 min，如无特殊规定可选择 3 h。
- 中间测试：如果需要在试验中间测试，可在试验样品暴露时按规定的项目进行测试，如外观、电气和机械性能等。
- 恢复：试验结束后，将试验样品在室温条件下恢复，使样品达到温度稳定。
- 最终检测：应按规定的项目对试验样品进行测试，如外观、电气和机械性能等。

④ 湿热试验

湿热试验是温度和湿度两种因素综合作用的试验，属于多种因素气候环境试验，用于考核产品在湿热条件下使用和储存的适应能力，主要考察产品电气安全性能、外观的变化及材料机械强度的变化。

湿热试验分为恒定湿热试验和交变湿热试验。恒定湿热试验是模拟室内环境，温度和湿度均保持恒定，受试样品不产生凝露；交变湿热试验是模拟室外环境，温度和湿度随时间变化，受试样品产生凝露，因此，交变湿热更为严酷。

- 试验设备：通常使用温度、湿度组合的潮湿设备进行试验，试验设备内应有监控温度、湿度条件的传感器，温度保持在 40 ℃ ±2 ℃，相对湿度保持在 93% +2% 或 93% -3% 的范围内，温度和湿度应均匀，内部和顶部的凝水不应滴落到试验样品上。

图 5.16 是温度湿度试验箱(俗称"潮热箱")，用这种设备可以进行温度湿度试验。

图 5.16 温度湿度试验箱

- 试验方法及严酷等级：以家用电器产品的试验为例。恒定湿热试验时，先将试验样品进行初始检测，将具有室温的试验样品在不包装、不通电的状态下，按正常使用位置放入试验设备内，设定湿度 93% ±2%，温度保持在 20～30 ℃，持续时间 48 h。交变湿热试验时，以四个阶段组成一个循环周期：升温→高温高湿→降温→低温高湿。升温时间 3 h±0.5 h，高温阶段 40 ℃时(严酷等级 a)，试验循环周期(用符号 d 表示)有 2 d、6 d、12 d、21 d、56 d；55 ℃时(严酷等级 b)，试验循环周期有 1 d、2 d、6 d，高温恒定时间 12 h±0.5 h，降温时间 3 h～6 h，降到

25 ℃±2 ℃。

● 中间测试：如果需要在试验中间测试，测试时不要将试验样品从试验设备内取出，应按规定的项目对试验样品进行测试，如外观、电气和机械性能等。

● 恢复：试验结束后，将试验样品在室温条件下恢复，时间 1 ~ 2 h，应使试验样品达到温度稳定。

● 最终检测：按规定的项目对试验样品进行测试，如外观、电气和机械性能等。

（5）冲击试验和碰撞试验

冲击试验是考核产品在使用、装卸、运输过程中受到的极限冲击适应性，从而检验产品结构的完整性，由于冲击试验是极限强度试验，不必多次重复试验。碰撞试验是考核产品在使用、装卸、运输过程中承受的多次重复性机械碰撞适应性，碰撞的特点是次数多、具有重复性，要进行重复试验。

● 试验设备：使用具备一定的负载能力和足够安装试验样品的水平工作台面的冲击试验台或碰撞试验台。试验夹具应具备较高的传递特性，使用前要通过测试。图 5.17 是冲击和碰撞试验设备。

● 试验方法：先将试验样品进行初始检测，使用试验夹具或直接将试验样品固定在冲击试验机或碰撞试验机上，通常在受试样品的三个互相垂直轴的 6 个方向连续施加 3 次冲击力（即正向冲击、背向冲击和侧向冲击），共计 18 次。对于外部形状对称的试验样品，或受冲击影响很小的方向，可减少试验的次数。

● 严酷等级：冲击的严酷等级以脉冲加速度和持续时间来决定；碰撞的严酷等级以脉冲加速度和持续时间、每方向的碰撞次数

图 5.17　冲击和碰撞试验设备

来决定。例如，碰撞次数可选择 100 次±5 次、1 000 次±10 次、4 000 次±10 次。具体指标参见相关试验标准。

● 工作方式和功能监测：根据需要，确定是否需要试验样品工作或功能监测。

● 恢复：按有关产品规定进行恢复。

● 最终检测：应按规定的项目对试验样品进行测试，如外观、尺寸和功能等。

（6）倾跌与翻倒试验

倾跌与翻倒试验是考查产品进行维修操作或搬动时可能产生的撞击的适应能力。试验适用于需要经常搬动的或有可能受到撞击危险的产品。

● 试验方法：有三种试验方法，即面倾跌、角倾跌与翻倒（或推倒）。

面倾跌是将试验样品按正常使用位置放在一平滑、坚硬的刚性台面上，使其绕着一条底边倾斜，直到使相对边与试验台面的距离为 25 mm、50 mm 或 100 mm，或使试验样品底面与台面成 30°角，两者取小者。然后使样品自由跌在试验台面上。试验时，应使样品分别绕 4 条底边各进行一次倾跌试验。图 5.18（a）所示是面倾跌试验示意图。

角倾跌是将试验样品按正常使用位置放在一平滑、坚硬的刚性台面上，在试验样品一个角下放置一根 10 mm 高的木柱。在其邻边的另一个角下放一根 20 mm 高的木柱，使试验样品升高。然后，使试验样品绕着上述两根木柱所架起的边缘转动，使试验样品抬起高于试验台面，直到试验样品另一边与 10 mm 木柱相邻的角抬高到 25 mm、50 mm 或 100 mm 或使试验样品底面与台面成 30°角，两者取小者。然后使样品自由跌在试验台面上。应使样品的 4 个底角各进

行一次倾跌试验。图 5.18(b)所示是角倾跌试验示意图。

　　翻倒(或推倒)是将试验样品按正常使用位置放在一平滑、坚硬的刚性台面上,使其绕着一条底边倾斜,直到处于不稳定的位置。然后,让其从这个位置自由地翻倒在相邻的一面上。试验时,应使试验样品的 4 条底边各进行一次翻倒试验。图 5.18(c)是翻倒(推倒)试验示意图。

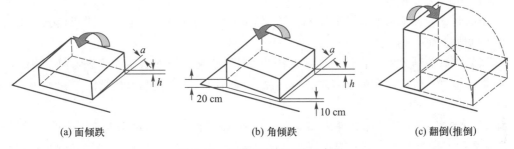

| (a) 面倾跌 | (b) 角倾跌 | (c) 翻倒(推倒) |

图 5.18　倾跌与翻倒试验示意图

　　倾跌与翻倒试验也可以通过试验设备来完成。图 5.19 是自由跌落试验设备。

　　在面倾跌或角倾跌试验中,试验样品可能会翻倒在另一面上,而不是落回到预期的试验面上,应采用合适的方法避免产生上述情况。

　　● 最后测试:应按规定的项目对试验样品进行测试,如外观、电气和机械性能等。

　　(7)　振动试验

　　振动试验是考核产品在使用、装卸、运输、维修过程中受到的振动适应能力,以确定产品的机械薄弱环节或性能下降。振动试验分为单一频率振动和可变频率振动。仅对正弦振动试验进行描述。

　　● 试验设备:使用具备一定负载能力、足够安装试验样品的水平工作台面的振动试验台,振动的频率、振幅和时间可调控。试验夹具应具备较高的传递特性,使用前要通过测试。图 5.20 是振动试验设备。

图 5.19　自由跌落试验设备　　　　　　图 5.20　振动试验设备

● 严酷等级：由三个参数来确定，即频率范围、振动幅值和耐久试验的持续时间。振动幅值和耐久试验的持续时间可参照产品标准选择。

● 试验方法：将试验样品进行初始测试，然后用试验夹具固定在专门的振动试验台上，对振动试验台的频率、振幅和时间三个参数进行设定。例如，对于 II 类测量仪器试验样品，单一频率振动（正弦）试验的条件是 30 Hz、0.3 mm/1.28g；可变频率振动的试验条件是 10 ~ 50 次/min、5g、共 1 000 次。

● 中间测试：如果需要在试验中间测试，应按规定的项目对试验样品进行测试，如外观、电气和机械性能等。

● 恢复：试验结束后，将试验样品在室温条件下恢复，应使试验样品达到初始测试条件。

● 最终检测：应按规定的项目对试验样品进行测试，如电气和机械性能等。

（8）自由跌落试验

自由跌落试验适用于产品在储运和装卸过程中从运输工具或台面上跌落下来的试验，有专业产品标准的，按照专业标准的规定进行。试验样品在跌落前悬挂着的时候，试验表面与样品之间的高度为跌落高度。

● 试验方法和严酷等级：先将试验样品进行初始检测，然后进行自由跌落试验和重复自由跌落试验。

自由跌落试验使样品从悬挂着一定高度的位置释放，自由跌落 2 次，试验样品应跌落到表面平滑、坚硬的刚性试验表面上。严酷等级由悬挂高度决定，可选取的高度为 25 mm、50 mm、100 mm、250 mm、500 mm、1 000 mm。

重复自由跌落试验：试验设备应使整个试验样品按规定的次数从规定的高度跌落，试验表面应是一厚度在 10 ~ 19 mm 之间的木板衬着 3 mm 的厚钢板，表面平滑、坚硬、牢固。在跌落高度为 500 mm 的情况下，严酷等级由跌落次数决定，可选择 50 次、100 次、200 次、500 次、1 000 次，跌落频率为每分钟 10 次。

● 跌落高度：由试验样品的质量、储运的方式决定；释放的方法应使试验样品从悬挂着的位置自由跌落。对不能倒置的试验样品进行底平面的跌落。

● 跌落顺序：平行六面体及其他形状的试验样品，先从某一个角和组成该角的三个面、三条棱边开始跌落；释放的方法应使试验样品从悬挂着的位置自由跌落。对不能倒置的试验样品进行底平面的跌落。

● 跌落次数：一般平行六面体及其他形状的试验样品按跌落顺序各跌落一次；不能倒置的试验样品连续跌落 6 次。

● 最终检测：应按规定的项目对试验样品进行测试，如外观、电气和机械性能等。

（9）低气压试验

低气压试验用以考核产品在低气压条件下使用、储存和运输的适应能力。

● 试验设备：低气压试验设备应能提供并保持实验所规定的气压条件。图 5.21 是低气压试验设备。

● 试验方法：将经过初始测量后的试验样品放入

图 5.21　低气压试验设备

低气压试验设备，将设备内的气压降到规定的试验气压，保持规定的持续时间，可选择 5 min、30 min、2 h、4 h、16 h。

- 恢复：试验结束后，将试验样品在标准大气压条件下恢复 1～2 h。
- 最终检测：应按规定的项目对试验样品进行测试，如电气和机械性能等。

4. 安全测试及测量仪器

电子类产品的检测项目一般有安全和电磁兼容（如需要）两大项内容：

- 型式试验是按产品抽取规定数量的样品，按照相应的产品标准中所规定的项目和试验方法逐项进行试验。
- 在对生产现场进行工厂检查时，一般抽取 1～2 台样机，按照实施规则规定的项目要求进行主要安全项目测试，工厂检查时不进行电磁兼容试验。
- 定期进行确认试验时，由企业或由专门的检测机构对主要安全项目进行测试。

3C 认证采用的产品标准均为国家标准，大多数是等效采用 IEC 安全技术标准，如整机产品的标准有：GB 8898《音频、视频及类似电子设备　安全要求》、GB 4943《信息技术设备　安全》、GB 4706《家用和类似用途电器的安全》标准等。

下面介绍几种常用的安全测试项目及测试设备。

（1）绝缘电阻

绝缘电阻测试的目的是检查产品的绝缘结构对电的绝缘能力。如果绝缘电阻值小，说明绝缘结构中可能存在某些隐患或受损，有可能对人身安全产生威胁。

绝缘电阻的试验方法：在试验样品有绝缘要求的外部端口（电源插头或接线柱）和机壳之间、机壳绝缘的内部电路和机壳之间、内部互相绝缘的电路之间进行测试。GB 8898《音频、视频及类似电子设备　安全要求》标准规定了音视频产品的绝缘电阻要求：基本绝缘电阻≥2 MΩ，加强绝缘电阻≥4 MΩ。

绝缘电阻测量仪器有绝缘电阻测试仪或兆欧表，一般是直流电压测试，有固定的电压量程、测量阻值的范围、指示精度及显示功能。以数字型绝缘电阻测试仪为例，技术指标一般为：测试电阻范围为 0.1～1 000 MΩ，测试电压为 250 V/500 V（DC），数字显示精度为±3%，工作电源为 220 V±10%、50±2 Hz 等。图 5.22 是绝缘电阻测试仪。

（2）抗电强度

抗电强度试验的目的是检验绝缘材料承受电压的能力、考核产品的绝缘结构是否良好。如果在高电压的作用下，

图 5.22　绝缘电阻测试仪

绝缘材料发生闪络或击穿，则表明绝缘材料被破坏，不能起到防触电保护的作用。

抗电强度试验方法：在试验样品有绝缘要求的外部端口（电源插头或接线柱）和机壳之间、机壳绝缘的内部电路和机壳之间、内部互相绝缘的电路之间，施加试验电压进行测试。GB 8898 标准规定的试验方法是：在与电网电源直接连接的不同极性的零部件之间施加交流试验电压 220 V（额定电压>150 V），进行耐电压测试。试验电压从零逐渐增加到规定的电压值，保持 60 s（例行试验可减至 1～4 s），应无击穿和飞弧现象。

抗电强度的试验仪器是耐电压测试仪。仪器应具备输出电压、最大输出电流、测量漏电流范围、精度、定时时间等必需的量程和精度。以 YD2760B 型耐电压测试仪为例，它的输出电

压为 0 ~ 5 kV(AC)、最大输出电流为 20 mA、测量漏电流范围为 0.5 mA/1 mA/2 mA/5 mA/10 mA/20 mA、精度±5%、定时时间为 60 s/30 s/5 s/手动等，具备显示功能。图 5.23 是耐电压测试仪。

（3）接地电阻

接地电阻测试是为检验产品的接地性能，考核产品的安全结构是否符合要求。

GB 8898 标准规定：保护接地端子(或接触件)和与其连接的零部件之间的接地电阻不应超过 0.1 Ω。测试接地电阻的时候，选择试验电流为 25 A(DC 或 AC)，试验电压不超过 12 V，试验应进行 1 min。接地电阻的数值很小，一般不超过几十欧姆。

测试接地电阻使用接地电阻测试仪，一般要求仪器具有测量电阻的范围、准确度、测试电流和电压、工作电源、定时器等量程和精度保证。以数字型接地电阻测试仪为例，测量电阻的范围为 0 ~ 200 mΩ、准确度为±5%、测试电流为 25 A/10 A(AC)和电压、定时器为 1 min/手动，具备显示功能。图 5.24 是接地电阻测试仪。

图 5.23　耐电压测试仪

图 5.24　接地电阻测试仪

5. 寿命试验

（1）电子产品的寿命

在日常生活中，电子产品的寿命可以从三个角度来认识。

第一，产品的期望寿命，它与产品的设计和生产过程有关。原理方案的选择、材料的利用、加工的工艺水平，决定了产品在出厂时可能达到的期望寿命。

第二，产品的使用寿命，它与产品的使用条件、用户的使用习惯和操作是否规范有关。使用寿命的长短，往往与发生某些意外情况有关。例如，产品在使用的时候，供电系统出现异常电压，产品受到不能承受的振动和冲击，用户的错误操作，都可能突然损坏产品，使其寿命结束。这些意外情况的发生是不可预知的，也是产品在设计阶段不予考虑的因素。

第三，产品的技术寿命。IT 行业是技术更新换代最快的行业。新技术的出现使老产品被淘汰，即使老产品在物理上没有损坏、电气性能上没有任何毛病，也失去了存在的意义和使用的价值。例如，十几年前生产的计算机，即使没有损坏，但其系统结构和配置已经不能运行今天的软件。IT 行业公认的摩尔定律是成立的，它决定了产品的技术寿命。

（2）寿命试验的特征与方法

产品的寿命试验是可靠性试验的重要内容，是评价分析产品寿命特征的试验。通过统计产品在试验过程中的失效率及平均寿命等指标来表示。寿命试验分为全寿命、有效寿命和平均寿命试验。全寿命是指产品一直用到不能使用的全部时间；有效寿命是指产品并没有损坏，只是性能指标下降到了一定程度（如额定值的70%），比如，某些元器件性能参数误差增大等；平均寿命主要是针对整机产品的平均无故障工作时间（MTBF），是对试验的各个样品相邻两次失效之间工作时间的平均值，简单理解就是产品寿命的平均值，MTBF是描述产品寿命最常用的指标。

寿命试验是在试验室中，模拟实际工作状态或储存状态，投入一定量的样品进行试验，记录样品数量、试验条件、失效个数、失效时间等，进行统计分析，从而评估产品的可靠性特征值。

以试验项目来划分，寿命试验可分为长期寿命试验和加速寿命试验。长期寿命试验时，将产品在一定条件下储存，定期测试其参数并定期进行例行试验，根据参数的变化确定产品的储存寿命。加速寿命试验时将产品分组，每组采用不同的应力，这种应力是由专门的设备来提供的。直到试验达到规定时间或每组的试验样品有一定数量失效为止，以此来统计产品的工作寿命时间。

6. 可靠性试验的其他方法

（1）特殊试验

特殊试验是使用特殊的仪器对产品进行试验和检查，主要有以下几种。

① 红外线检查：用红外线探头对产品局部的过热点进行检测，发现产品的缺陷。

② X射线检查：使用X射线照射方法检查被测对象，如检查线缆内部的缺陷，发现元器件或整机内部有无异物等。

③ 放射性泄漏检查：使用辐射探测器检查元器件的漏气率。

（2）现场使用试验

现场使用试验是最符合实际情况的试验，有些电子设备，不经过现场的使用就不允许大批量地投入生产。所以，通过产品的使用履历记载，就可以统计产品的使用和维修情况，提供最可靠的产品的实际无故障工作时间。

5.4 电子产品的认证

5.4.1 产品认证

产品认证是为确认不同产品与其标准规定符合性的活动，是对产品进行质量评价、检查、监督和管理的一种有效方法，通常也作为一种产品进入市场的准入手段，被许多国家采用。产品认证分为强制性认证（如我国的3C认证、欧盟的CE认证）和自愿性认证（如美国的UL认证、我国的CQC认证），世界各国一般是根据本国的经济技术水平和社会发展的程度来决定，整体经济技术水平越高的国家，对认证的需求就越强烈。从事认证活动的机构一般都要经过所在国家（或地区）的认可或政府的授权，我国的3C强制性认证，就是由国务院授权、国家认证认可监督管理委员会负责建立、管理和组织实施的认证制度。

视频
电磁炉制造过程
（装配与检测）

视频
多媒体音箱制造过程（装配与检测）

视频
3C认证介绍

1. 产品认证的起源和发展

产品认证的活动起源于商品经济的初期。20 世纪初，随着科学技术的不断发展，电子产品的品种日益增多，产品的性能和结构也越加复杂，消费者在选择和购买产品时，由于自身知识的局限性，一般只关注产品的使用性能，而对产品在使用过程中的安全却疏于考虑。一些工业化国家为了保护人身安全，也开始制定法律和技术法规，第三方产品认证由此应运而生。世界上最早实行认证的国家是英国。1903 年，由英国工程标准委员会（BSI）首先创立了世界上第一个产品认证标志，即"BS"标识（因其构图像风筝，俗称"风筝标志"），该标识按照英国的商标法进行注册，成为受法律保护的标志。20 世纪中期，产品认证在工业发达国家基本得到普及。目前，产品认证范围已从防火、防触电、防爆等安全概念扩展到防电磁辐射的电磁兼容，在能效方面也建立了相应的标准。比较知名的认证标志主要有：美国的 UL 和 FCC、欧盟的 CE、德国的 TÜV、VDE 和 GS、加拿大的 CSA。此外，澳大利亚和新西兰的 SAA、日本的 JIS 和 PSE、韩国的 KTL 及俄罗斯、新加坡、韩国、墨西哥等国家和地区也制定了相应的市场准入制度。

3C 是中国强制认证的简称，由 3 个"C"组成的图案也是强制性产品认证的标志，如图 5.25 所示。范围涉及人类健康和安全、动植物生命和健康、环境保护与公共安全的部分产品，由国家认证认可监督管理委员会统一以目录的形式发布，同时确定统一的技术法规、标准和合格评定程序、产品标志及收费标准。

(a) 基本型   (b) 安全   (c) 电磁兼容   (d) 安全与电磁兼容   (e) 消防

图 5.25   3C 认证的标志

2. 产品认证的意义

如果进入这个国家或地区的产品，已经获得该国家或地区的产品认证、贴有指定的认证标志，就等于获得了安全质量信誉卡，该国的海关、进口商、消费者对其产品就能够广泛地予以接受。因为，贴有认证标志的产品，表明是经过公证的第三方证明完全符合标准和认证要求的。特别是对于欧美发达国家的消费者来说，带有认证标志的产品会给予他们高度的安全感和信任感，他们只信赖或者只愿意购买带有认证标志的产品。

在国际贸易流通领域，产品认证也给生产企业和制造商带来许多潜在的利益。第一，使认证企业从申请开始，就依据认证机构的要求自觉执行规定的标准并进行质量管理，主动承担自身的质量责任，对生产全过程进行控制，使产品更加安全和可靠，大大减少了因产品不安全所造成的人身伤害，保证了消费者的利益；第二，由于产品所加贴的安全认证标志在消费者心中的可信度，引导消费者放心购买，促进了产品销售，从而给销售商及生产企业带来更大的利润；第三，企业的产品通过其他国家或地区的认证，贴有出口国的认证标志，有利于出口产品在国际市场的地位，有利于在国际市场上公平、自由竞争，成为全球范围内消除贸易技术壁垒的有效手段。

3. 产品认证的形式

在 ISO/IEC 出版物中，根据现行的质量认证模式，产品认证的形式归纳为以下八种形式：

① 型式试验。按照规定的方法对产品的样品进行检验，证明样品是否符合标准和技术规范的要求。

② 型式试验+获证后监督（市场抽样检验）。从市场或供应商仓库中随机抽样检验，证明产品质量是否持续符合认证要求。

③ 型式试验+获证后监督（工厂抽样检验）。从生产厂家库房中抽取样品进行检验。

④ 第②种和第③种的综合。

⑤ 型式试验+初始工厂检查+获证后监督。质量体系复查+工厂检查和市场抽样。

⑥ 工厂质量体系评定+获证后质量体系复查。

⑦ 批量检验。根据规定的抽样方案，对一批产品进行抽样检验。

⑧ 100% 检验。

由于上述第⑤种认证形式是从型式试验、质量体系检查和评价到获证后监督的全过程，涵盖最全面而被各国普遍采用，是国际标准化组织（ISO）推荐的认证形式。我国的 3C 产品认证也是采用这种认证形式。

4. 产品认证的依据

产品认证的主要依据有法律法规、技术标准和技术规范以及合同。

（1）法律法规依据

有许多国家都对危及生命财产安全、人类健康的产品实施认证，大都采用立法的形式，即制定法律法规、建立认证制度、规定认证程序，指导认证的具体实施。主要有以下法律法规形式：

- 国家法令、国家和政府决议。
- 专门的产品认证法律法规、认证制度，属于产品认证立法。
- 认证标志按照商标注册的法律执行。

（2）技术标准和技术规范

产品的安全性由设计和结构来保证，设计与生产是按照相应的安全标准和技术规范来进行，大多数区域性标准和国家标准都是依据国际标准——国际标准化组织（ISO）标准制定的，ISO 电工电子产品标准由国际电工委员会（IEC）负责制定，信息技术标准由 ISO/IEC 共同制定，我国的大部分 3C 产品认证标准采用国家标准（GB）。

ISO 是国际标准化组织的英文缩写。它是 1947 年成立的非政府组织，是一个世界范围的国家标准机构的联合体。ISO 的宗旨是，促进产品和服务的国际间交流及合作，促进世界标准化及其相关活动的发展。ISO 制定国际标准的原则是一致、广泛和自愿。ISO 的技术工作由独立的技术委员会、分委会和工作组来执行。在这些委员会中，来自全世界的有资格的工业部门、研究所、政府权威部门、消费者组织和国际组织的代表一起决定全球标准化的问题，ISO 的标准覆盖了所有的学科。

IEC 是国际电工委员会的英文缩写。1906 年成立，它是一个全球性的组织，其宗旨是致力于所有电工电子产品及相关国际技术标准的制定，所涉及的领域包括电子、电磁、电声、信息技术、音视频等。所制定的电工电子产品的标准被世界各国电工电子领域采用。

（3）合同约定

在国内外经济贸易活动中，买卖双方在签订合同、协议时，将有关产品安全性的要求做出明确规定，包括应该遵守的技术标准和规范，具体到标准中的某些具体内容及补充内容等，都作为认证的依据。

5.4.2　产品的国内强制认证（3C）

1. 3C 认证的背景与发展概况

3C 是中国强制认证的英文缩写 CCC 的简称。我国由国务院授权国家认证认可监督管理委员会（CNCA）负责强制性产品认证制度的建立、管理和组织实施。由政府的标准化部门负责制定技术法规，通过对产品本身及其制造环节的质量体系进行检查，评价产品是否符合技术法规及标准的要求，以确定产品是否可以生产、销售、经营和使用。

3C 认证标志已经在图 5.25 中给出，其中，图（a）为 3C 认证的基本型标志；图（b）附加了字母 S，表示安全认证；图（c）附加了字母 E，表示电磁兼容（EMC）认证；图（d）附加了字母 S&E，表示安全与电磁兼容认证；图（e）附加了字母 F，表示消防认证。

2. 3C 认证流程

企业申请产品 3C 认证的流程图如图 5.26 所示。

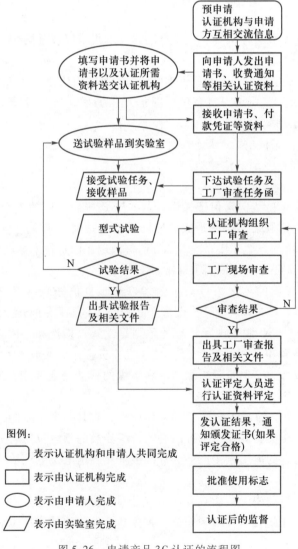

图 5.26　申请产品 3C 认证的流程图

对照图 5.26，企业申请产品 3C 认证的过程，可以分为下列几个环节：

（1）申请人提出认证申请

① 申请人通过互联网或代理机构填写认证申请表。

② 认证机构对申请资料评审，向申请人发出收费通知和送交样品通知。

③ 申请人支付认证费用。

④ 认证机构向检测机构下达测试任务，申请人将样品送交指定检测机构。

（2）产品型式试验

检测机构按照企业提交的产品标准及技术要求，对样品进行检测与试验——注意：对样品的检测与试验只是针对样品本身的，其结果若符合产品标准及技术要求，并不说明企业生产的同类产品已经合格，所以称为型式试验。型式试验合格后，检测机构出具型式试验报告，提交认证机构评定。

（3）工厂质量保证能力检查

① 对初次申请 3C 认证的企业，认证机构向生产厂家发出工厂检查通知，向认证机构工厂检查组下达工厂检查任务。

② 检查人员要到生产企业进行现场检查、抽取样品测试、对产品的一致性进行核查。注意：这是非常重要的环节！如果工厂审查不能通过，将不能产生、销售该产品，企业将被要求限期整改。

③ 工厂检查合格后，检查组出具工厂检查报告，对存在问题由生产厂整改，检查人员验证。

④ 检查组将工厂检查报告提交认证机构评定。

（4）批准认证证书和认证标志

认证机构对认证结果做出评定，签发认证证书，准许申请人购买并在产品上加贴认证标志。

（5）获证后监督

① 认证机构对获证生产工厂的监督每年不少于一次（部分产品生产工厂每半年一次）。

② 认证机构对检查组递交的监督检查报告和检测机构递交的抽样检测试验报告进行评定，评定合格的企业继续保持证书。

3. 工厂质量保证能力要求及其检测仪器

在产品的认证实施规则中，《工厂质量保证能力要求》是 3C 强制认证工厂检查的重要依据之一，工厂检查员通过 10 个条款的检查，对工厂的质量保证能力做出最后评价，这是产品认证全过程的最后一个阶段，也是最重要的环节。按照《工厂质量保证能力的要求》，在工厂检查前，企业应该建立、实施质量体系，确保其正常运行，并做好以下准备：

（1）职责和资源

（2）文件和记录

（3）采购和进货检验

（4）生产过程控制和过程检验

（5）例行检验和确认检验

（6）检验试验仪器设备

（7）不合格品控制

（8）内部质量审核

（9）认证产品的一致性

（10）包装、搬运和储存

申请 3C 认证的企业应该深入理解这 10 个要素的深刻内涵，将认证工作做到实处，建立健全的、文件化的程序及规定并严格执行、明确职责和权限、配备必需的资源，做好相应的培训，对生产全过程中的关键控制点重点管理，做好各环节的记录，提供充分的证据。在准备进行认证的过程中，应围绕以下中心环节开展工作。

工厂检查完成以后，认证机构检查人员将对工厂检查结果当场做出符合性判定：如发现不合格项，对产品安全性能无直接影响或有较小的潜在影响，或者不符合是个别的、易于纠正的，由工厂对此类不符合项进行纠正或制定纠正措施，并经检查组书面验证或现场验证确认有效后，可以通过审查。如果发现的不符合项直接影响产品安全性能、或影响产品一致性、或对产品安全产生严重隐患、或违反中国有关法律法规要求、或造成质量体系失控、过程失控等，则判定审查不通过。

4. 关于整机产品中的元件和材料认证

（1）对单独获证的元件和材料免除试验

CQC 在整机试验中，对已单独获得 3C 产品认证证书与标志的元件和材料，采取免除试验、予以认可的处理方法。即对已获证的元件和材料，只对证书与标志等认证情况进行核实，无需对元件和材料重新进行随机试验，从而给整机企业提供了时间和费用上的方便。

（2）对元件和材料的 CQC 自愿认证

在整机产品接受 3C 认证的试验时，这些未经认证的元件和材料需要单独进行试验，以确定其是否符合规定的安全要求。但是，这种单独试验的结果只对整机有效，并不对其出具单独的认证证明。同一种元件或材料如果用在不同的整机上，也不能通用随机试验的结果。所以，每次对整机试验时，都会花大量时间对整机的元件和材料进行试验，给整机制造厂造成时间的浪费和试验费用的增加，这对整机制造厂来说是不情愿的。

为整机提供配套的某些关键元件和材料一般不会单独使用。但是，如果这些元件和材料的安全性能经试验和检测证实符合安全标准要求，进行整机试验时就可以免除对它们的再测试，从而缩短整机的试验时间并减少费用；并且，某些元件和材料也确实需要有第三方认证机构对它们做出公正的质量评定。于是，中国质量认证中心（China quality certification centre，CQC）推出了一种自愿性认证的形式（标志"CQC"，如图 5.27 所示）。由元件或材料的生产者或制造商对产品申请自愿认证，获得 CQC 认证标志和证书，从而为整机厂使用这些元件和材料提供了便利条件。

（a）基本型　　　　（b）安全　　　　（c）电磁兼容

图 5.27　CQC 标志

（3）CQC 认证流程

CQC 认证的流程图如图 5.28 所示。

5.4.3 国外产品认证

产品认证在工业发达国家的快速发展，使它在许多发展中国家也逐步开展起来，认证范围也由安全认证(符号 S)扩展到电磁兼容认证(符号 EMC)、安全与电磁兼容认证(符号 S&E)。我国的产品认证制度就是在借鉴国外先进国家的认证经验、结合自身特点的基础上建立的。一些早期开展认证国家的认证标志在全世界都有很高的知名度、享有很高信誉。在我国加入 WTO 以来，认证市场已经逐步向国际开放，对这些知名认证的品牌及其标志有所了解是必要的。

1. 美国 UL 认证

(1) UL 的发展

UL 是美国保险商试验所的英文缩写，是美国的安全认证标志。UL 始建于 1894 年，最早是为保险公司提供保险产品检验服务的，又称保险商试验室。由于在完成保险产品的检验服务中建立了良好的信誉，佩有 UL 标志的保险产品逐步发展成为经检验确认符合安全标准要求的、被人们认可的安全产品。1958 年，UL 被美国主管部门承认为产品认证机构，并规定认证产品上要有 UL 标志。UL 认证标志如图 5.29 所示。

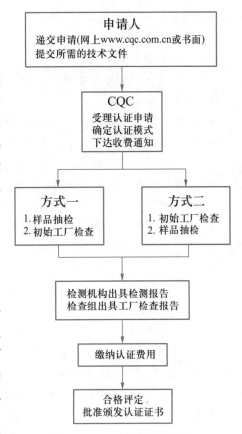

图 5.28 CQC 认证的流程图

(a) 整机   (b) 元器件   (c) 分级产品

图 5.29 UL 认证标志

UL 是美国最有权威的，也是世界上从事安全试验和鉴定的较大的民间机构。它是一个独立的、非营利的、为公共安全做试验的专业机构。它采用科学的测试方法来研究确定各种材料、装置、产品、设备、建筑等对生命、财产有无危害和危害的程度；确定、编写、发行相应的标准和有助于减少及防止造成生命财产受到损失的资料，同时开展实情调研业务。

目前 UL 主要从事产品认证和体系认证，并出具相关的认证证明，确保进入市场的产品符合相关的安全标准，为人身健康和财产安全提供保障。UL 认证是自愿性的，但一直被广大消费者认可，在美国市场销售的涉及安全的产品如果佩有 UL 标志，就成为消费者购买产品的首要选择，UL 标志给予了消费者安全感。

UL 拥有一套严密的组织和管理体制，标准开发及产品认证有严格的程序，但与国际上其他认证机构在运作上大同小异，主要围绕产品和材料对人类生命、财产危害程度的认定、产品制造工艺方法的检定等内容。UL 由安全专家、政府官员、消费者、教育界、公用事业、保险业以及标准部门的代表组成理事会，由总经理决策并进行管理。经 UL 认证的产品和厂商每年在 UL 出版的"产品指南"上公布。

（2）UL 申请程序简介

申请 UL 认证的程序如下。

① 申请人提出申请

● 申请人填写书面申请，并用中英文提供相关产品的资料。

● UL 对产品资料进行确认，如资料齐全，UL 以书面方式通知申请人实验所依据的 UL 标准、测试费用、测试时间、样品数量等，并请申请人提交正式申请表以及跟踪服务协议书。

● 申请人汇款、提交申请表并以特快专递方式寄送样品，应注意 UL 给定的项目号码。

② 样品测试

● UL 实验室进行产品检测，一般在美国的 UL 实验室进行，也可接受经过审核的第三方测试数据。

● 如果检测结果符合 UL 标准要求，UL 公司发出检测报告、跟踪服务细则和安全标志。细则中包括产品描述和对 UL 区域检查员的指导说明；检测报告副本提交申请人，跟踪服务细则副本提交每个生产厂家。

③ 工厂检查

● UL 区域检查员进行首次工厂检查，检查产品及其零部件在生产线和仓储的情况，确认产品结构和零件与跟踪服务细则的一致性，如果细则中有要求，进行现场目击实验，当检查结果符合要求时，申请人获得使用 UL 标志的授权。

④ 获证后监督

● 检查员不定期到工厂检查，检查产品结构并现场目击实验，每年至少检查四次。产品结构或部件如需变更，申请人应事先通知 UL，对于较小改动不需要重复实验，UL 可以迅速修改跟踪服务细则，使检查员接受这种改动。当产品改动影响到安全性时，需要申请人重新递交样品进行必要的检测。

● 如果产品检测结果未能达到 UL 标准要求，UL 向申请人通知存在的问题，申请人改进产品设计后，重新交验产品并及时将产品的改进内容告知 UL 工程师。

2. 欧盟 CE 认证

（1）CE 发展简史

CE 是法语"欧洲合格认证"的缩写。欧盟法律明确规定 CE 属强制性认证，CE 标志是产品进入欧盟的"通行证"。不论是欧盟还是其他国家的产品，在欧盟市场上自由流通，必须加贴 CE 标志。CE 只限于产品不危及人类、动物和货品的安全方面的基本安全要求，CE 标志是安全合格标志而非质量合格标志。对已加贴 CE 标志进入市场的产品，如发现不符合安全要求，要责令从市场收回，持续违反指令有关 CE 标志规定的，将被限制或禁止进入欧盟市场。

协调标准（技术规范）是产品符合欧盟指令基本要求的一种工具，符合协调标准的产品方可在欧盟市场上流通。在实施中，某一协调标准有可能没有涉及所对应指令的全部基本要求，制造商应该采用其他技术规范，保证符合指令的基本要求。协调标准经欧洲委员会一致通过，由 ISO 予以批准。迄今为止，欧盟已发布了几十个指令，欧洲委员会还在随时发布新的指令。依据欧洲标准化组织的规定，成员国必须将协调标准转换成国家标准，并指明与其相对应的新方法指令，同时撤销有悖于协调标准的国家标准，这是强制性的。

需要加贴 CE 标志的产品涉及电子、机械、建筑、医疗器械和设备、玩具、无线电和电信终端设备、压力容器、热水锅炉、民用爆炸物、游乐船、升降设备、燃气设备、非自动衡器、爆炸环境中使用的设备和保护系统等。

我国企业应当提高危机意识，积极主动了解欧盟最新的法规政策及动向，特别是要注意对 CE 标志相关规定的了解，杜绝滥用误用 CE 标志；对在欧盟指令范围内的出口产品及时进行 CE 认证，确保产品符合欧盟要求；在环保安全意识和生产技术方面查漏补缺，大到原料至成品的可追溯性和生产过程的安全卫生，小到产品标签上 CE 标志的尺寸和形状等细节，均需符合欧盟 CE 认证要求，切实规避出口风险。

（2）CE 申请程序简介

① 申请人提出申请

• 申请人口头或书面提出初步申请。

• 申请人填写申请表并将申请表、产品使用说明书和技术文件提交 CE 实验室，必要时提供一台样机。

② CE 认证机构对申请资料进行确认

• 确认提交资料的内容，确定检验标准及检验项目并报价。

• 申请人确认报价，将样品和有关技术文件提交实验室。

• CE 向申请人发出收费通知，申请人支付认证费用。

• CE 实验室对产品测试及技术文件进行审阅，包括：文件是否完善、文件是否按欧盟官方语言（英语、德语或法语）书写。如果不完善或未使用规定语言，通知申请人改进。

③ 样品测试

• 如果试验不合格，CE 实验室及时通知申请人，允许申请人对产品进行改进，直到试验合格。申请人应对原申请中的技术资料进行更改，以便反映更改后的实际情况。

• CE 实验室向申请人发整改费用补充收费通知。

• 申请人支付整改费用。

• 测试合格，无须工厂检查，CE 实验室向申请人提供测试报告或技术文件、CE 符合证明及 CE 标志。

④ 申请人签署 CE 保证自我声明，在产品上贴 CE 标志。

（3）CE 标志的使用

按新方法指令的要求，对需要加施 CE 标志的产品，在投放欧盟市场前，由制造商或其销售代理商加施 CE 标志。CE 标志应加贴在产品铭牌上，当产品本体不适用于标识时，可加贴到产品的包装上。当产品涉及两个或两个以上指令要求时，必须满足所有指令要求后，才能加贴 CE 标志。指令中对 CE 合格标志另有规定要求时，按指令要求进行。缩小或放大 CE 标志，应遵守规定比例。CE 标志各部分的垂直尺寸必须基本相同，不得小于 5 mm。CE 标志必须清晰可辨、不易擦掉。图 5.30 是 CE 认证标志。

图 5.30 CE 认证标志

CE 标志是符合欧洲指令标志，可以取代所有符合其他成员国家认证的标志（如德国的 GS）。成员国应将 CE 标志纳入国家法规和管理程序中，产品上可加贴任何其他标志，但必须满足下列条件：

• 该标志具有与 CE 标志不同的功能，CE 为其提供了附加价值（如指令未涉及的环境问题）。

- 加贴的是不易引起混淆的法律标志，如商标等。
- 该标志不得在含义或形式上与 CE 标志产生混淆。

3. 其他知名的国家认证

除了 UL 认证和 CE 认证以外，还有一些知名的国家认证。现在，中国制造的电子产品已经销往全世界很多国家和地区，也必须取得相应的认证。就申请认证来说，一般都通过代理机构操作，需要的程序也大同小异，大多包括提交申请、样品测试、工厂审查、标志授权以及获证后的监督。但各国国情不同，填写文件的语言与格式不同。参加申请工作的人员应该接受相关培训，仔细阅读文件资料。限于篇幅，本书只能对部分主要认证及其机构做出概略介绍，供电子产品制造企业出口产品、了解买方所在国家的认证要求时参考。

（1）德国 VDE 和 TÜV、GS 认证

VDE 是德国电气工程师协会的简称，也是德国的产品认证标志。VDE 按照欧盟统一标准或德国工业标准进行检测，认证的产品范围包括家用及商用的电子、电气设备和材料、工业和医疗设备及电子元器件等。针对不同产品，VDE 分别以不同的认证标志来表示。

德国技术监督协会 TÜV 是德国最大的产品安全及质量认证机构，是一家德国政府公认的检验机构，也是与 FCC、CE、CSA 和 UL 并列的权威认证机构，凡是销往德国的产品，其安全使用标准必须经过 TÜV 认证。

GS 是欧洲市场公认的安全认证标志，意为"德国安全"。GS 认证是以德国产品安全法为依据、按照欧盟统一标准或德国工业标准进行检测的一种自愿性认证。GS 标志表示该产品的使用安全性已经通过具有公信力的独立机构的测试。和 CE 不同的是，GS 标志并没有法律强制要求，但由于其安全意识已深入普通消费者，一个有 GS 标志的电器在市场可能会比一般产品有更大的竞争力。GS 标志可以替代 VDE 标志，等同于满足欧共体 CE 标志的要求。

在图 5.31 中，图（a）是一种 VDE 认证标志，适用于依据设备安全法规的产品或器具，如医疗器械、电气零部件及布线附件等；图（b）是 GS 认证标志，适用于依据设备安全法规制造的专门设备及整机产品。图（c）是 TÜV 认证标志，出现在各种 IT 产品和家用电器上。

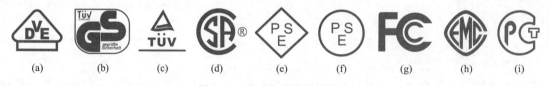

| (a) | (b) | (c) | (d) | (e) | (f) | (g) | (h) | (i) |

图 5.31　几种知名的认证标志

（2）加拿大 CSA 认证

CSA 是加拿大标准协会的缩写。CSA 成立于 1919 年，是加拿大首家制定工业标准的非营利性机构，目前是加拿大最大的、世界上最著名的安全认证机构之一，CSA 标志是世界上知名的产品安全认可标志之一。图 5.30（d）是 CSA 标志。

CSA 对电子、电气、机械、办公设备、建材、环保、太阳能、医疗防火安全、运动及娱乐等方面的各类型产品提供安全认证。经 CSA 安全认证及授权后，可在产品上附加 CSA 标志。CSA 属于自愿认证标志，但 CSA 的标准经常作为政府在管理中使用或参照的依据，大多数厂商也都以取得此标志作为向客户推荐产品安全性的依据，许多消费者甚至会指定要求购买附加 CSA 标志的产品。CSA 在加拿大各地区都建有分部，在世界各国设有附属机构或代表。

1992 年前，经 CSA 认证的产品只能在加拿大市场上销售，产品想进入美国市场，还必须取得美国的有关认证。现在，CSA 的检测机构如被美国政府认可，就可对一系列产品按照 360 多个美国 ANSI/UL 标准进行测试和认证。CSA 指定的检测机构将加拿大和美国的标准结合起来对产品进行测试，消除了取得两国不同认证所需的重复测试和评估，在申请认证过程中只需要一次申请、一套样品和一次交费，被确定为符合标准规定后，就可以销往美国和加拿大市场，帮助厂商缩减了认证时间和费用。

（3）日本 DENAN 法

日本在 2001 年 4 月 1 日颁布并开始实施"日本电气安全用电法"，简称"电安法"（DE-NAN）。它将电气产品及材料分为特殊和非特殊的两类：特殊电气产品及材料共有 111 项，必须由授权的评估机构进行强制验证，经验正合格后，加贴菱形 PSE 标志，如图 5.30(e) 所示；非特殊电气产品及材料共有 340 项，可以采用自我声明的形式，加贴圆形 PSE 标志，如图 5.30(f) 所示。

（4）美国 FCC 认证

FCC 是美国联邦通信委员会的缩写，FCC 制定了很多涉及电子设备的电磁兼容性和操作人员人身安全等一系列产品质量和性能的标准，目的是为减少电磁干扰，控制无线电的频率范围，确保电信网络、电气产品正常工作。FCC 认证的依据是"FCC 法规"和美国国家标准协会（ANSI）制定的标准，还有电子电气工程师协会（IEEE）下属的 EMC 学会制定的标准，这些标准已经广泛使用并得到世界上不少国家的技术监督部门或类似机构的认可。FCC 的认证标志如图 5.31(g) 所示，加贴标志的产品表示已经通过 FCC 认证。FCC 所涉及的产品范围主要有音视频产品、信息技术类产品、电信传输类产品及电子玩具等。

（5）欧洲电磁兼容认证 EMC

EMC 指令要求所有销往欧洲的电气产品产生的电磁干扰(EMI)不得超过一定的标准，以免影响其他产品的正常运作，同时电气产品本身亦有一定的抗干扰能力(EMS)，以便在一般电磁环境下能正常使用。EMC 指令已经于 1996 年 1 月 1 日在欧洲开始正式强制执行。EMC 认证以各类电子产品为主，是所有销往欧洲市场的电气产品的通行证，亦将在我国强制推行，这对于我国产品占据国际市场具有重大意义。图 5.31(h) 是 EMC 认证的标志。

（6）俄罗斯认证 GOST/PCT

自从 1995 年《产品及认证服务法》颁布之后，俄罗斯开始实行产品强制认证制度，对需要提供安全认证的商品从最初的数十种发展到现在的数千种，商品上市基本实行了准入制，要求国内市场上市商品必须有强制认证标志。对于绝大多数中国商品而言，只要获得了带有 PCT 标志的 GOST 国家标准证书，就等于拿到了进入俄罗斯国门的通行证。强制认证产品范围主要包括：食品，家用电器，电子产品，轻工业品，化妆品、家具、玩具、陶瓷等。图 5.31(i) 是 GOST 证书上的 PTC 标志。

5.5 技 能 训 练

5.5.1 感性认知电子企业质量控制与管理部门的职责与运作

观看教学视频并参观电子制造企业，了解电子企业 IQC、IPQC、OQC 以及 QA 等质量控制与管理部门的职责与运作，结合企业参观的认识写出其工作职责与工作流程，检测用到的主要仪器和设备。

5.5.2   感性认知电子企业 PCBA 测试工装的设计与制作过程

参观电子产品制造企业的测试工装设计与制作部门，了解电路板组件 PCBA 测试工装的设计、制作、使用以及储存管理，了解在线测试测试设备 ICT 以及 FCT 功能测试工装的使用。

思考与习题

1. 电子企业负责质量控制工作的有哪些岗位，其相应的职责是什么？
2. 以单片机为核心的家电控制器电路板，说明其功能检测工装的制作原理。
3. 调试和维修电路时排除故障的一般程序和方法是怎样的？
4. 产品老化和环境实验有什么区别？电子产品环境实验包括哪些内容？
5. （1）电子整机产品老化的目的是什么？
   （2）电子整机产品老化的条件有哪些？
   （3）什么是静态老化？什么是动态老化？哪一种更加有效？
6. 影响电子产品工作的主要环境因素有哪些？
7. （1）电子测量仪器的环境要求是怎样分组的？
   （2）电子整机产品的环境试验有哪些内容？是怎样进行的？
   （3）试为数字万用表设计环境试验的内容及方法。
8. 常用的防静电材料与设施有哪些？使用它们要注意哪些问题？
9. 世界著名的认证机构有哪些？
10. （1）什么是 3C 认证？3C 认证的关键环节有哪些？
    （2）请叙述 3C 认证的背景和意义。
    （3）请说明 3C 认证的工作流程。
    （4）3C 产品认证采用哪种认证形式？

6.1 电子产品的工艺文件

工艺文件是根据产品的设计文件，结合本企业的实际情况，将产品加工的程序、内容、方法、工具、设备、材料以及每一个环节应该遵守的技术规程，用文字和图表的形式表示出来。它是企业进行生产准备、原材料供应、计划管理、生产调度、劳动力调配、工模具管理的主要依据，是企业进行产品加工生产和检验的技术指导

视频

工艺文件案例

性文件。只要企业掌握了工艺文件，即使更换所有操作者，也能按照文件制造出同样的产品。企业是否具备先进、科学、合理、齐全的工艺文件是企业能否安全、优质、高产低消耗的制造产品的决定条件。

6.1.1 工艺文件的作用与分类

1. 工艺文件的作用

工艺文件的主要作用如下：

① 组织生产、编制生产计划的依据。

② 指导员工实施标准化作业，保证产品质量。

③ 提供工时定额，考核生产效率，配置与招聘员工数量的依据。

④ 提供材料定额，考核作业成本的依据。

⑤ 物料配套供应、保障生产秩序的依据。

⑥ 提供工具、工装、模具清单。

⑦ 经济成本核算的依据。

⑨ 执行工艺纪律的依据。

⑨ 培训员工、传承技术、积淀经验的载体。

对于组织机构健全的电子产品制造企业来说，上述工艺文件的作用也正是各部门的职责与工作依据，具体表现如下：

① 为生产部门提供规定的流程和工序，便于组织有序的产品生产；按照文件要求组织工艺纪律的管理和员工的管理。提出各工序和岗位的技术要求和操作方法，保证生产出符合质量要求的产品。

② 质量管理部门检查各工序和岗位的技术要求和操作方法，监督生产符合质量要求的产品。

③ 为生产计划部门、物料供应部门和财务核算部门确定工时定额和材料定额，控制产品

的制造成本。

④ 资料档案管理部门对工艺文件进行严格的授权管理，记载工艺文件的更新历程，确认生产过程使用有效的文件。

2. 电子产品工艺文件的分类

根据电子产品的特点，电子企业的工艺文件主要包括产品工艺流程、岗位作业指导书、通用工艺文件和管理性工艺文件这几个方面的文件：产品工艺流程明确了工艺路线、工艺装备人配备与性能、技术方案；岗位作业指导书是每个岗位作业即检验人员必须遵守的作业指引；通用工艺文件是指适用于同一类别多个工位或工序的通用性作业指导文件，不限定所生产的产品型号，如设备操作规程、焊接工艺要求等；管理性工艺文件如现场工艺纪律、防静电管理办法等。

基本工艺文件，一般以各种图表形式表现，是供企业组织生产、进行生产技术准备工作的最基本的技术文件，它规定了产品的生产条件、工艺路线、工艺流程、工具设备、调试及检验仪器、工艺装备、工时定额，是作为材料供应、工装配置、成本核算、劳动力安排、组织生产的依据，包括工装明细表、消耗定额表、配套明细表、工艺流程图、工艺过程表、工时定额表等。

指导技术的工艺文件，一般以各种作业（检验）指导书的形式表现，是不同专业工艺的经验总结，或者是通过试生产实践编写出来的用于指导技术和保证产品质量的指导性文件，主要包括各种作业指导书：装联准备规程（用于元器件预成形、导线预加工等的作业指导书）、装配工艺规程（插件、焊接、总装等的作业指导书）和调试与检验工艺规程（调试与检验指导书）。

工艺更改单是实施工艺更改的依据，包括临时性工艺更改单和长期性工艺更改通知。

6.1.2   工艺文件的内容与编制

1. 工艺文件的内容

电子产品的生产一般包含准备工序、流水线工序和调试检验工序，相应工序的工艺文件应按照工序的要求编制具体内容。

（1）准备工序工艺文件内容

元器件的筛选、元器件引脚的成形、线圈和变压器的绕制、导线的加工、线把的捆扎、地线成形、电缆制作、剪切套管、打印标记等。

（2）流水线工序工艺文件内容

应该包括确定流水线上需要的工序数目；确定每个工序的工时；工序顺序应合理。省时、省力、方便；安装和焊接工序应分开。

（3）调试检验工序工艺文件内容

标明测试仪器、仪表的种类、等级标准及连接方法；标明各项技术指标的规定值及其测试条件和方法，明确规定该工序的检验项目和检验方法。

2. 工艺文件的编制

（1）工艺文件的编制原则

根据产品的批量和复杂程度及生产的实际情况，按照一定的规范和格式编写，配齐成套，装订成册。

① 技术依据。是全套设计文件、样机及各种工艺标准。

② 工作量依据。是计划日（月）产量及标准工时定额。

③ 适用性依据。是现有的生产条件及经过努力可能达到的条件。

（2）工艺文件的编制要求

① 既要具有经济上的合理性和技术先进性，又要考虑企业的实际情况，具有适用性。

② 必须严格与设计文件的内容相符合，应尽量体现设计的意图，最大限度地保证设计质量的实现。

③ 要严肃认真，一丝不苟，力求文件内容完整正确，表达简洁明了，条理清楚，用词规范严谨。并尽量采用视图加以表达。要做到不用口头解释，根据工艺规程，就可正常地进行一切工艺活动。

④ 要体现质量第一的思想，对质量的关键部位及薄弱环节应重点加以说明。技术指标应前紧后松，有定量要求，无法定量要以封样为准。

⑤ 尽量提高工艺规程的通用性，对一些通用的工艺要求应上升为通用工艺。

⑥ 表达形式应具有较大的灵活性及适用性，做到当产量发生变化时，文件需要重新编制的比例压缩到最低程度。

3. 插件线装配工艺要求

人工插件线是将整形好的元器件按要求插装到印制电路板上，经焊接固定插好的元器件。绝大多数电子产品生产企业都配备了电路板插件线。在不具备 SMT 或 AI 设备的企业里，所有的元器件都在插件线上完成插装；在有 SMT 或 AI 设备的企业，也有因印制电路板上部分元器件不适应机插、机贴，必须由插件线来完成组装。

在安排插件线插装前，先要熟悉产品对象（需生产的印制电路板），了解产品的构成、复杂程度、印制电路板的尺寸形状、使用哪些元器件等。然后，根据插件线人数的多少、员工的操作技能与熟练程度和生产量的多少，确定每个员工的插装数量。一般情况下，每个工位插装元器件的数量为 4～7 个为宜。避免因为数量或种类太多导致插装错误。在安排各工位插装的元器件时，要遵循下列原则：

① 安排插装的顺序时，先安排体积较小的跳线、电阻、瓷片电容等，后安排体积较大的继电器、电解电容、安规电容（一种大容量、高耐压的电容器）、电感线圈等。

② 插装印制电路板上元器件的位置，应安排先插装上方、后插装下方，以免前道工序已经插装的元器件妨碍后道工序插装。

③ 带极性的元器件如二极管、晶体管、集成电路、电解电容等，要特别注意明确标志方向，以免插装错误。

④ 要用波峰焊或浸焊炉焊接的，要考虑到 240 ℃ 以上的焊接温度对元器件的损伤。因此，如果印制电路板上有怕高温、助焊剂容易浸入的元器件，要格外小心。可以安排对特殊元器件进行手工插装并补焊。

⑤ 有容易被静电击穿的集成电路时，要采取相应措施防止元器件损坏。

4. 岗位操作作业指导书的编制（以手工插件线为例）

岗位操作作业指导书是指导员工进行生产的工艺文件，下面以图 6.1 为例，说明作业指导书的编制方法。编制作业指导书，要注意以下几个方面。

① 为便于查阅、追溯质量责任，作业指导书必须写明产品名称、规格、型号、该岗位的工序号以及文件编号。

② 必须说明该岗位的工作内容。图 6.1 是"插件"工序的作业指导书。

×××× 电子有限公司	总　装 作业指导书	产品名称 工序号	YYYY微波炉 工位号	产品型号 工作内容	ZZ-E(G)XAHU(D3) 插件	编号 08
		2	2-8			

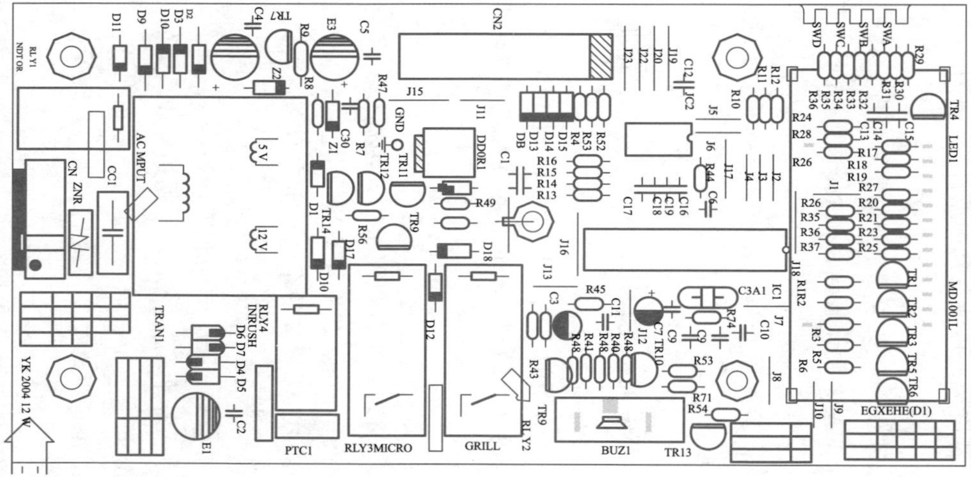

技术要求:

1. 将元器件插到图中对应的位号上。
2. 元器件要插到板面, 尽量贴近板面。
3. 整流二极管封装上白色一端表示负极, 与丝印方向的一竖相对应插入。

元器件			
名称	规格型号	位号	数量
碳膜电阻	1/6W~20 kΩ±5%	R34,R47,R32,R30,R36	5
整流二极管	1N4007	D6,D7	2

设备、工装夹具、辅助材料
辅助材料 名称、规格、数量
设备、工装夹具 名称、型号、数量

标记	处数	更改文件号	签名	日期
发文号		编制/日期	审核/日期	审核/日期

共 1 页　第 1 页

图 6.1　插装作业指导书

③ 写明本工位工作所需要的原材料、元器件和设备工具以及相应的规格、型号及数量。图 6.1 的工位需要安装 5 个 1/6 W 电阻和 2 个 1N4007 整流二极管，并且说明了装配在什么位置。

④ 有图纸或实物样品加以指导，图 6.1 画出了印制电路板实物丝印图供本工位员工对照阅读。

⑤ 有说明或技术要求告诉员工怎样具体操作以及注意事项。

⑥ 工艺文件必须有编制人、审核人和批准人签字。

一般来说，一件产品的作业指导书不止一张，有多少工位就有多少张作业指导书。因此，每一件产品的作业指导书汇总在一起，装订成册精心保管，以便生产时多次使用。

这里仅以插件作业指导书为例，对工艺文件的编制和要求进行介绍，其他的工艺文件与此类似。工艺文件用于指导生产，其图、文一定要清楚、准确、具体、易懂，便于工人使用，不能含糊不清。

6.1.3 工艺文件范例

① 图 6.2(a) 与图 6.2(b) 所示分别是某计算机主板制造厂与家电控制器的工艺流程图。

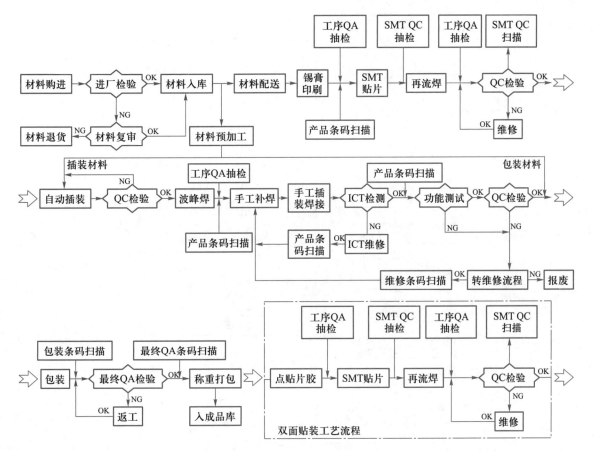

图中各字符的意义：
OK—合格；NG—不合格(No Good)；QC—质量控制(Quality Control)；
QA—质量保证(Quality Assurance)；ICT—在线测试(In Circuit Test)

图 6.2 (a) 某计算机主板制造厂的工艺流程图

② 图 6.3 所示为插件与装配作业指导书各 1 张。

③ 图 6.4 所示为配套明细表。

④ 图 6.5 所示为仪器仪表明细表。

⑤ 图 6.6 所示为工位器具明细表。

⑥ 图 6.7 所示为装配工艺卡片。

⑦ 表 6.1 所示为材料汇总表。

⑧ 表 6.2 所示为元器件清单。

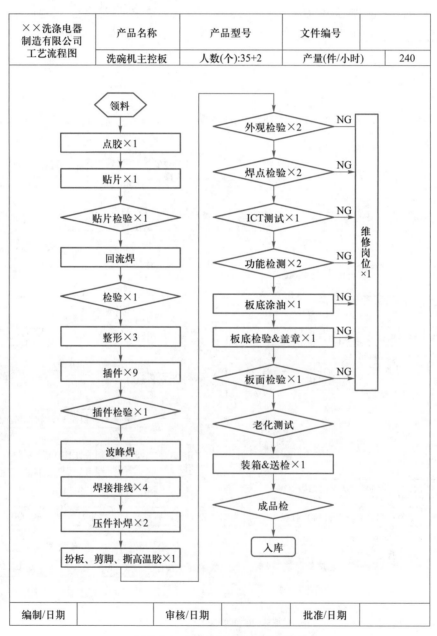

图 6.2 (b) 家电控制器的工艺流程图

图 6.3 (a) 插件作业指导书

×× 电子科技有限公司	作业指导书		产品名称	除湿机主控板、显示板	产品系列	CS1650-8P	文件编号	WI-ED-02/A	页码	6/21
			工位编号	6	工序名称	插件	岗位人数	1	标准时间	30 s

操作步骤与图片说明

物料表

序号	代号	名称/型号规格	数量
1	LED1~2, LED9	黄色发光二极管	3
		发光二极管脚垫	3
2	CN3	插座 XH-2P	1
3	CN2	插座 XH-4P	1
4	E1(主板)	电解电容10μF-M-25V	1
5	E2	电解电容470μF-M-16V	1

注意事项

1. 发光二极管有缺口一边为"一"。
2. 每个发光二极管必须加有一个脚垫。
3. 插座有缺口一向对应丝印图有缺口一向。
4. 电解电容外皮上有白条印对应的一边为"一"。对应丝印图阴影一端插件。

辅助工具设备

防静电手环	防静电手指套

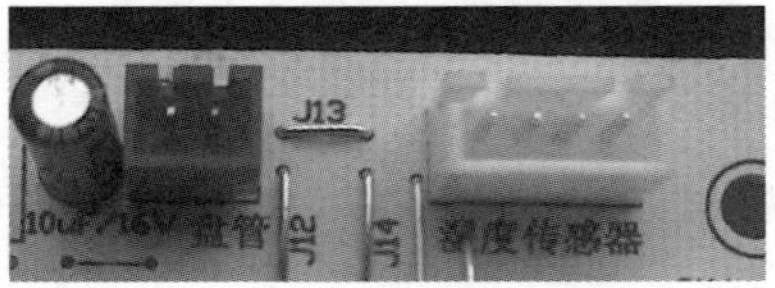

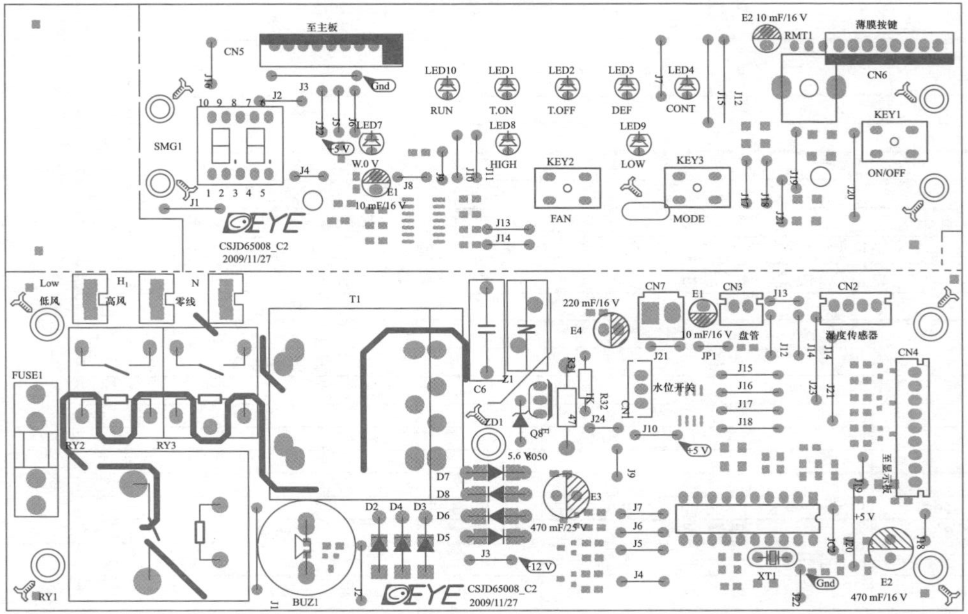

编制/日期	审核/日期	会签/日期	批准/日期

作业指导书		文件编号		编制日期		页数		版本
		锁大功率螺钉	6	标准工时	作业类型	第6页 共14页	标准产能/H	A/0
		材料编号			装配		入员配置	1人
适用产品名称及编号	大功率MR16/GU10/JDRE27(通用)	工序名称	工序排号	材料名称		材料规格		数量
				螺钉		PM1.5 mm×2.5 mm圆头；碳钢；ROHS		2pcs

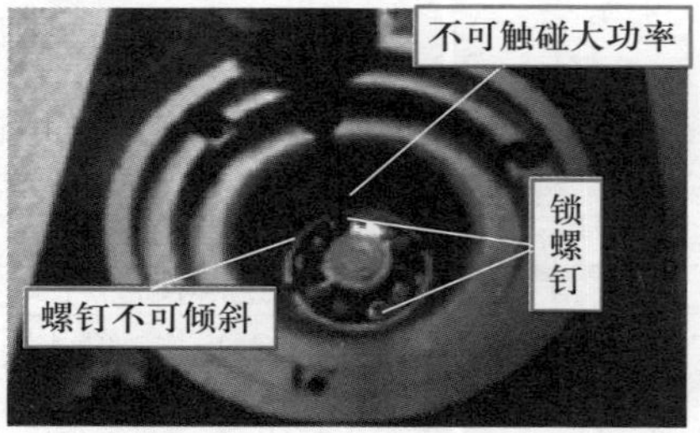

操作说明

序号	
1	检查工位表面清洁
2	检查物料有无一致
3	检查工具有无完好
4	
5	

检查上工序

本工序作业
1. 调节好电批力度，以刚好锁紧螺钉为准。
2. 用电批取两颗螺钉将大功率固定在连接筒内（如图一）。
3. 电批要与螺钉不可倾斜，避免打滑或锁钉不到位。
4. 自检无误后，流入下一工序。

自检
检查螺钉有无松动、偏锁、打滑现象
检查外观有无刮花不良
检查大功率有无松动或倾斜

技术要求

用扭力测试仪进行测试
螺钉要竖直对准螺钉孔

不良品做出

注意事项：注意螺钉是否锁紧，有无锁滑或锁花现象

核准	审核	核准	承办单位：
			承办人：

图一

图二
不可触碰大功率
锁螺钉
螺钉不可倾斜

设备及治具工具

设备、工装名称	型号	设定条件
电批	——————	扭力0.5±0.02
静电环	OWS20A	
锁螺钉固定治具		

图6.3(b) 装配作业指导书

配套明细表			产品型号和名称		产品图号	
			S753 台式收音机		HD. 2. 025. 105	
序号	名称	型号、规格、编码	数量	位号	装入何处	
1	自制零件					
2	调谐杆	HD 5. 557. 017	1			
3	支架	HD 8. 667. 030	1		基板	
4	支架	HD 8. 667. 031	1		基板	
5	转盘	HD 8. 667. 032	1		基板	
6	刻度板	HD 8. 667. 033	1		基板	
7	指针	HD 8. 667. 034	1		基板	
8	压片	HD 8. 045. 008	3		整机	
9	支柱	HD 8. 045. 010	1		整机	
10	夹板	HD 8. 045. 007	1		整机	
11	夹簧	HD 8. 045. 013	1		整机	
12	旋钮	HD 8. 667. 080	2		整机	
13	弹簧	HD 8. 045. 020	2		基板	
14	窗板	HD 8. 667. 037	1		整机	
15	前壳	HD 6. 116. 058	1		整机	
16	后盖	HD 6. 116. 060	1		整机	
17	嵌条	HD 8. 667. 058	2		整机	
18	装饰板	HD 8. 667. 060	1		整机	
19						
20	线圈	HD 5. 557. 045	1		基板	
21	跨接线	跨距 10 mm	4		基板	
22	电池套		1		整机	
23	说明书		1		整机	
24	防震袋		1		整机	
25	合格证		1		整机	
26						
27						
28						
29						

旧底图总号	更改标记	数量	更改单号	签名	日期		签名	日期	第 3 页	
						拟制				
						审核			共 4 页	
底图总号										
						标准化			第 1 册	第 7 页

图 6.4　配套明细表

仪器仪表明细表			产品型号和名称		产品图号
			S753 台式收音机		HD. 2. 025. 105
序号	型号		名称	数量	备注
1			高频信号发生器	4	
2			示波器	4	
3			3V 稳压电源	4	
4			真空管毫伏表	6	
5			500 型万用表	1	
6			数字万用表		

旧底图总号	更改标记	数量	更改单号	签名	日期		签名	日期	第 1 页	
						拟制				
						审核			共 1 页	
底图总号										
						标准化			第 1 册	第 11 页

图 6.5 仪器仪表明细表

工位器具明细表			产品型号和名称	产品图号	
			S753 台式收音机	HD. 2. 025. 105	
序号	型号		名称	数量	备注
1	SL−A 型 60W		60W 手枪烙铁	10	
2	SL−A 型 60W		烙铁心	10	
3	SL−A 型 60W		烙铁头	10	
4			25W 内热式电烙铁	10	
5			烙铁心	10	
6			长寿命烙铁头	10	
7			气动剪刀	3	
8			气动剪刀头	3	
9			气动螺丝刀	10	
10			十字气动螺丝刀头	10	
11			4" 一字螺丝刀	20	
12			4" 十字螺丝刀	20	
13			锋钢剪刀	10	
14			不锈钢镊子	20	
15			125 mm 尖嘴钳	20	
16			125 mm 偏口钳	5	
17			500 mm 钢板尺	2	
18			150 mm 钢板尺	2	
19			电子秒表	1	
20			0.82 ~ 0.87 密度计	4	
21			密度计玻璃吸管	4	
22			1 ~ 2 L 塑料量杯	2	
23			80 mm×120 mm 方盒	2	
24			塑料点漆壶	1	
25			元器件料盒	300	
26	480 mm×260mm×120mm		塑料存放箱	10	
27			不锈钢汤勺	1	
28					
29					

旧底图总号	更改标记	数量	更改单号	签名	日期		签名	日期	第 1 页	
						拟制				
						审核			共 2 页	
底图总号										
						标准化			第1册	第9页

图 6.6 工位器具明细表

装配工艺卡片				工序名称	产品名称
					小型台式收音机
				插件（4）	产品型号
					S753
位号	装入件及辅助材料 代号、名称、规格		数量	工艺要求	工具工装名称
R5	电阻 RT11-0.25 W-470 Ω		1		镊子
R8	电阻 RT11-0.25 W-470 Ω		1		剪刀
C2	电容 CC1-63 V-0.22 μF		1		
C9	电容 CC1-63 V-0.22 μF		1		
C10	电容 CD11-16 V-4.7 μF		1		
C11	电容 CD11-16 V-4.7 μF		1	（1）插入位置见"插	
Q4	晶体管 3DG201（S11）		1	件工艺简图"（第 8 页）	
				第 4 部分:	
				（2）插入工艺要求见通	
				用工艺"插件工艺规范"	

指示插装位置的印制板装配图

（略）

旧底图总号	更改标记	数量	更改单号	签名	日期		签名	日期	第 4 页	
						拟制				
						审核			共 8 页	
底图总号										
						标准化			第 1 册	第 19 页

图 6.7 装配工艺卡片

表 6.1 材料汇总表

序号	名称	型号与规格	数量	位号	参考单价	备注
1	电阻	RJ0.5-6k2-±5%	3	1R1, 1R2, 2R1		元件三厂
2	电容器	CL11-63-104-K	5	1C1, 1C2, 2C1, 2C2, 3C1		元件十厂
3	电位器	WX10-56	2	1W1, 2W1		元件六厂, 按样品
4	晶体管	9014	4	2Q1, 2Q2, 3Q1, 3Q2		器件四厂, $h_{fe} \geq 80$
5	运算放大器	LM221	1	3U1		国家半导体公司
6	…	…	…	…		

表 6.2 元器件清单

序号	名称	位号	型号与规格	备注
1	电阻	1R1	RJ0.5-6k2-±5%	
2	电阻	1R2	RJ0.5-6k2-±5%	
3	电阻	2R1	RJ0.5-6k2-±5%	
4	电容	1C1	CL11-63-104-K	
5	电容	1C2	CL11-63-104-K	
6	电容	2C1	CL11-63-104-K	
7	电容	2C2	CL11-63-104-K	
8	电容	3C1	CL11-63-104-K	
9	电位器	1W1	WX10-56	
10	电位器	2W1	WX10-56	
11	晶体管	2Q1	9014	$h_{fe} \geq 80$
12	晶体管	2Q2	9014	$h_{fe} \geq 80$
13	晶体管	3Q1	9014	$h_{fe} \geq 80$
14	晶体管	3Q2	9014	$h_{fe} \geq 80$
15	运算放大器	3U1	LM221	国家半导体公司
16	…	…	…	…

6.2 新产品工艺导入

6.2.1 新产品导入概述

视频

平板电脑的
生产过程

新产品是指在产品的原理、结构、功能和形式上发生了改变，第一次生产和销售的产品。制造企业的新产品通常包括两种：一种是对已经有成熟的方案和产品，在此基础上只是做些外观、结构和功能的适当改变和调整的产品；另外一种是全新开发，采用新方案，新技术从无到有的产品。

新产品导入是指将研发出来的新产品快速准确高效地在制造工厂进行工程试生产，小批量试产，以快速达到高质量批量生产的过程。新产品导入阶段是将设计方案转化为实物的阶段。

负责新产品导入的工艺技术人员，一般任职要求有产品工作（硬件开发、测试、NPI）或产品制造领域相关工作经验，最好有项目管理经验，能熟练运用项目管理技能，了解产品的开发流程等。该岗位一般要负责或参与以下工作：

① 参加新产品的早起开发，提升新产品的可制造性、可测试性，保证所负责的新产品按计划、高效、高质量地快速导入制造系统。

② 组织开展新产品制造系统验证，验证产品批量制造、测试的一致性，发现和解决新产品的制造及技术问题，促进产品快速稳定，保证新产品快速满足市场需求。

③ 制定适合产品特点的先进的制造、测试模式、策略，并组织实施。

④ 组织开展各种专项制造改进活动，提高新产品的制造效率和质量，降低制造成本。

6.2.2 新产品导入流程

新产品从市场需求的产生到按照客户需求的时间推向市场的各个阶段过程如图6.8所示。

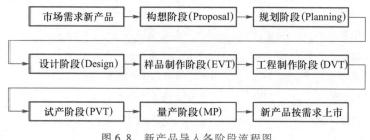

图6.8 新产品导入各阶段流程图

新产品导入各阶段工作的逻辑关系如图6.9所示。

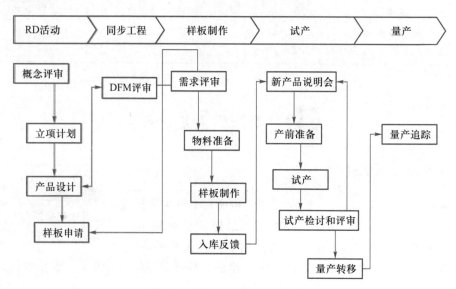

图6.9 新产品导入各阶段工作

　　某家电企业新产品从开发导入批量生产总流程图如图 6.10(a)与图 6.10(b)所示,其中图 6.10(a)为第一阶段,是指产品立项到试产;图 6.10(b)为第二阶段,是指量产前评审到量产释放。

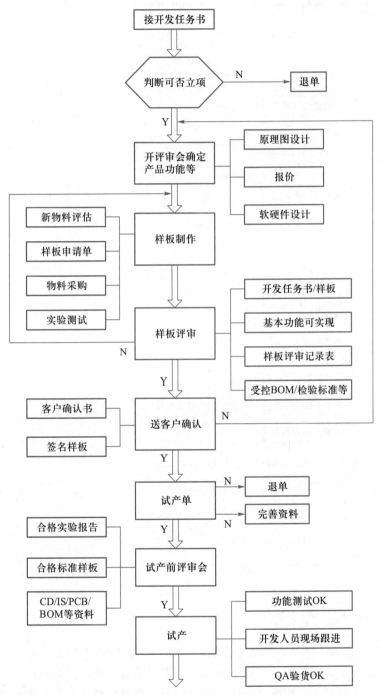

图 6.10 (a) 某家电企业新产品从开发导入批量生产总流程图(第一阶段)

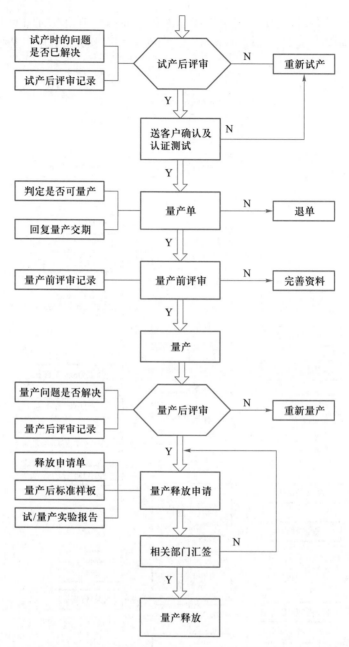

图 6.10 (b) 某家电企业新产品从开发导入批量生产总流程图(第二阶段)

6.2.3 新产品导入常见问题

① 新产品开发完成了样品才开始考虑生产工艺问题，导致生产工艺与设计过程脱节，许多本应该由设计过程解决的问题，不得不通过工艺部门来进行修补，有时甚至带着问题进行批量生产，导致产品直通率低、成本高、生产时常中断，更改频繁，产生大量的返工，相应而生了巨大的生产成本。

② 转产没有标准，研发想快点转产，生产对有问题的产品又不愿接收，希望研发把问题都

解决了才转过来，而市场又催得急，经常被迫接收，长此以往，导致研发与生产的矛盾激化。

③ 没有明确和规范的新产品导入程序或程序太简单，同时不充分的记录与信息反馈导致蹩脚的管理。

④ 量产后才发现产品可制造性差、成品率低、经常返工，影响发货，产品到了生产后还发生较多的设计变更。

⑤ 产品到了客户手中还冒出各种各样的问题以致要研发人员到处去救火。

6.2.4 新产品试产流程与详细说明

新产品试制是根据设计图纸，工艺文件和少数必不可少的工艺装备，由试制车间试制出少量几件样品，以便检验产品的结构、功能与性能参数等各项指标是否达到设计要求，验证设计图纸与资料的正确性，以便肯定或进一步校正产品设计。

新产品试产是根据成批生产和大量生产的要求，编制全部工艺规程，设计制造全部工艺装备，然后生产一小批产品。目的是检验工艺规程和工艺装备是否适应生产的要求，并对产品图纸进行工艺性审查，以便进行必要的校正，为大批量生产创造条件。

以下是针对新产品试产流程(图 6.11)的详细说明。

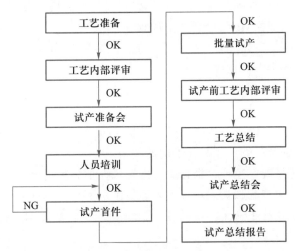

图 6.11 新产品试产流程图

1. 工艺准备

① 参考图纸：工艺部统计该试产项目参考图纸及相关信息。

② 工艺输出文件：确定工艺输出文件是否都已下发。

③ BOM 文件：电路板 BOM、裸机 BOM、包装 BOM、附件(产品)BOM 等。

④ PCBA 托工：PCB 拼接图：发到印制电路板厂的印制电路板加工要求(长、宽、厚、拼接方式等)。

⑤ 钢网制作文件：外加工 SMT 所需单板制作钢网 PCB 贴片图：提供单板尺寸、设置描述。

⑥ PCBA 焊接作业指导书：外协托工印制电路板焊接加工要求。

⑦ 检验文件：成品检验规程、出厂检验报告。

⑧ 测试作业指导书：内容包括芯片程序烧录、印制电路板程序烧录、电气参数测试、功

能测试。

⑨ 组装作业指导书：内容包括工艺流程、生产配置表、各工站指导书（以生产配置表为准按工站编写的焊接、装配、验证、网络配置等内容）。

⑩ 包装作业指导书：指导产品如何包装及验证。

⑪ 老化作业指导书：指导老化过程重要有机芯老化、整机老化和老化记录。

⑫ 设备操作指导书：设备安全操作规程以及针对新产品的编程程序。

2. 工艺内部评审

① 工艺文件评审：评审有无缺陷的地方，需要改善的地方。

② 首板样机内部评审：评审电路板及样机是否有设计隐患和不合理设计。

③ 工装夹具评审：评审工装夹具设计和审批周期及内部手续。

④ 了解 PCBA 外协加工情况，确认其对后续的组装及调试是否有影响。如有需要则在试产准备会上通报，并商定出处理措施。

⑤ 试产前工艺评审会要以邮件的形式发出会议记录。

3. 试产准备会确认内容

① 明确试产目标。

② 确定试产性质。试产性质包括：客户要求/新机种；更换供应商；设计变更/工程试做；常规实验；工程实验；增加模具/工程试做；其他。

③ 参考图纸、BOM 表、工艺文件：工艺部在工艺文件完成后，内部召开试产前工艺评审会，整合信息在试产准备会上做通报。

④ 物料齐套性确认。计划部通报物料齐套情况，包括生产备料后的报缺及缺料到货日期等信息。

⑤ IQC 来料检验情况：数据内容包括不良问题的问题点，判定结果，判定人（方便后期组装时对接受不良品的验证及影响产品装配情况的判定）。

⑥ 工装、设备调配情况。生产部根据生产配置表评估满足情况。

⑦ 人员调配情况。生产部根据生产配置表评估满足情况。

⑧ 项目成员试产工作分工：工艺协同硬件提供调试、测试技术支持。工艺协同结构提供装配技术支持。

⑨ 试产计划：根据试产准备会时确认的时间做出试产计划，以邮件的形式发给各项目成员。试产计划内容包括人员培训时间、生产部调配时间（正式试产前）、试产开始时间、生产部按照排期来确定试产时间、首件检验时间（QA 估算）、试产总时间（PE 估算）、试产总结时间（PE 估算）等，试产准备会要填写《签到表》，会后发出《试产准备会会议纪要》。

4. 人员培训会

① 产品介绍，对本次试产产品做出初步认识。

② 产品各部件的了解。

③ 工艺文件讲解（工艺流程、配置、重点工位及注意事项、检验要点、安全事项）。

④ 样品装配过程说明和演示。

培训时填写《产品试产培训（说明）记录表》。

5. 试产产品首件

① 试产期间由项目负责人、研发工程师、工艺工程师、质量工程师现场指导生产。

② 首件数量：监护仪产品 5 台；手持产品、指夹产品及附件产品各 10 台。

③ 首件检验：生产填写好《首件检验报告》后交质量部检验。

④ 质量部在第一时间对首件产品进行全部检测并回复测试结果。

⑤ 相关技术人员根据首件检验结果在试产现场做首件评审，确认是否可以进行后续的批量试生产（试产继续或暂停）。

6. 首件通过后进行批量试产

① 试产过程中生产数据统计：生产部如实统计物料不良比例和每个测试工序的不良比率，及时通报物料情况。每天将所有的数据提供给工艺工程师。工艺工程师根据生产提供的数据，统计整个生产过程中的组装、测试等问题。

② 工艺对统计的数据分析归类，并和相关人员共同商定提出解决方案。

③ 每天试产结束后现场开总结会，针对当天的不良制定第二天的改善方案。生产部和品管部在试产阶段为主要信息数据提供方，工艺部为信息数据汇总和分析方。

④ 工艺在试产过程中进行排线、流水线优化、记录工时和统计产能。

⑤ 试产时生产部要记录以下表格：

• 芯片烧录：在 PCB 外协托工前要先烧芯片的需填写《芯片烧录程序记录表》。

• PCBA 测试：PCBA 测试时需填写《PCBA 测试不良记录》，目的：确定测试数量与产能，查看不良比例，查找主要不良问题。维修不良的印制电路板需要填写《维修记录》方便工艺改善及不良分析处理。

• 组装：半成品、成品、数据上传、网络配置阶段分别填写《整机测试不良记录》。维修时填写《维修记录》。对成品检验不合格的返工成品整机也要填写《维修记录》。

• 物料：生产对试产机种的各物料损耗情况记录《物料不良统计表》。《物料不良统计表》的内容包括领料数、使用数、来料不良数、生产损耗。对接物料工站的作业员填写《物料不良记录表》，生产部统计后填写《物料不良统计表》。

• 检验：QC 对试产检验的总数、不良率、问题点及工时、人员做出统计，并做总结。

7. 工艺部"试产总结会"前出示表格

① 试产过程问题记录：记录试产中发现的问题，按功能问题、结构问题、来料不良、生产装配问题分类记录，并记录试产中的处理措施及后期处理措施。

② 试产过程记录：根据生产记录的《PCBA 测试不良记录》和《整机测试不良记录》总结试产中的产能及不良率。并对试产过程中的临时停线时间做记录。

③ 维修记录表：根据生产在调试和装配阶段记录的维修记录总结关键不良点，并反馈到相关部门进行控制和改善。

④ 损耗率：根据生产记录的《物料不良统计表》做出统计并确定出损耗率及对生产损耗进行控制和来料不良通过 IQC 反馈给供方。

8. 试产前工艺内部评审

① 工艺文件评审：评审文件缺失和需要改善的地方。

参考图纸：针对该试产项目参考图纸及相关信息由工厂各部门提出是否需要更新及更新需求，并由工艺部跟踪更新进度。

工艺输出文件：确定工艺输出文件是否需要更新及更新内容。

由工艺部门汇总 PCBA 外协加工问题。对有待解决及其他需求则在试产总结会上通报，并商定解决办法进行整改。

② 工装夹具评审：评审工装夹具使用的效果，及以后需要完善的地方。

③ 试产整体评审：评审试产过程遇到的问题，及良好的解决方案，相互交流试产经验。试产后工艺评审会要以邮件的形式发出会议记录。

9. 工艺总结

① 生产概述：简单介绍试产各阶段的作业时间、所用人数、所用设备等。

② 物料情况：是否满足生产备料及计划需求，是否存在来料不良及来料不良临时措施和长期处理措施。可参见《物料不良统计表》。

③ 产品装配情况：按产品工艺流程反馈出试产中的功能问题、结构问题、来料不良及生产装配问题和以上所提问题在试产过程中的处理措施及后期处理措施。可参见《试产过程问题记录》和《装配阶段维修记录》。

对重点工站进行特别说明：如高温老化、打高压、测漏电流、数据上传、网络配置、裸机检验、包装等。按工艺流程对各工站进行工艺性分析：可能存在的遗患，并提出解决方案。

④ 工艺文件：对试产前工艺文件完成情况进行说明，试产后工艺文件的更新进行说明。工艺流程评价及工艺瓶颈说明。

⑤ 工装、设备情况：说明试产中的工装、设备情况，新工装及设备的性能和效果验证等。

⑥ 提高产品设计工艺性的意见和建议：简单列出设计暴露的问题。为提高产品工艺水平，可加入一些合理性建议，避免遗留隐患。

⑦ 工艺总结论：对产能（可参见《试产过程记录》）、工艺合理性、设备加工能力做出评价，并对工艺性的意见和建议做好良好改善后的预计效果做出评估，然后给出工艺部对本次试产的结论。

10. 试产完成后召开试产总结会

① 试产结束后，由工艺部组织项目组成员召开试产总结会，就《试产过程问题记录》中的问题协商出长期解决方案。会后对协商出的长期解决方案分类验证，分类为功能设计问题、结构设计问题、装配问题由工艺验证，来料问题由工艺和IQC共同验证。

② 集合工厂各个部门遇到的问题，与项目组成员一起协商解决方案，并在会后根据协商方案进行整改。为后期的批量生产打好基础。

③ 参考图纸、BOM表、工艺文件的更新：工艺部在试产结束后内部召开试产后工艺评审会整合在试产准备会上做通报。

11. 试产总结报告

试产总结会后工艺部组织填写《试产总结报告》，并交到项目管理部。《试产总结报告》中工艺负责人对工艺合理性、设备加工能力、产能做出评价，对试产做出工厂结论和建议，并附上工艺部试产总结报告。

 产品工艺与作业流程分析与改善

产品工艺流程分析是对产品经过材料、零件的加工、装配、检验直至完成品的整个工序流程状态，以加工、搬运、检查、停滞、等待等符号进行分析记录、并以线相连表述产品制造流程的方法。流程分析时要识别过程中不增值、不必要的环节，并进行各种产线规划及流程优化。常用的产品工艺分析检查表见表6.3。

表6.3 常用的产品工艺分析检查表

项目	内容	Check Yes	No	说明
1. 有无可省略的工序	（1）是否有不必要的工序内容？ （2）有效利用工装设备省略工序 （3）改变作业场地带来的省略 （4）调整改善工艺顺序带来的省略 （5）通过设计变更从而省略工序 （6）零件、材料的规格变更带来的省略			
2. 有无可以与其他工序重新组合的工序	（1）改变作业分工的状态 （2）利用工装设备进行重组 （3）改变作业场地进行重组 （4）调整改变工艺顺序进行重组 （5）通过设计变更进行重组 （6）零件、材料的规格变更带来的重组			
3. 简化工序	（1）使用工装夹具简化工序 （2）产品设计变更简化工序 （3）材料的设计变更从而简化工序 （4）工序内容再分配			
4. 各工序是否可以标准化	（1）利用工装设备 （2）作业内容是否适合 （3）修正作业标准书 （4）标准时间是否准确 （5）有否培训			
5. 工序平均化	（1）工序内容分割 （2）工序内容合并 （3）工装机械化、自动化 （4）集中专人进行作业准备 （5）作业方法的培训 （6）动作经济原则下的作业简化			

6.4 技 能 训 练

视频 7S管理

视频 课程小结

6.4.1 电源逆变器流水组装综合实训

根据各个学校实训条件和环境的差异，也可以选择数字万用表组装或其他某款包含表面组装等较多生产工序的电子产品作为综合实训项目，培养学生对电子产品各个生产工序的实战技能，认识质量控制的要点与重要性，强调团队分工合作的必要性。

电源逆变器流水组装综合实训项目报告见实训表 6.1。

实训表 6.1　电源逆变器流水组装综合实训项目报告

评语 Comment	教师签字		日期		成绩 Score	
学号 Student No.	姓名 Name		班级 Class		组别 Group	
项目编号 Item No.	项目名称 Item		300 W 电源逆变器组装实训			
课程名称 Course	电子产品制造工艺		教材 Textbook		《电子产品制造工艺》	

实验记录：(不够请写在背面或附页)

一、实训内容

任务 1：编制工艺流程；编制手工插件与成品组装作业指导书；编制成品测试与检验作业指导书。

任务 2：利用表面组装设备完成表面组装元件的贴装与焊接，包括锡膏印刷、元件贴装和回流焊接。

任务 3：以分工合作流水作业方式完成印制电路板上 THT 元件的手工插件与检查，接着利用波峰焊设备完成波峰焊接。

任务 4：以分工合作流水作业方式完成成品组装与测试，最后完成成品检验与包装。

任务 5：老师委派指定同学对各组同学完成的成品进行全数检验，统计完成数量和合格率。

要求：保证成品合格率达到 95% 以上，每组完成数量 50 件以上。

二、实训步骤：

1. 实施分组作业，组员之间通过分工和合作，按照任务的顺序依次逐一完成任务 1~4。

2. 老师委派经过预先培训的指定同学对各组同学完成的成品进行全数检验，统计完成数量和合格率，不合格的要求返工和维修。

三、评分方法

1. 根据各个小组的完成数量和合格率确定成绩(70 分)。

2. 根据各小组的团队合作情况给予评分。团队人人参与、分工明确、作业有序、各负其责(20 分)。

四、实训报告

1. 编制工艺流程、作业指导书和检验指导书。

2. 描述本实训项目所学到的知识和掌握的技能，记录自己在各个实训环节中遇到的问题及解决的办法。

3. 附上自己小组的成品以及检验报告。

思考与习题

1. (1) 什么叫工艺文件？工艺文件在生产中起什么作用？

　(2) 手工插件的工艺要求又哪些？

　(3) 工艺文件包括哪几类？

　(4) 编制工艺文件有哪些原则和要求？

2. 实做一种电子产品的生产工艺流程和作业指导书。

3. 新产品导入主要负责哪些工作？

4. 参观某电子企业后，试编制该企业一款新产品的导入流程。

参考文献

[1] 王卫平，等. 电子工艺基础[M]. 北京：电子工业出版社，1997.

[2] 王卫平. 电子工艺基础[M]. 2 版. 北京：电子工业出版社，2003.

[3] 王卫平. 电子产品制造技术[M]. 北京：清华大学出版社，2005.

[4] 王卫平. 电子产品制造工艺[M]. 北京：高等教育出版社，2005.

[5] 王卫平. 电子产品制造工艺[M]. 2 版. 北京：高等教育出版社，2011.

[6] 李力行，李竞西. 电子整机制造工艺[M]. 南京：江苏科学技术出版社，1982.

[7] 袁宇正. 电子爱好者实用电子制作[M]. 北京：人民邮电出版社，1992.

[8] 钱如竹，等. 实用自控及报警电子装置制作 365 例[M]. 北京：人民邮电出版社，1992.

[9] 姜培安，宋久春. 印制电路设计标准手册[M]. 北京：中国宇航出版社，1993.

[10] 赵谨. 电子产品生产线总体设计的研究 [J]. 北京：北京轻工业学院学报，1993.

[11] 表面安装电子元件，日本松下公司，1993.

[12] 普拉萨德 RP. 表面安装技术原理和实践[M]. 北京：科学出版社，1994.

[13] 汤元信，亓学广，刘元法，等. 电子工艺及电子工程设计[M]. 北京：北京航空航天大学出版社，1999.

[14] 邱成悌. 电子组装技术[M]. 南京：东南大学出版社，1998.

[15] 王天曦，李鸿儒. 电子技术工艺基础[M]. 北京：清华大学出版社，2000.

[16] 广东、北京、广西中等职业技术学校教材编写委员会组编. 电子工艺基础[M]. 广州：广东高等教育出版社，2000.

[17] 陈其纯，王玫. 电子整机装配实习[M]. 北京：高等教育出版社，2002.

[18] 费小平. 电子整机装配实习[M]. 北京：电子工业出版社，2002.